The Michigan Historical Reprint Series

Reprints from the collection of the University of Michigan University Library

The Scholarly Publishing Office
the University of Michigan
University Library

TRAITÉ

DE

TRIGONOMÉTRIE.

OUVRAGES DE M. J.-A. SERRET.

TRAITÉ D'ARITHMÉTIQUE, à l'usage des Candidats aux Écoles spéciales et au Baccalauréat ès Sciences; 6e édition, revue et mise en harmonie avec les derniers programmes officiels par **J.-A. Serret** et par **Ch. de Comberousse**, Professeur de Cinématique à l'École Centrale et de Mathématiques spéciales au Collége Chaptal. In-8°; 1875. (*L'introduction de cet Ouvrage dans les Écoles publiques est autorisée par décision du Ministre de l'Instruction publique et des Cultes en date du* 22 *août* 1859.)......... 4 fr. 50 c.

TRAITÉ DE TRIGONOMÉTRIE, 6e édition. In-8°, avec figures dans le texte; 1880. (*L'introduction de cet Ouvrage dans les Écoles publiques est autorisée par décision du Ministre de l'Instruction publique et des Cultes en date du* 5 *août* 1862).. 4 fr.

COURS DE CALCUL DIFFÉRENTIEL ET INTÉGRAL. 2e édition. 2 forts volumes in-8°, avec figures dans le texte; 1880............. 24 fr.

COURS D'ALGÈBRE SUPÉRIEURE, 4e édition. 2 volumes in-8°; 1879... 25 fr.

Le dépôt légal de cet Ouvrage a été fait à Paris dans le courant de 1879, et toutes les formalités prescrites par les Traités sont remplies dans les divers États avec lesquels la France a conclu des conventions littéraires.

TRAITÉ

DE

TRIGONOMÉTRIE,

PAR

J.-A. SERRET,

MEMBRE DE L'INSTITUT ET DU BUREAU DES LONGITUDES,

PROFESSEUR AU COLLÉGE DE FRANCE ET A LA FACULTÉ DES SCIENCES DE PARIS.

SIXIÈME ÉDITION.

PARIS,

GAUTHIER-VILLARS, IMPRIMEUR-LIBRAIRE

DE L'ÉCOLE POLYTECHNIQUE, DU BUREAU DES LONGITUDES,

SUCCESSEUR DE MALLET-BACHELIER,

Quai des Augustins, 55.

1880

AVERTISSEMENT.

Le premier Chapitre de cette sixième édition renferme les premiers éléments de la théorie des fonctions circulaires; le deuxième est relatif à la construction et à l'usage des Tables trigonométriques; les deux Chapitres suivants contiennent la Trigonométrie proprement dite, c'est-à-dire l'ensemble des principes sur lesquels repose la résolution des triangles rectilignes ou sphériques. Ces quatre Chapitres constituent la partie élémentaire de notre Ouvrage, et les matières qui y sont développées comprennent tout ce qui est exigé des Candidats aux Écoles spéciales du Gouvernement. Dans le Chapitre cinquième, nous donnons un complément assez étendu de la théorie des fonctions circulaires, si utile dans les parties élevées des Mathématiques. Enfin le sixième Chapitre, qui termine l'Ouvrage, est surtout consacré au développement des solutions trigonométriques fondées sur l'emploi des séries; ces solutions se rapportent à différents cas qui se présentent fréquemment dans l'Astronomie et dans la Géodésie, et pour lesquels les méthodes générales deviennent insuffisantes.

TABLE DES MATIÈRES.

CHAPITRE III.

TRIGONOMÉTRIE RECTILIGNE.

CHAPITRE IV.

TRIGONOMÉTRIE SPHÉRIQUE.

CHAPITRE V.

COMPLÉMENT DE LA THÉORIE DES FONCTIONS CIRCULAIRES.

CHAPITRE VI.

DE LA RÉSOLUTION DES TRIANGLES PAR LA VOIE DES SÉRIES ET DES FORMULES TRIGONOMÉTRIQUES DIFFÉRENTIELLES.

FIN DE LA TABLE DES MATIÈRES.

TRAITÉ

DE

TRIGONOMÉTRIE.

CHAPITRE PREMIER.

ÉLÉMENTS DE LA THÉORIE DES FONCTIONS CIRCULAIRES.

Définition du mot fonction.

1. Lorsque deux grandeurs *variables* sont telles, qu'à chaque valeur de l'une correspond une valeur déterminée de l'autre, on dit que ces grandeurs sont *fonctions* l'une de l'autre. Par exemple, dans un cercle, la circonférence et la surface sont fonctions du rayon; et, réciproquement, le rayon est fonction de la circonférence ou de la surface.

La *Trigonométrie* est fondée sur la théorie de certaines fonctions qui naissent de la considération du cercle, et que l'on nomme, pour cette raison, *fonctions circulaires*. Nous commencerons par exposer les éléments de cette théorie.

Sur la mesure des longueurs.

2. Soit O (*fig.* 1) un point fixe d'une ligne $x'x$ droite ou courbe, et supposons qu'à partir de ce point O on prenne

Fig. 1.

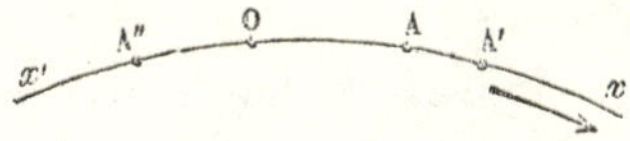

sur $x'x$ diverses longueurs OA, OA', OA'',...; ces longueurs, étant rapportées à une même unité, seront représentées par des nombres, et nous donnerons à ces nombres le signe + ou le signe —, suivant que les longueurs dont ils expriment la mesure seront portées dans un sens ou dans l'autre. En d'autres termes, les longueurs portées dans un sens (celui qu'on voudra) seront des quantités *positives*, les autres seront des quantités *négatives*.

Si, par exemple, on convient que le sens des longueurs positives soit celui de Ox indiqué par la flèche, et que les points A, A', A'' soient respectivement situés à 7, 9, 6 mètres du point O, si en outre on prend le mètre pour unité linéaire, les longueurs OA, OA', OA'' seront respectivement représentées par $+7$, $+9$, -6. Supposons que a soit la quantité positive ou négative qui représente ainsi une longueur comptée sur $x'x$ à partir du point O; le nombre d'unités renfermées dans cette longueur sera $+a$ ou $-a$, suivant que a sera positive ou négative.

D'après cela, si l'on imagine un point mobile partant de O, et se mouvant tantôt dans un sens, tantôt dans l'autre, les diverses parties de $x'x$ décrites par le point mobile seront regardées comme positives ou comme négatives, suivant qu'elles auront été décrites par un mouvement dans le sens Ox, ou dans le sens opposé Ox'; et si l'on désigne par $a, b, c, d, \ldots$ les quantités positives ou négatives qui mesurent les longueurs décrites successivement par le mobile, par x la quantité qui représente la distance du point O au point où le mobile s'est arrêté, on aura, dans tous les cas,

$$x = a + b + c + d + \ldots.$$

Des arcs de cercle.

3. Dans l'étude que nous entreprenons des fonctions qui naissent de la considération du cercle, le rayon sera toujours pris pour unité.

Soit O (*fig.* 2) un cercle dont nous représenterons la circonférence par 2π, et le quadrant (quart de circonférence) par $\frac{\pi}{2}$. Soient A un point fixe de la circonférence, M un point mobile partant de A et se mouvant dans le sens de AB (indiqué par la flèche) que nous adopterons pour les *arcs positifs;*

l'arc AM est nul à l'origine du mouvement; il augmente ensuite, et sa valeur est 2π quand le point mobile est revenu au point de départ. Mais on peut imaginer que le mouvement se

Fig. 2.

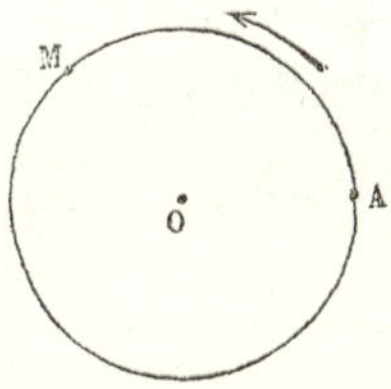

continue indéfiniment, en sorte que le point mobile peut décrire un arc composé d'une ou de plusieurs circonférences. Si le mouvement du point M a lieu dans le sens contraire à celui que nous avons supposé, l'arc décrit est négatif, mais sa *valeur absolue* prend tous les états de grandeur à partir de zéro. Ainsi l'arc de cercle est une quantité susceptible de prendre toutes les valeurs entre $-\infty$ et $+\infty$.

L'extrémité fixe A de l'arc variable AM sera dite *l'origine de l'arc*.

Si α désigne l'un des arcs qui ont une même extrémité M, tous les arcs x qui ont cette extrémité seront donnés par la formule

$$x = 2k\pi + \alpha,$$

où k représente un entier indéterminé positif, nul ou négatif; car deux arcs qui ont même origine et même extrémité ne peuvent évidemment différer que par un multiple de la circonférence.

4. Arcs complémentaires et arcs supplémentaires. — Deux arcs positifs tous deux, ou l'un positif et l'autre négatif, sont dits *complémentaires* ou *compléments* l'un de l'autre, lorsque leur somme est égale à un quadrant, c'est-à-dire égale à $\frac{\pi}{2}$.

Deux arcs sont dits *supplémentaires* ou *suppléments* l'un de l'autre, lorsque leur somme est égale à une demi-circonférence, c'est-à-dire égale à π.

Définition des lignes trigonométriques.

5. Menons (*fig.* 3) par le centre du cercle O deux droites rectangulaires Ox et Oy, qui coupent la circonférence, la première au point A et la seconde au point B; menons ensuite, par les points A et B, les droites Az et Bu, respectivement

Fig. 3.

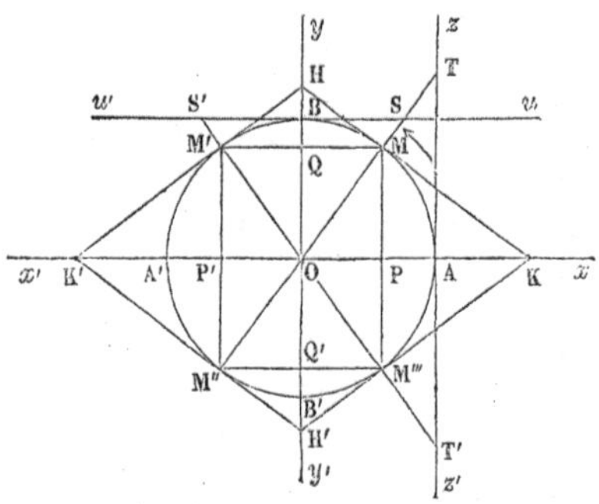

parallèles à Oy et Ox, et dirigées dans le même sens que celles-ci : on sait, par un théorème connu de Géométrie, que les droites Az et Bu seront tangentes à la circonférence. Prolongeons enfin les droites Ox, Oy, Az et Bu suivant Ox', Oy', Az' et Bu'.

Nous prendrons le point A pour origine des arcs, et le sens des arcs positifs sera celui de la direction d'un mobile se mouvant de A vers B. En outre, conformément au principe du n° 2, les longueurs prises à partir du point O sur $x'x$ ou sur $y'y$ seront positives si elles sont portées dans le sens de Ox ou de Oy; elles seront, au contraire, négatives si elles sont portées dans le sens de Ox' ou de Oy'. Pareillement, les longueurs prises sur $z'z$ à partir du point A, ou sur $u'u$ à partir du point B, seront positives si elles sont comptées dans le sens de Az ou de Bu; elles seront, au contraire, négatives si elles sont comptées dans le sens de Az' ou de Bu'.

Cela posé, désignons par x la quantité positive ou négative qui représente l'arc variable dont l'extrémité M peut prendre sur la circonférence toutes les positions possibles; abaissons

MP perpendiculaire sur $x'x$, et MQ perpendiculaire sur $y'y$; prolongeons le rayon OM qui coupe $u'u$ en S et $z'z$ en T; menons enfin par le point M la tangente HK qui coupe $y'y$ en H et $x'x$ en K : la longueur OQ ou son égale MP, prise avec le signe qui lui convient, est le *sinus* de l'arc x; les longueurs AT et OK, prises également avec les signes qui leur conviennent, sont la *tangente* et la *sécante* de l'arc x.

On peut ainsi poser les définitions suivantes :

Le sinus d'un arc est la quantité positive ou négative qui mesure la perpendiculaire abaissée de l'extrémité de l'arc sur le diamètre qui passe par l'origine.

La tangente d'un arc est la quantité positive ou négative qui mesure la portion de tangente menée par l'origine de l'arc et terminée au diamètre qui passe par l'extrémité.

La sécante d'un arc est la quantité positive ou négative qui mesure la portion du diamètre mené par l'origine, comprise entre le centre et la tangente à l'extrémité de l'arc.

On nomme *cosinus, cotangente* et *cosécante* d'un arc le sinus, la tangente et la sécante de l'arc complémentaire.

Désignons toujours par x l'arc variable dont l'extrémité est M; je dis que si l'on considère le point B comme une nouvelle origine d'arcs, et que le sens des nouveaux arcs positifs soit dirigé de B vers A, l'arc $\frac{\pi}{2} - x$ aura de même que x le point M pour extrémité. En effet, puisque B est l'origine de l'arc $\frac{\pi}{2} - x$, on peut, pour décrire cet arc, aller d'abord de B en A, et, à partir du point A, il restera à décrire l'arc $-x$, le sens des arcs positifs étant dirigé de B vers A, ou à décrire l'arc x, en supposant que le sens des arcs positifs soit dirigé de A vers B. Or de cette manière on revient évidemment au point M.

Il résulte de là que le cosinus de l'arc x est la longueur MQ ou son égale OP, prise avec le signe qui lui convient, et que la cotangente et la cosécante du même arc sont respectivement égales aux longueurs BS et OH prises chacune avec le signe qui lui convient.

Le sinus, la tangente, la sécante, le cosinus, la cotangente et la cosécante d'un arc x se représentent par les notations

$$\sin x,\quad \operatorname{tang} x,\quad \operatorname{séc} x,\quad \cos x,\quad \cot x,\quad \operatorname{coséc} x,$$

et on les désigne par la dénomination commune de *lignes trigonométriques* ou de *fonctions circulaires*.

Variation des lignes trigonométriques.

6. Nous allons examiner de quelle manière varient les six lignes trigonométriques d'un arc x, lorsque cet arc varie de o à $+\infty$ et de o à $-\infty$.

Si x croît de o à $+\frac{\pi}{2}$, les six lignes trigonométriques restent positives; $\sin x$ croît de o à $+1$, en passant par toutes les valeurs intermédiaires; $\operatorname{tang} x$ croît de o à $+\infty$, et $\operatorname{séc} x$ croît de 1 à $+\infty$.

Les trois autres lignes vont au contraire en décroissant : $\cos x$ décroît de 1 à o; $\cot x$ décroît de $+\infty$ à o, et $\operatorname{coséc} x$ décroît de $+\infty$ à $+1$. Ainsi, en désignant par ε un arc positif qui décroît de manière à avoir zéro pour limite, on a

$$\begin{aligned} \sin 0 &= 0, & \cos 0 &= +1,\\ \operatorname{tang} 0 &= 0, & \cot \lim \varepsilon &= +\infty,\\ \operatorname{séc} 0 &= +1, & \operatorname{coséc} \lim \varepsilon &= +\infty, \end{aligned}$$

et

$$\begin{aligned} \sin\frac{\pi}{2} &= +1, & \cos\frac{\pi}{2} &= 0,\\ \operatorname{tang} \lim\left(\frac{\pi}{2}-\varepsilon\right) &= +\infty, & \cot\frac{\pi}{2} &= 0,\\ \operatorname{séc} \lim\left(\frac{\pi}{2}-\varepsilon\right) &= +\infty, & \operatorname{coséc}\frac{\pi}{2} &= +1. \end{aligned}$$

Si x croît de $+\frac{\pi}{2}$ à $+\pi$, $\sin x$ et $\operatorname{coséc} x$ restent positifs, mais les quatre autres lignes trigonométriques sont négatives. $\sin x$ décroît de $+1$ à o; $\operatorname{tang} x$ croît de $-\infty$ à o; $\operatorname{séc} x$ croît de $-\infty$ à -1; $\cos x$ décroît de o à -1; $\cot x$ décroît de o à $-\infty$ et coséc x croît de $+1$ à $+\infty$. Ainsi l'on a

$$\text{tang} \lim \left(\frac{\pi}{2}+\varepsilon\right) = -\infty, \quad \text{séc} \lim \left(\frac{\pi}{2}+\varepsilon\right) = -\infty,$$

et

$$\sin\pi = 0, \qquad \cos\pi = -1,$$
$$\text{tang}\,\pi = 0, \qquad \cot \lim (\pi-\varepsilon) = -\infty,$$
$$\text{séc}\,\pi = -1, \qquad \text{coséc} \lim (\pi-\varepsilon) = +\infty.$$

Si x croît de $+\pi$ à $+\frac{3\pi}{2}$, tang x et cot x redeviennent positives, mais les quatre autres lignes sont négatives; sin x décroît de o à -1; tang x croît de o à $+\infty$; séc x décroît de -1 à $-\infty$; cos x croît de -1 à o; cot x décroît de $+\infty$ à o, et coséc x croît de $-\infty$ à -1. Ainsi l'on a

$$\cot \lim (\pi+\varepsilon) = +\infty, \quad \text{coséc} \lim (\pi+\varepsilon) = -\infty,$$

et

$$\sin\frac{3\pi}{2} = -1, \qquad \cos\frac{3\pi}{2} = 0,$$
$$\text{tang} \lim \left(\frac{3\pi}{2}-\varepsilon\right) = +\infty, \qquad \cot\frac{3\pi}{2} = 0,$$
$$\text{séc} \lim \left(\frac{3\pi}{2}-\varepsilon\right) = -\infty, \qquad \text{coséc}\,\frac{3\pi}{2} = -1.$$

Si x croît de $\frac{3\pi}{2}$ à 2π, cos x et séc x deviennent positives, mais les quatre autres lignes sont négatives; sin x croît de -1 à o; tang x croît de $-\infty$ à o; séc x décroît de $+\infty$ à $+1$; cos x croît de o à $+1$; cot x décroît de o à $-\infty$, et coséc x décroît de -1 à $-\infty$. Ainsi l'on a

$$\text{tang} \lim \left(\frac{3\pi}{2}+\varepsilon\right) = -\infty, \quad \text{séc} \lim \left(\frac{3\pi}{2}+\varepsilon\right) = +\infty,$$

et

$$\sin 2\pi = 0, \qquad \cos 2\pi = +1,$$
$$\text{tang}\,2\pi = 0, \qquad \cot \lim (2\pi-\varepsilon) = -\infty,$$
$$\text{séc}\,2\pi = +1, \qquad \text{coséc} \lim (2\pi-\varepsilon) = -\infty.$$

Si l'on fait croître x de 2π à 4π, ou de 4π à 6π, ou ..., les six lignes trigonométriques reprennent périodiquement les mêmes valeurs et dans le même ordre.

Si x décroît de o à $-\infty$, cos x et séc x prennent les mêmes valeurs que quand x croît de o à $+\infty$; les quatre autres lignes trigonométriques prennent aussi les mêmes valeurs absolues que quand x croît de o à $+\infty$, mais les signes sont changés. On vérifie immédiatement ce fait en remarquant que les extrémités de deux arcs x et $-x$ égaux et de signes contraires sont situées du même côté de yy' et à des distances égales de xx'. Ainsi l'on a, quel que soit x,

$$\sin(-x) = -\sin x, \qquad \cos(-x) = \cos x,$$
$$\operatorname{tang}(-x) = -\operatorname{tang} x, \qquad \cot(-x) = -\cot x,$$
$$\operatorname{séc}(-x) = \operatorname{séc} x, \qquad \operatorname{coséc}(-x) = -\operatorname{coséc} x.$$

Et, puisque les lignes trigonométriques redeviennent les mêmes quand on ajoute à l'arc un nombre quelconque de circonférences, on aura, quel que soit x, et en désignant par k un entier positif ou négatif quelconque,

$$\sin(2k\pi + x) = \sin x, \qquad \cos(2k\pi + x) = \cos x,$$
$$\operatorname{tang}(2k\pi + x) = \operatorname{tang} x, \qquad \cot(2k\pi + x) = \cot x,$$
$$\operatorname{séc}(2k\pi + x) = \operatorname{séc} x, \qquad \operatorname{coséc}(2k\pi + x) = \operatorname{coséc} x.$$

7. Soit x un arc quelconque positif ou négatif. Les deux arcs x et $x + \pi$ sont évidemment terminés aux extrémités d'un même diamètre; par conséquent leurs sinus, leurs cosinus, leurs sécantes et leurs cosécantes sont égaux et de signes contraires, tandis que leurs tangentes et leurs cotangentes sont égales et de même signe. On a donc

$$\sin(\pi + x) = -\sin x, \qquad \cos(\pi + x) = -\cos x,$$
$$\operatorname{tang}(\pi + x) = \operatorname{tang} x, \qquad \cot(\pi + x) = \cot x,$$
$$\operatorname{séc}(\pi + x) = -\operatorname{séc} x, \qquad \operatorname{coséc}(\pi + x) = -\operatorname{coséc} x.$$

Les fonctions tang x et cot x ne changeant pas quand x augmente de π, on dit que ces fonctions sont périodiques; π est l'*amplitude de la période* ou simplement la *période*. Les quatre autres lignes trigonométriques sont également des fonctions périodiques de x, mais leur période est 2π; on a vu effectivement que les lignes trigonométriques ne changent pas quand x augmente d'un multiple de la circonférence. Les équations précédentes montrent que $\sin x$, $\cos x$, $\text{séc}\, x$ et $\text{coséc}\, x$ ne font que changer de signe, quand x augmente de la demi-période π.

Si, dans les équations précédentes, on change x en $-x$, il vient, en ayant égard aux formules du numéro précédent,

$$\sin(\pi - x) = \sin x, \qquad \cos(\pi - x) = -\cos x,$$
$$\text{tang}(\pi - x) = -\text{tang}\, x, \qquad \cot(\pi - x) = -\cot x,$$
$$\text{séc}(\pi - x) = -\text{séc}\, x, \qquad \text{coséc}(\pi - x) = \text{coséc}\, x;$$

d'où il suit que, *si deux arcs sont supplémentaires, leurs sinus et leurs cosécantes sont égaux et de même signe, tandis que leurs cosinus, leurs tangentes, leurs cotangentes et leurs sécantes sont égaux et de signes contraires.*

Des deux groupes précédents d'équations on déduit immédiatement, en désignant par k un entier positif ou négatif,

$$\sin[(2k+1)\pi \pm x] = \mp \sin x, \qquad \cos[(2k+1)\pi \pm x] = -\cos x,$$
$$\text{tang}(k\pi \pm x) = \pm \text{tang}\, x, \qquad \cot(k\pi \pm x) = \pm \cot x,$$
$$\text{séc}[(2k+1)\pi \pm x] = -\text{séc}\, x, \qquad \text{coséc}[(2k+1)\pi \pm x] = \mp \text{coséc}\, x.$$

8. De la discussion du n° 6 il résulte que le sinus et le cosinus restent compris entre les limites -1 et $+1$; la sécante et la cosécante prennent toutes les valeurs entre $+1$ et $+\infty$, et entre -1 et $-\infty$; enfin la tangente et la cotangente prennent toutes les valeurs comprises entre $-\infty$ et $+\infty$.

Il est très-important de remarquer que chacune des lignes trigonométriques d'un arc x prend toutes les valeurs qu'elle est susceptible d'acquérir dans la variation indéfinie de x, lorsqu'on ne fait varier x que dans un intervalle de deux quadrants. Ainsi, quand x varie de $-\frac{\pi}{2}$ à $+\frac{\pi}{2}$, le sinus, la tangente, la cotangente et la cosécante prennent toutes les valeurs dont ces lignes trigonométriques sont susceptibles; et si x varie de o à π, le cosinus, la tangente, la cotangente et la sécante prennent aussi toutes les valeurs dont elles sont susceptibles. Enfin, si l'on n'a égard qu'aux valeurs absolues, les six lignes trigonométriques prennent toutes leurs valeurs quand l'arc varie de o à $\frac{\pi}{2}$, ou de $\frac{\pi}{2}$ à π, ou ....

On a souvent besoin, étant donné un arc x, de trouver l'arc compris entre o et $\frac{\pi}{2}$, qui, abstraction faite des signes, a les mêmes lignes trigonométriques que x. Il suffit pour cela de retrancher de x le plus grand multiple positif ou négatif de la demi-circonférence qu'il peut contenir, de manière que le reste positif ou négatif $\pm\alpha$ soit en valeur absolue moindre que $\frac{\pi}{2}$; l'arc α aura, en faisant abstraction des signes, les mêmes lignes trigonométriques que x.

Des arcs qui correspondent à une ligne trigonométrique donnée.

9. Il résulte des développements qui précèdent qu'à chaque valeur de l'arc entre $-\infty$ et $+\infty$ correspond une valeur unique bien déterminée pour chacune de ses lignes trigonométriques, tandis qu'à une même valeur donnée de l'une des lignes trigonométriques correspondent une infinité de valeurs de l'arc. Il est très-important de savoir déterminer tous les arcs qui répondent à une ligne trigonométrique donnée, lorsque l'on connaît l'un de ces arcs; nous allons donner la solution de cette question. Soient, comme précédemment, A l'origine des arcs; $y'y$ la ligne sur laquelle se portent les sinus et les cosécantes; $x'x$ celle sur laquelle se portent les cosinus et les sécantes; $z'z$ et $u'u$ les lignes sur lesquelles se portent respectivement les tangentes et les cotangentes.

Sinus et cosécantes. — Soit $+$OQ ou $-$OQ' un sinus donné (*fig.* 4); menons par le point Q ou Q' une parallèle à OA; cette parallèle coupera la circonférence en deux points M et M' ou M'' et M''', et il est évident que tout arc qui répond au sinus donné aura l'un de ces deux points pour extrémité; désignons par α l'un quelconque de ces arcs; je dis que les arcs α et $\pi - \alpha$ auront respectivement pour extrémités M et M' ou M″ et M‴; en effet, supposons, par exemple, que α ait son extrémité en M : pour décrire l'arc $\pi - \alpha$, on ira d'abord

Fig. 4.

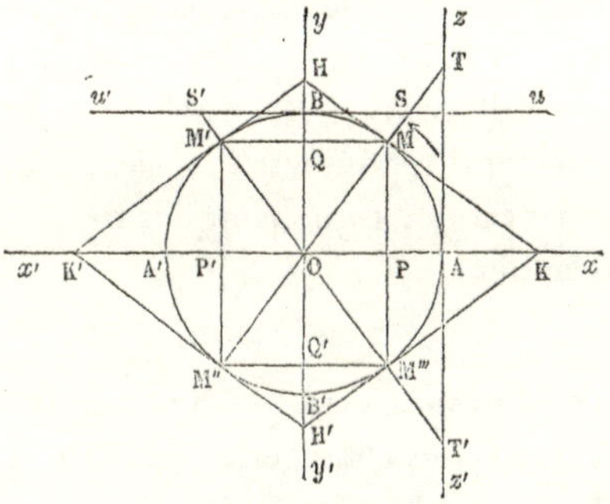

de A en A′, en suivant le chemin ABA′; il restera à décrire l'arc $-\alpha$, ce qui ramènera en M′, puisqu'en décrivant $+\alpha$ à partir de A on s'arrête en M. Cela posé, tout arc x qui répond au sinus donné a la même extrémité que l'un des arcs α et $\pi - \alpha$; on a donc (n° 3), en désignant par k un entier positif, nul ou négatif,

$$x = 2k\pi + \alpha, \quad \text{ou} \quad x = 2k\pi + \pi - \alpha = (2k+1)\pi - \alpha.$$

Soit, en second lieu, + OH ou — OH′ une cosécante donnée; si par le point H ou H′ on mène deux tangentes à la circonférence, les points de contact M et M′ ou M″ et M‴ seront les extrémités des arcs qui répondent à la cosécante donnée. Si donc on désigne par x et α deux quelconques de ces arcs, on aura comme précédemment

$$x = 2k\pi + \alpha \quad \text{ou} \quad x = (2k+1)\pi - \alpha.$$

Cosinus et sécantes. — Soit + OP ou — OP′ un cosinus donné; menons par le point P ou P′ une perpendiculaire à OA; cette perpendiculaire coupera la circonférence en deux points M et M‴ ou M′ et M″, et il est évident que tout arc qui répond au cosinus donné aura l'un de ces deux points pour extrémité; désignons par α l'un quelconque de ces arcs. Les arcs α et $-\alpha$ auront leurs extrémités en M et M‴ ou en M′ et M″; donc tout arc x qui répond au cosinus donné a la même extrémité que l'un des arcs α et $-\alpha$; on a, par suite,

$$x = 2k\pi \pm \alpha,$$

k étant un entier positif, nul ou négatif.

Soit, en second lieu, $+$ OK ou $-$ OK′ une sécante donnée; si, par le point K ou K′, on mène deux tangentes à la circonférence, les points de contact M et M‴ ou M′ et M″ seront les extrémités des arcs qui répondent à la sécante donnée. Si donc on désigne par x et α deux quelconques de ces arcs, on aura, comme précédemment,

$$x = 2k\pi \pm \alpha.$$

Tangentes et cotangentes. — Soit une tangente donnée $+$ AT ou $-$ AT′ ou une cotangente donnée $+$ BS ou $-$ BS′; menons une droite par le centre du cercle et par l'extrémité de la tangente ou de la cotangente donnée; cette droite coupera la circonférence en deux points M et M″ ou M′ et M‴, et il est évident que tout arc qui répond à la tangente donnée ou à la cotangente donnée aura l'un de ces deux points pour extrémité; désignons par α l'un quelconque de ces arcs. Les arcs α et $\pi + \alpha$ auront évidemment leurs extrémités en M et M″ ou en M′ et M‴; donc tout arc x qui répond à la tangente donnée ou à la cotangente donnée a la même extrémité que l'un des arcs α et $\pi + \alpha$, et l'on a, par conséquent,

$$x = 2k\pi + \alpha, \quad \text{ou} \quad x = 2k\pi + \pi + \alpha = (2k+1)\pi + \alpha,$$

ou simplement

$$x = k\pi + \alpha,$$

k désignant un entier positif, nul ou négatif.

Ce qui précède conduit aux conséquences suivantes :

Pour que deux arcs aient le même sinus ou la même cosécante, il faut et il suffit, ou que leur somme soit égale à un nombre impair de demi-circonférences, ou que leur différence soit égale à un nombre pair de demi-circonférences.

Pour que deux arcs aient le même cosinus ou la même sécante, il faut et il suffit que leur somme ou leur différence soit égale à un nombre entier de circonférences.

Pour que deux arcs aient la même tangente ou la même

cotangente, il faut et il suffit que la différence de ces arcs soit égale à un nombre entier de demi-circonférences.

10. Quand on pose

$$y = \sin x, \quad \text{ou} \quad y = \tan x, \quad \text{ou} \quad y = \text{séc}\, x, \quad \text{ou} \quad \ldots,$$

on a coutume d'écrire aussi

$$x = \text{arc} \sin y, \quad \text{ou} \quad x = \text{arc tang}\, y, \quad \text{ou} \quad x = \text{arc séc}\, y, \quad \text{ou} \quad \ldots,$$

c'est-à-dire $x =$ *l'arc dont le sinus est* y, $x =$ *l'arc dont la tangente est* y, ...; mais, d'après ce qui précède, on voit que ces expressions arc $\sin y$, ... ne sont pas entièrement déterminées, car elles admettent une infinité de valeurs pour chaque valeur de y. Les quatre expressions arc $\sin y$, arc tang y, arc cot y, arc coséc y deviendront complétement déterminées si l'on spécifie que leurs valeurs restent constamment comprises entre $-\frac{\pi}{2}$ et $+\frac{\pi}{2}$; pareillement les expressions arc $\cos y$ et arc séc y seront déterminées si l'on spécifie que leurs valeurs restent constamment comprises entre 0 et π. Avec cette restriction, les six expressions

$$\text{arc} \sin y, \quad \text{arc tang}\, y, \quad \text{arc séc}\, y, \quad \text{arc} \cos y, \quad \text{arc cot}\, y, \quad \text{arc coséc}\, y$$

peuvent être considérées comme des fonctions de y; elles sont employées à ce point de vue dans les parties élevées des Mathématiques, et on leur a donné le nom de *fonctions circulaires inverses*. Par opposition, les lignes trigonométriques sont souvent désignées sous le nom de *fonctions circulaires directes*.

Relations entre les lignes trigonométriques d'un même arc.

11. Il existe entre les six lignes trigonométriques d'un même arc cinq relations distinctes que nous allons établir.

Soit x (*fig.* 5) un arc positif ou négatif dont l'extrémité M est située dans le premier quadrant AB, on a

$$OM = 1,$$

$$\sin x = MP, \quad \text{tang}\, x = AT, \quad \text{séc}\, x = OK,$$
$$\cos x = OP, \quad \cot x = BS, \quad \text{coséc}\, x = OH.$$

Cela posé, le triangle OMP donne

$$\overline{MP}^2 + \overline{OP}^2 = \overline{OM}^2;$$

les triangles rectangles MOK et MOH donnent aussi

$$OK.OP = \overline{OM}^2, \quad OH.OQ = \overline{OM}^2;$$

Fig. 5.

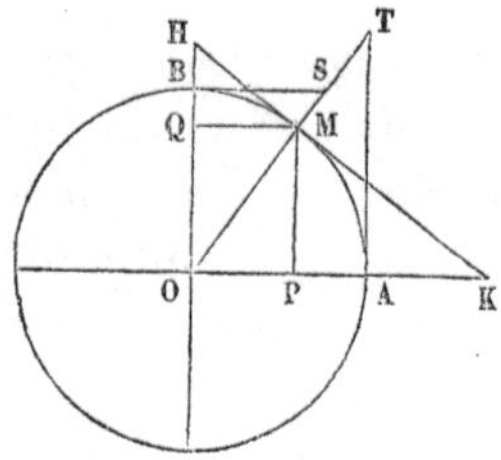

enfin les triangles semblables TOA et MOP, BOS et MOQ donnent

$$\frac{TA}{OA} = \frac{MP}{OP}, \quad \frac{SB}{OB} = \frac{MQ}{OQ}.$$

Ces cinq égalités peuvent s'écrire de la manière suivante :

(1) $$\sin^2 x + \cos^2 x = 1,$$

(2) $$\text{séc}\, x.\cos x = 1,$$

(3) $$\text{coséc}\, x.\sin x = 1,$$

(4) $$\text{tang}\, x = \frac{\sin x}{\cos x},$$

(5) $$\cot x = \frac{\cos x}{\sin x}.$$

Telles sont les relations que nous voulions obtenir; on peut en déduire plusieurs autres qu'il importe de remarquer. Ainsi on tire des équations (4) et (5), par la division,

(6) $$\cot x = \frac{1}{\text{tang}\, x};$$

les équations (2) et (3) donnent aussi

(7) $$\text{séc}\, x = \frac{1}{\cos x},$$

(8) $$\text{coséc}\, x = \frac{1}{\sin x},$$

ce qui montre que $\cot x$, $\text{séc}\,x$ et $\text{coséc}\,x$ sont respectivement les inverses de $\text{tang}\,x$, $\cos x$ et $\sin x$.

Des équations (4) et (5) on déduit

$$1 + \text{tang}^2 x = 1 + \frac{\sin^2 x}{\cos^2 x} = \frac{1}{\cos^2 x},$$

$$1 + \cot^2 x = 1 + \frac{\cos^2 x}{\sin^2 x} = \frac{1}{\sin^2 x},$$

ou, à cause des relations (7) et (8),

$$\text{(9)} \qquad \text{séc}^2 x = 1 + \text{tang}^2 x,$$

$$\text{(10)} \qquad \text{coséc}^2 x = 1 + \cot^2 x.$$

Ces deux dernières peuvent être démontrées directement, car les triangles rectangles OTA et OSB donnent

$$\overline{OT}^2 = \overline{OK}^2 = \overline{OA}^2 + \overline{AT}^2, \quad \overline{OS}^2 = \overline{OH}^2 = \overline{OB}^2 + \overline{BS}^2,$$

relations qui ne sont autres que les équations (9) et (10).

12. Pour établir les formules (1), (2), (3), (4) et (5), nous avons supposé l'extrémité de l'arc x située dans le premier quadrant; mais il est aisé de voir que ces formules sont générales. En effet, quelle que soit la position de l'extrémité M sur la circonférence, il existe (nº 8) un arc compris entre o et $\frac{\pi}{2}$, et qui, abstraction faite des signes, a les mêmes lignes trigonométriques que x; d'où il suit que, si l'on n'a égard qu'aux valeurs absolues des lignes trigonométriques, les relations (1), (2), (3), (4) et (5) auront toujours lieu. La relation (1), qui ne contient que les carrés de $\sin x$ et de $\cos x$, sera donc vraie dans tous les cas, et il suffit de constater que les deux membres de chacune des relations (2), (3), (4) et (5) ont toujours le même signe. Or on a vu :

1º Que $\cos x$ et $\text{séc}\,x$ sont tous deux positifs si l'extrémité de l'arc x est située dans le premier ou dans le quatrième quadrant, et qu'ils sont négatifs dans les deux autres cas;

2º Que $\sin x$ et $\text{coséc}\,x$ sont positifs si l'extrémité de l'arc x est située dans le premier ou dans le deuxième quadrant, et qu'ils sont négatifs dans les deux autres cas;

3° Que la tangente et la cotangente de x sont positives si l'extrémité de cet arc est dans le premier ou dans le troisième quadrant, auquel cas $\sin x$ et $\cos x$ sont tous deux positifs ou tous deux négatifs ; tandis que les mêmes lignes trigonométriques sont négatives si l'extrémité de l'arc x est dans le second ou dans le quatrième quadrant, auquel cas $\sin x$ et $\cos x$ ont des signes contraires.

On conclut de là, et de la règle de la multiplication des quantités positives et négatives, que les deux membres de chacune des relations (2), (3), (4), (5) sont toujours de même signe. Par conséquent ces formules subsistent pour toutes les valeurs de x.

13. Des relations (1), (2), (3), (4), (5) on peut tirer les valeurs de cinq quelconques des six lignes trigonométriques *en fonction* de la sixième ; on a, par exemple,

$$\cos x = \pm\sqrt{1-\sin^2 x}, \quad \operatorname{tang} x = \frac{\sin x}{\pm\sqrt{1-\sin^2 x}},$$

$$\cot x = \frac{\pm\sqrt{1-\sin^2 x}}{\sin x}, \quad \operatorname{séc} x = \frac{1}{\pm\sqrt{1-\sin^2 x}},$$

$$\operatorname{coséc} x = \frac{1}{\sin x}.$$

Remarquons toutefois que, lorsque l'on connaît une ligne trigonométrique d'un arc x, les autres lignes ne sont pas toutes déterminées complétement ; ainsi, quand on donne $\sin x$, la valeur de $\operatorname{coséc} x$ est déterminée, mais on ne connaît que les valeurs absolues des quatre autres lignes. La raison en est que, parmi les arcs dont le sinus est donné, il y en a dont les cosinus, tangente, cotangente et sécante sont positifs, et d'autres pour lesquels les mêmes lignes sont négatives.

On a souvent besoin de connaître $\sin x$ et $\cos x$ quand on donne $\operatorname{tang} x$; supposons que la valeur donnée de $\operatorname{tang} x$ ait la forme fractionnaire $\frac{m}{n}$; on aura

$$\sin^2 x + \cos^2 x = 1, \quad \frac{\sin x}{\cos x} = \frac{m}{n},$$

d'où l'on tire

$$\sin x = \frac{m}{\sqrt{m^2 + n^2}}, \quad \cos x = \frac{n}{\sqrt{m^2 + n^2}};$$

dans ces deux formules, le radical $\sqrt{m^2 + n^2}$ doit être pris avec le même signe; mais ce signe est indéterminé.

L'arc $\frac{\pi}{4}$ étant égal à son complément, $\cos \frac{\pi}{4}$ est égal à $\sin \frac{\pi}{4}$; on a donc

$$\text{tang}\,\frac{\pi}{4} = 1;$$

on trouve ensuite, par ce qui précède,

$$\sin \frac{\pi}{4} = \cos \frac{\pi}{4} = \frac{\sqrt{2}}{2}.$$

Formules relatives à l'addition des arcs.

14. Sinus et cosinus. — Nous nous proposons ici de déterminer le sinus et le cosinus de la somme de deux arcs, connaissant les sinus et les cosinus de ces arcs.

Désignons par a et b deux arcs positifs dont la somme ne surpasse pas $\frac{\pi}{2}$. Soit (*fig.* 6) A l'origine des arcs; prenons

Fig. 6.

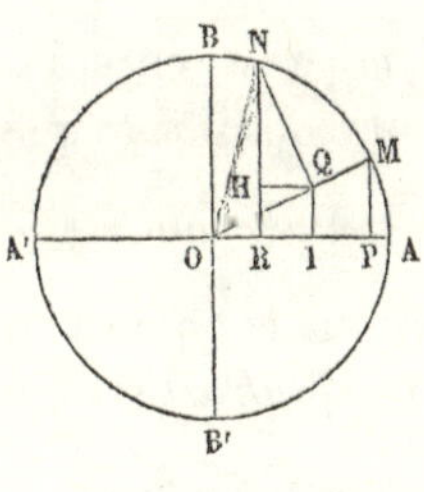

AM $= a$ et MN $= b$; on peut considérer l'arc b comme ayant M pour origine et N pour extrémité, et l'on a

$$a + b = \text{AN};$$

menons NQ perpendiculaire sur le rayon OM; NR, QI, MP

perpendiculaires sur OA, et QH parallèle à OA, on aura

$$\sin a = \mathrm{MP},\quad \cos a = \mathrm{OP},$$
$$\sin b = \mathrm{NQ},\quad \cos b = \mathrm{OQ},$$
$$\sin(a+b) = \mathrm{NR} = \mathrm{QI} + \mathrm{NH},$$
$$\cos(a+b) = \mathrm{OR} = \mathrm{OI} - \mathrm{QH}.$$

Cela posé, les triangles semblables MPO et QIO donnent

$$\frac{\mathrm{QI}}{\mathrm{MP}} = \frac{\mathrm{OI}}{\mathrm{OP}} = \frac{\mathrm{OQ}}{\mathrm{OM}},$$

d'où l'on tire

$$\mathrm{QI} = \frac{\mathrm{MP.OQ}}{\mathrm{OM}} = \sin a \cos b,\qquad \mathrm{OI} = \frac{\mathrm{OP.OQ}}{\mathrm{OM}} = \cos a \cos b.$$

Les triangles MPO et NQH sont aussi semblables, car ils ont les côtés perpendiculaires chacun à chacun; on a donc

$$\frac{\mathrm{NH}}{\mathrm{OP}} = \frac{\mathrm{QH}}{\mathrm{MP}} = \frac{\mathrm{NQ}}{\mathrm{OM}},$$

d'où l'on tire

$$\mathrm{NH} = \frac{\mathrm{OP.NQ}}{\mathrm{OM}} = \cos a \sin b,\qquad \mathrm{QH} = \frac{\mathrm{MP.NQ}}{\mathrm{OM}} = \sin a \sin b.$$

On a, d'après cela,

$$(1)\qquad \sin(a+b) = \sin a \cos b + \cos a \sin b,$$

$$(2)\qquad \cos(a+b) = \cos a \cos b - \sin a \sin b.$$

15. Ces formules (1) et (2) n'ont été démontrées que dans l'hypothèse où a et b sont deux arcs positifs dont la somme n'est pas supérieure à $\frac{\pi}{2}$; mais nous allons prouver qu'elles s'appliquent à deux arcs quelconques a et b.

1° *Les formules* (1) *et* (2) *subsistent pour toutes les valeurs de a et de b comprises entre* 0 *et* $\frac{\pi}{2}$.

Cela ayant été établi pour le cas de $a + b < \frac{\pi}{2}$ ou $= \frac{\pi}{2}$, supposons $a + b > \frac{\pi}{2}$; soient a' et b' les compléments de a et de b, on aura $a' + b' < \frac{\pi}{2}$; par conséquent,

$$\sin(a' + b') = \sin a' \cos b' + \cos a' \sin b',$$
$$\cos(a' + b') = \cos a' \cos b' - \sin a' \sin b'.$$

Comme les sinus de deux arcs supplémentaires sont égaux, tandis que les cosinus sont égaux et de signes contraires, si l'on remplace a', b' et $a' + b'$ par leurs valeurs $\frac{\pi}{2} - a$, $\frac{\pi}{2} - b$ et $\pi - (a + b)$, on obtiendra précisément les formules (1) et (2).

2° *Si les formules* (1) *et* (2) *s'appliquent à deux arcs a et b, elles subsistent encore, quand on ajoute* $\frac{\pi}{2}$ *à l'un des arcs.*

Les arcs a et b satisfaisant, par hypothèse, aux formules (1) et (2), posons $a' = a + \frac{\pi}{2}$, et remplaçons a par $a' - \frac{\pi}{2}$, il viendra

$$\sin\left(a' + b - \frac{\pi}{2}\right) = \sin\left(a' - \frac{\pi}{2}\right)\cos b + \cos\left(a' - \frac{\pi}{2}\right)\sin b,$$
$$\cos\left(a' + b - \frac{\pi}{2}\right) = \cos\left(a' - \frac{\pi}{2}\right)\cos b - \sin\left(a' - \frac{\pi}{2}\right)\sin b;$$

or on a, quel que soit x,

$$\sin\left(x - \frac{\pi}{2}\right) = -\sin\left(\frac{\pi}{2} - x\right) = -\cos x,$$
$$\cos\left(x - \frac{\pi}{2}\right) = \quad \cos\left(\frac{\pi}{2} - x\right) = \sin x;$$

donc les formules précédentes peuvent s'écrire comme il suit :

$$\cos(a' + b) = \cos a' \cos b - \sin a' \sin b,$$
$$\sin(a' + b) = \sin a' \cos b + \cos a' \sin b,$$

et l'on voit que ce sont les formules (1) et (2) où l'on a mis a' ou $a + \frac{\pi}{2}$ à la place de a.

3° *Les formules* (1) *et* (2) *subsistent pour toutes les valeurs positives de a et de b.*

Supposons, en effet, que les arcs positifs a et b contiennent respectivement, le premier m, le deuxième n quadrants, et posons

$$a = m\frac{\pi}{2} + a', \quad b = n\frac{\pi}{2} + b',$$

a' et b' étant chacun moindres qu'un quadrant; on aura

$$\sin(a' + b') = \sin a' \cos b' + \cos a' \sin b',$$
$$\cos(a' + b') = \cos b' \cos a' - \sin a' \sin b'.$$

Or, d'après ce qui précède, ces formules subsisteront si l'on ajoute successivement m fois $\frac{\pi}{2}$ à a' et n fois $\frac{\pi}{2}$ à b'; donc les formules (1) et (2) s'appliquent à deux arcs positifs quelconques a et b.

4° *Les formules* (1) *et* (2) *subsistent pour des valeurs quelconques de a et de b.*

Cette proposition étant démontrée dans le cas où a et b sont tous deux positifs, supposons que l'un au moins de ces arcs soit négatif, et désignons par k un entier assez grand pour que les sommes $2k\pi + a = a'$, $2k\pi + b = b'$ soient positives; on aura

$$\sin(a' + b') = \sin a' \cos b' + \cos a' \sin b',$$
$$\cos(a' + b') = \cos a' \cos b' - \sin a' \sin b';$$

remplaçant a' par $2k\pi + a$, b' par $2k\pi + b$, et se rappelant que l'on a, quel que soit x,

$$\sin(2k\pi + x) = \sin x, \quad \cos(2k\pi + x) = \cos x,$$

on retrouve les formules (1) et (2).

La généralité des formules (1) et (2) est donc complétement établie; il convient de remarquer que chacune de ces formules peut se déduire de l'autre en remplaçant dans celle-ci a par $a + \frac{\pi}{2}$, ou b par $b + \frac{\pi}{2}$.

Si dans les formules (1) et (2) on change b en $-b$, il vient

$$(3) \qquad \sin(a - b) = \sin a \cos b - \cos a \sin b,$$
$$(4) \qquad \cos(a - b) = \cos a \cos b + \sin a \sin b.$$

16. On peut facilement trouver, par ce qui précède, le sinus et le cosinus de la somme d'un nombre quelconque d'arcs, quand on connaît les sinus et les cosinus de ces arcs. Soient, par exemple, a, b, c trois arcs quelconques; on a

$$\sin(a+b+c) = \sin(a+b)\cos c + \cos(a+b)\sin c,$$
$$\cos(a+b+c) = \cos(a+b)\cos c - \sin(a+b)\sin c;$$

puis, en développant $\sin(a+b)$ et $\cos(a+b)$, il vient

$$\sin(a+b+c) = \sin a\cos b\cos c + \sin b\cos a\cos c + \sin c\cos a\cos b - \sin a\sin b\sin c,$$
$$\cos(a+b+c) = \cos a\cos b\cos c - \cos a\sin b\sin c - \cos b\sin a\sin c - \cos c\sin a\sin b.$$

Connaissant ainsi les formules qui donnent le sinus et le cosinus d'une somme de trois arcs, on pourra obtenir celles qui donnent le sinus et le cosinus d'une somme de quatre arcs, et ainsi de suite.

17. Tangentes et cotangentes. — Proposons-nous maintenant de trouver la tangente ou la cotangente de la somme de deux arcs, connaissant les tangentes ou les cotangentes de ces arcs.

Soient a et b deux arcs quelconques, positifs ou négatifs; on a

$$\operatorname{tang}(a+b) = \frac{\sin(a+b)}{\cos(a+b)} = \frac{\sin a\cos b + \cos a\sin b}{\cos a\cos b - \sin a\sin b},$$

et, en divisant les deux termes de cette valeur de $\operatorname{tang}(a+b)$ par $\cos a\cos b$,

$$(5) \qquad \operatorname{tang}(a+b) = \frac{\operatorname{tang} a + \operatorname{tang} b}{1 - \operatorname{tang} a \operatorname{tang} b}.$$

Si l'on change b en $-b$ dans cette formule, il vient

$$(6) \qquad \operatorname{tang}(a-b) = \frac{\operatorname{tang} a - \operatorname{tang} b}{1 + \operatorname{tang} a \operatorname{tang} b}.$$

Pour avoir $\cot(a+b)$ en fonction de $\cot a$ et $\cot b$, il suffit de se rappeler que la cotangente d'un arc est l'inverse de la tangente de cet arc. Au moyen de cette remarque, on peut écrire les équations (5) et (6) comme il suit :

$$\cot(a+b) = \frac{\cot a \cot b - 1}{\cot a + \cot b}, \quad \cot(a-b) = \frac{1 + \cot a \cot b}{\cot b - \cot a}.$$

On peut aisément, par ce qui précède, exprimer la tangente de la somme d'un nombre quelconque d'arcs en fonction des tangentes de ces arcs. Soient, par exemple, a, b, c trois arcs quelconques; on a

$$\text{tang}(a+b+c) = \frac{\text{tang}(a+b) + \text{tang}\, c}{1 - \text{tang}(a+b)\,\text{tang}\, c},$$

et, en remplaçant $\text{tang}(a+b)$ par sa valeur $\dfrac{\text{tang}\, a + \text{tang}\, b}{1 - \text{tang}\, a\, \text{tang}\, b}$, il vient

$$\text{tang}(a+b+c) = \frac{\text{tang}\, a + \text{tang}\, b + \text{tang}\, c - \text{tang}\, a\, \text{tang}\, b\, \text{tang}\, c}{1 - \text{tang}\, a\, \text{tang}\, b - \text{tang}\, a\, \text{tang}\, c - \text{tang}\, b\, \text{tang}\, c}.$$

Connaissant ainsi la formule qui donne la tangente d'une somme de trois arcs, on pourra obtenir celle qui donne la tangente de la somme de quatre arcs, et ainsi de suite.

Formules importantes déduites des formules relatives à l'addition des arcs.

18. Des formules

$$\begin{aligned}
\sin(a+b) &= \sin a \cos b + \cos a \sin b,\\
\cos(a+b) &= \cos a \cos b - \sin a \sin b,\\
\sin(a-b) &= \sin a \cos b - \cos a \sin b,\\
\cos(a-b) &= \cos a \cos b + \sin a \sin b,
\end{aligned}$$

on déduit

$$(1)\quad \left\{\begin{aligned}
\sin(a+b) + \sin(a-b) &= 2\sin a \cos b,\\
\sin(a+b) - \sin(a-b) &= 2\cos a \sin b,\\
\cos(a+b) + \cos(a-b) &= 2\cos a \cos b,\\
\cos(a-b) - \cos(a+b) &= 2\sin a \sin b.
\end{aligned}\right.$$

Soient maintenant

$$a+b=p, \quad a-b=q;$$

on aura

$$a = \frac{1}{2}(p+q), \quad b = \frac{1}{2}(p-q),$$

et les formules précédentes deviendront

$$(2)\quad\left\{\begin{aligned}
&\sin p+\sin q=2\sin\frac{1}{2}(p+q)\cos\frac{1}{2}(p-q),\\
&\sin p-\sin q=2\sin\frac{1}{2}(p-q)\cos\frac{1}{2}(p+q),\\
&\cos p+\cos q=2\cos\frac{1}{2}(p+q)\cos\frac{1}{2}(p-q),\\
&\cos q-\cos p=2\sin\frac{1}{2}(p+q)\sin\frac{1}{2}(p-q).
\end{aligned}\right.$$

Ces dernières formules sont fréquemment employées; elles servent à exprimer la somme ou la différence de deux sinus ou de deux cosinus par un produit de sinus ou de cosinus.

On peut de même exprimer par un produit la somme ou la différence d'un sinus et d'un cosinus; en effet, on a

$$\cos p\pm\sin q=\sin\left(\frac{\pi}{2}-p\right)\pm\sin q,$$

et, en faisant usage des formules (2),

$$(3)\quad\left\{\begin{aligned}
&\cos p+\sin q=2\sin\left(\frac{\pi}{4}-\frac{p-q}{2}\right)\cos\left(\frac{\pi}{4}-\frac{p+q}{2}\right),\\
&\cos p-\sin q=2\sin\left(\frac{\pi}{4}-\frac{p+q}{2}\right)\cos\left(\frac{\pi}{4}-\frac{p-q}{2}\right).
\end{aligned}\right.$$

En divisant deux à deux les formules (2), on obtient les suivantes, qu'il importe de se rappeler :

$$(4)\quad\left\{\begin{aligned}
&\frac{\sin p+\sin q}{\sin p-\sin q}=\frac{\sin\frac{1}{2}(p+q)\cos\frac{1}{2}(p-q)}{\sin\frac{1}{2}(p-q)\cos\frac{1}{2}(p+q)}=\frac{\operatorname{tang}\frac{1}{2}(p+q)}{\operatorname{tang}\frac{1}{2}(p-q)},\\
&\frac{\sin p+\sin q}{\cos p+\cos q}=\frac{\sin\frac{1}{2}(p+q)}{\cos\frac{1}{2}(p+q)}=\operatorname{tang}\tfrac{1}{2}(p+q),\\
&\frac{\sin p+\sin q}{\cos q-\cos p}=\frac{\cos\frac{1}{2}(p-q)}{\sin\frac{1}{2}(p-q)}=\cot\tfrac{1}{2}(p-q),\\
&\frac{\sin p-\sin q}{\cos p+\cos q}=\frac{\sin\frac{1}{2}(p-q)}{\cos\frac{1}{2}(p-q)}=\operatorname{tang}\tfrac{1}{2}(p-q),\\
&\frac{\sin p-\sin q}{\cos q-\cos p}=\frac{\cos\frac{1}{2}(p+q)}{\sin\frac{1}{2}(p+q)}=\cot\tfrac{1}{2}(p+q),\\
&\frac{\cos p+\cos q}{\cos q-\cos p}=\frac{\cos\frac{1}{2}(p+q)\cos\frac{1}{2}(p-q)}{\sin\frac{1}{2}(p+q)\sin\frac{1}{2}(p-q)}\\
&\qquad=\cot\tfrac{1}{2}(p+q)\cot\tfrac{1}{2}(p-q).
\end{aligned}\right.$$

19. On peut aussi transformer la somme ou la différence de deux tangentes en un produit de lignes trigonométriques. On a, en effet,

$$\operatorname{tang} a \pm \operatorname{tang} b = \frac{\sin a}{\cos a} \pm \frac{\sin b}{\cos b} = \frac{\sin a \cos b \pm \cos a \sin b}{\cos a \cos b},$$

ou

$$(5) \qquad \operatorname{tang} a \pm \operatorname{tang} b = \frac{\sin(a \pm b)}{\cos a \cos b};$$

on aurait de même

$$(6) \qquad \cot a \pm \cot b = \frac{\sin(b \pm a)}{\sin a \sin b},$$

$$(7) \qquad \cot a \pm \operatorname{tang} b = \frac{\cos(a \mp b)}{\sin a \cos b}.$$

Voici encore une formule qu'il convient de remarquer. Multiplions entre elles les deux égalités

$$\sin(a+b) = \sin a \cos b + \cos a \sin b,$$
$$\sin(a-b) = \sin a \cos b - \cos a \sin b;$$

il vient

$$\begin{aligned} \sin(a+b)\sin(a-b) &= \sin^2 a \cos^2 b - \cos^2 a \sin^2 b \\ &= (1-\sin^2 b)\sin^2 a - (1-\sin^2 a)\sin^2 b \\ &= (1-\cos^2 a)\cos^2 b - (1-\cos^2 b)\cos^2 a, \end{aligned}$$

ou

$$(8) \qquad \left\{ \begin{aligned} \sin(a+b)\sin(a-b) &= \sin^2 a - \sin^2 b \\ &= \cos^2 b - \cos^2 a. \end{aligned} \right.$$

20. Somme des cosinus ou des sinus d'une suite d'arcs en progression arithmétique. — Soient les n arcs

$$a, \quad a+h, \quad a+2h, \ldots, \quad a+(n-1)h.$$

Désignons par i un nombre entier quelconque; on a (n° 18)

$$2\sin\frac{h}{2}\cos(a+ih) = \sin\left(a + \frac{2i+1}{2}h\right) - \sin\left(a + \frac{2i-1}{2}h\right).$$

En donnant successivement à i les valeurs $0, 1, 2, \ldots, n-1$, il vient

$$2\sin\frac{h}{2}\cos a = \sin\left(a+\frac{h}{2}\right) - \sin\left(a-\frac{h}{2}\right),$$

$$2\sin\frac{h}{2}\cos(a+h) = \sin\left(a+\frac{3h}{2}\right) - \sin\left(a+\frac{h}{2}\right),$$

$$2\sin\frac{h}{2}\cos(a+2h) = \sin\left(a+\frac{5h}{2}\right) - \sin\left(a+\frac{3h}{2}\right),$$

$$\cdots\cdots\cdots\cdots\cdots\cdots\cdots\cdots\cdots,$$

$$2\sin\frac{h}{2}\cos[a+(n-1)h] = \sin\left(a+\frac{2n-1}{2}h\right) - \sin\left(a+\frac{2n-3}{2}h\right).$$

Ajoutant ces égalités membre à membre et faisant les réductions, il vient

$$2\sin\frac{h}{2}\left\{\cos a + \cos(a+h) + \cos(a+2h) + \ldots + \cos[a+(n-1)h]\right\}$$
$$= \sin\left(a+\frac{2n-1}{2}h\right) - \sin\left(a-\frac{h}{2}\right),$$

d'où

$$\cos a + \cos(a+h) + \ldots + \cos[a+(n-1)h]$$
$$= \frac{\sin\left(a+\frac{2n-1}{2}h\right) - \sin\left(a-\frac{h}{2}\right)}{2\sin\frac{h}{2}};$$

enfin, en transformant le numérateur du second membre en produit de sinus et cosinus, par les formules du n° **18**, on a

$$\cos a + \cos(a+h) + \cos(a+2h) + \ldots + \cos[a+(n-1)h]$$
$$= \frac{\sin\frac{nh}{2}\cos\left(a+\frac{n-1}{2}h\right)}{\sin\frac{h}{2}}.$$

Si dans cette formule on change a en $\frac{\pi}{2}-a$, et h en $-h$, il vient

$$\sin a + \sin(a+h) + \sin(a+2h) + \ldots + \sin[a+(n-1)h]$$
$$= \frac{\sin\frac{nh}{2}\sin\left(a+\frac{n-1}{2}h\right)}{\sin\frac{h}{2}}.$$

Les deux formules précédentes donnent des expressions très-simples pour la somme des cosinus de n arcs en progression arithmétique, ainsi que pour la somme des sinus de ces arcs.

Multiplication des arcs.

21. Expressions de $\sin 2a$ et de $\cos 2a$ en fonction de $\sin a$ ou de $\cos a$. — Si, dans les formules

$$(1)\qquad \begin{cases} \sin(a+b) = \sin a \cos b + \cos a \sin b, \\ \cos(a+b) = \cos a \cos b - \sin a \sin b, \end{cases}$$

on fait $b = a$, il vient

$$(2)\qquad \begin{cases} \sin 2a = 2 \sin a \cos a, \\ \cos 2a = \cos^2 a - \sin^2 a. \end{cases}$$

Ces formules (2) font connaître les valeurs de $\sin 2a$ et de $\cos 2a$ en fonction de $\sin a$ et de $\cos a$. Si l'on veut les exprimer en fonction de $\sin a$ ou de $\cos a$ seulement, on devra remplacer $\cos a$ par $\sqrt{1 - \sin^2 a}$, ou $\sin a$ par $\sqrt{1 - \cos^2 a}$; on obtient ainsi

$$(3)\qquad \begin{cases} \sin 2a = \pm 2 \sin a \sqrt{1 - \sin^2 a} = \pm 2 \cos a \sqrt{1 - \cos^2 a}, \\ \cos 2a = 1 - 2\sin^2 a = 2\cos^2 a - 1. \end{cases}$$

Il importe de remarquer que $\cos 2a$ s'exprime rationnellement en fonction de $\cos a$ ou de $\sin a$, tandis que $\sin 2a$ est une fonction irrationnelle de $\sin a$ ou de $\cos a$. Il résulte de là que, si l'on connaît la valeur de $\sin a$ ou de $\cos a$, $\cos 2a$ est entièrement déterminé, tandis que la valeur absolue de $\sin 2a$ est seule déterminée. Nous allons donner la raison de ce fait.

Supposons d'abord que la valeur de $\sin a$ soit connue, et posons

$$\sin a = b;$$

l'arc a est indéterminé, et ses valeurs, en nombre infini, sont données (n° 9) par les formules

$$a = 2k\pi + \alpha, \quad a = (2k+1)\pi - \alpha,$$

où α désigne un arc déterminé ayant b pour sinus. D'après cela, les valeurs de $\sin 2a$ sont données par les formules

$$\sin 2a = \sin(4k\pi + 2\alpha) = \sin 2\alpha,$$
$$\sin 2a = \sin(4k\pi + 2\pi - 2\alpha) = -\sin 2\alpha;$$

et celles de $\cos 2a$ sont

$$\cos 2a = \cos(4k\pi + 2\alpha) = \cos 2\alpha,$$
$$\cos 2a = \cos(4k\pi + 2\pi - 2\alpha) = \cos 2\alpha.$$

On voit par là que $\sin 2a$ est susceptible de la double valeur $\pm \sin 2\alpha$, tandis que $\cos 2a$ n'a que la seule valeur $\cos 2\alpha$.

La même chose a lieu si c'est la valeur de $\cos a$ qui est connue. Soit

$$\cos a = b,$$

et désignons par α un arc déterminé ayant b pour cosinus ; les valeurs de a sont données par la formule

$$a = 2k\pi \pm \alpha;$$

par suite, celles de $\sin 2a$ et de $\cos 2a$ le sont par les suivantes :

$$\sin 2a = \sin(4k\pi \pm 2\alpha) = \pm \sin 2\alpha,$$
$$\cos 2a = \cos(4k\pi \pm 2\alpha) = \cos 2\alpha;$$

$\sin 2a$ a donc deux valeurs égales et de signes contraires, tandis que $\cos 2a$ n'en a qu'une seule.

22. Expressions de $\sin 3a$ et de $\cos 3a$ en fonction de $\sin a$ ou de $\cos a$. — Si, dans les formules (1), on fait $b = 2a$, on trouve

$$\sin 3a = \sin a \cos 2a + \cos a \sin 2a,$$
$$\cos 3a = \cos a \cos 2a - \sin a \sin 2a;$$

en remplaçant $\sin 2a$ et $\cos 2a$ par leurs valeurs tirées des équations (2), on trouve

$$(4) \quad \begin{cases} \sin 3a = 3\sin a \cos^2 a - \sin^3 a, \\ \cos 3a = \cos^3 a - 3\sin^2 a \cos a, \end{cases}$$

formules qui font connaître $\sin 3a$ et $\cos 3a$ en fonction de $\sin a$ et de $\cos a$. En remplaçant, dans la première, $\cos^2 a$ par

$1-\sin^2 a$, et dans la seconde $\sin^2 a$ par $1-\cos^2 a$, il vient

$$(5)\qquad \begin{cases} \sin 3a = 3\sin a - 4\sin^3 a, \\ \cos 3a = 4\cos^3 a - 3\cos a. \end{cases}$$

On voit que $\sin 3a$ et $\cos 3a$ sont exprimables rationnellement, le premier en fonction de $\sin a$, le second en fonction de $\cos a$; au contraire, $\sin 3a$ est une fonction irrationnelle de $\cos a$, et $\cos 3a$ une fonction irrationnelle de $\sin a$. Il résulte de là que, quand on donne $\sin a$, $\sin 3a$ est entièrement déterminé, tandis que la valeur absolue de $\cos 3a$ est seule déterminée; au contraire, si l'on donne $\cos a$, $\cos 3a$ est déterminé, mais $\sin 3a$ ne l'est pas. On peut montrer qu'il doit en être ainsi, par des considérations analogues à celles dont nous avons fait usage au n° 21, et qu'il serait superflu de reproduire ici.

23. Si l'on connaît les valeurs de $\sin(m-1)a$ et de $\cos(m-1)a$ en fonction de $\sin a$ et de $\cos a$, on aura celles de $\sin ma$ et de $\cos ma$, en posant $b=(m-1)a$ dans les équations (1), qui deviennent alors

$$\sin ma = \sin a\cos(m-1)a + \cos a\sin(m-1)a,$$
$$\cos ma = \cos a\cos(m-1)a - \sin a\sin(m-1)a,$$

et en remplaçant $\sin(m-1)a$ et $\cos(m-1)a$ par leurs valeurs connues. On comprend comment on pourra calculer de proche en proche, par cette méthode, les valeurs de $\sin 4a$ et de $\cos 4a$, de $\sin 5a$ et de $\cos 5a, \ldots$, en fonction de $\sin a$ et de $\cos a$. Mais nous ne pousserons pas plus loin les calculs; nous donnerons d'ailleurs, dans la suite, une méthode générale pour former directement les valeurs de $\sin ma$ et de $\cos ma$, quel que soit l'entier m.

24. Expressions de $\tan 2a$ et de $\tan 3a$ en fonction de $\tan a$. — Si, dans la formule

$$(6)\qquad \text{tang}(a+b) = \frac{\text{tang}\,a + \text{tang}\,b}{1 - \text{tang}\,a\,\text{tang}\,b},$$

on fait $b = a$, il vient

$$\tag{7} \operatorname{tang} 2a = \frac{2 \operatorname{tang} a}{1 - \operatorname{tang}^2 a},$$

formule qui fait connaître tang $2a$ en fonction de tang a.

Si, dans la formule (6), on fait $b = 2a$, il vient

$$\operatorname{tang} 3a = \frac{\operatorname{tang} a + \operatorname{tang} 2a}{1 - \operatorname{tang} a \operatorname{tang} 2a},$$

et, en remplaçant tang $2a$ par sa valeur tirée de la formule (7),

$$\operatorname{tang} 3a = \frac{3 \operatorname{tang} a - \operatorname{tang}^3 a}{1 - 3 \operatorname{tang}^2 a}.$$

Généralement, si la valeur de tang $(m-1)a$ en fonction de tang a est connue, on aura tang ma par la formule

$$\operatorname{tang} ma = \frac{\operatorname{tang} a + \operatorname{tang}(m-1)a}{1 - \operatorname{tang} a \operatorname{tang}(m-1)a}.$$

On pourra donc calculer successivement les valeurs de tang $4a$, tang $5a$,..., qui seront toutes exprimées en fonction rationnelle de tang a. Nous donnerons dans la suite l'expression générale de tang ma en fonction de tang a.

L'expression de cot ma en fonction de cot a se déduit immédiatement de l'expression de tang ma en fonction de tang a; par exemple, en remplaçant dans la formule (7) tang a et tang $2a$ par $\frac{1}{\cot a}$ et $\frac{1}{\cot 2a}$, il vient

$$\cot 2a = \frac{\cot^2 a - 1}{2 \cot a}.$$

Division des arcs.

25. Expressions de $\sin \frac{1}{2} a$ et de $\cos \frac{1}{2} a$ en fonction de $\cos a$. — On a (n° 21)

$$\cos^2 \frac{1}{2} a - \sin^2 \frac{1}{2} a = \cos a,$$

$$\cos^2 \frac{1}{2} a + \sin^2 \frac{1}{2} a = 1,$$

et on tire de là

$$\cos^2 \frac{1}{2} a = \frac{1 + \cos a}{2}, \quad \sin^2 \frac{1}{2} a = \frac{1 - \cos a}{2},$$

d'où

$$(1) \quad \cos \frac{1}{2} a = \pm \sqrt{\frac{1 + \cos a}{2}}, \quad \sin \frac{1}{2} a = \pm \sqrt{\frac{1 - \cos a}{2}}.$$

On voit que les valeurs absolues de $\cos \frac{1}{2} a$ et de $\sin \frac{1}{2} a$ sont déterminées, mais que leurs signes ne le sont pas. On peut expliquer ce résultat par les considérations que nous avons déjà employées au n° 21. Soient b la valeur donnée de $\cos a$, et α un arc déterminé ayant b pour cosinus; les valeurs de a pour lesquelles on a $\cos a = b$ sont données par la formule

$$a = 2k\pi \pm \alpha;$$

par suite, les valeurs de $\cos \frac{1}{2} a$ et de $\sin \frac{1}{2} a$ le sont par les suivantes :

$$\cos \frac{1}{2} a = \cos \left(k\pi \pm \frac{1}{2} \alpha\right), \quad \sin \frac{1}{2} a = \sin \left(k\pi \pm \frac{1}{2} \alpha\right).$$

Or, si l'on prend pour k un nombre pair, ces formules deviennent

$$\cos \frac{1}{2} a = \cos \frac{1}{2} \alpha, \quad \sin \frac{1}{2} a = \pm \sin \frac{1}{2} \alpha;$$

et si l'on prend pour k un nombre impair, elles deviennent

$$\cos \frac{1}{2} a = - \cos \frac{1}{2} \alpha, \quad \sin \frac{1}{2} a = \pm \sin \frac{1}{2} \alpha;$$

ce qui montre que $\cos \frac{1}{2} a$ est susceptible de la double valeur $\pm \cos \frac{1}{2} \alpha$, et $\sin \frac{1}{2} a$ de la double valeur $\pm \sin \frac{1}{2} \alpha$.

Si l'arc a est donné, les signes de $\sin \frac{1}{2} a$ et de $\cos \frac{1}{2} a$ sont connus, et l'on peut calculer ces quantités au moyen des formules (1). Veut-on, par exemple, avoir le sinus et le cosinus de l'arc $\frac{\pi}{8}$, sachant que le cosinus de $\frac{\pi}{4}$ est $\frac{\sqrt{2}}{2}$ (nº 13); les formules (1) donneront

$$\cos\frac{\pi}{8} = \frac{\sqrt{2+\sqrt{2}}}{2}, \quad \sin\frac{\pi}{8} = \frac{\sqrt{2-\sqrt{2}}}{2}.$$

26. Expressions de $\sin\frac{1}{2}a$ et de $\cos\frac{1}{2}a$ en fonction de $\sin a$. — Si, dans les formules (1), on remplace $\cos a$ par $\pm\sqrt{1-\sin^2 a}$, il vient

$$\cos\frac{1}{2}a = \pm\sqrt{\frac{1\pm\sqrt{1-\sin^2 a}}{2}},$$

$$\sin\frac{1}{2}a = \pm\sqrt{\frac{1\mp\sqrt{1-\sin^2 a}}{2}};$$

mais on peut arriver à des résultats plus simples. En effet, des deux formules

$$2\sin\frac{1}{2}a\cos\frac{1}{2}a = \sin a, \quad \cos^2\frac{1}{2}a + \sin^2\frac{1}{2}a = 1,$$

on déduit, par addition et soustraction,

$$\left(\cos\frac{1}{2}a + \sin\frac{1}{2}a\right)^2 = 1 + \sin a,$$

$$\left(\cos\frac{1}{2}a - \sin\frac{1}{2}a\right)^2 = 1 - \sin a,$$

d'où

$$\cos\frac{1}{2}a + \sin\frac{1}{2}a = \pm\sqrt{1+\sin a},$$

$$\cos\frac{1}{2}a - \sin\frac{1}{2}a = \pm\sqrt{1-\sin a},$$

et, par conséquent,

$$(2)\quad \begin{cases} \cos\frac{1}{2}a = \pm\frac{1}{2}\left(\sqrt{1+\sin a} \pm \sqrt{1-\sin a}\right), \\ \sin\frac{1}{2}a = \pm\frac{1}{2}\left(\sqrt{1+\sin a} \mp \sqrt{1-\sin a}\right). \end{cases}$$

Dans ces deux formules, les signes supérieurs ou inférieurs, hors des parenthèses ou dans les parenthèses, se correspondent; mais dans chacune d'elles le signe hors des parenthèses est indépendant de celui qui se trouve dans la parenthèse. On trouve ainsi quatre valeurs pour $\cos\frac{1}{2}a$ et quatre pour $\sin\frac{1}{2}a$; et il est remarquable que les valeurs de $\cos\frac{1}{2}a$ soient précisément les mêmes que celles de $\sin\frac{1}{2}a$. Pour expliquer ce résultat, soient b la valeur donnée de $\sin a$, et α un arc déterminé ayant b pour sinus; les valeurs de a étant données par les formules

$$a = 2k\pi + \alpha, \quad a = (2k+1)\pi - \alpha,$$

les valeurs de $\cos\frac{1}{2}a$ et de $\sin\frac{1}{2}a$ sont

$$\cos\frac{1}{2}a = \cos\left(k\pi + \frac{1}{2}\alpha\right), \quad \cos\frac{1}{2}a = \cos\left(k\pi + \frac{\pi}{2} - \frac{1}{2}\alpha\right),$$

$$\sin\frac{1}{2}a = \sin\left(k\pi + \frac{1}{2}\alpha\right), \quad \sin\frac{1}{2}a = \sin\left(k\pi + \frac{\pi}{2} - \frac{1}{2}\alpha\right).$$

Si l'on prend pour k un nombre pair, ces formules deviennent

$$\cos\frac{1}{2}a = \cos\frac{1}{2}\alpha, \quad \cos\frac{1}{2}a = \cos\left(\frac{\pi}{2} - \frac{1}{2}\alpha\right) = \sin\frac{1}{2}\alpha,$$

$$\sin\frac{1}{2}a = \sin\frac{1}{2}\alpha, \quad \sin\frac{1}{2}a = \sin\left(\frac{\pi}{2} - \frac{1}{2}\alpha\right) = \cos\frac{1}{2}\alpha;$$

et, si l'on prend pour k un nombre impair, elles deviennent

$$\cos\frac{1}{2}a = -\cos\frac{1}{2}\alpha, \quad \cos\frac{1}{2}a = -\cos\left(\frac{\pi}{2} - \frac{1}{2}\alpha\right) = -\sin\frac{1}{2}\alpha,$$

$$\sin\frac{1}{2}a = -\sin\frac{1}{2}\alpha, \quad \sin\frac{1}{2}a = -\sin\left(\frac{\pi}{2} - \frac{1}{2}\alpha\right) = -\cos\frac{1}{2}\alpha;$$

d'où il suit que $\cos\frac{1}{2}a$ et $\sin\frac{1}{2}a$ ont chacun les quatre valeurs $\pm\cos\frac{1}{2}\alpha$, $\pm\sin\frac{1}{2}\alpha$.

Si l'arc a est donné, on sait quels sont les signes de $\sin\frac{1}{2}a$

et de $\cos\frac{1}{2}a$; on sait aussi quelle est celle des deux quantités qui a la plus grande valeur absolue. Cette considération permet de déterminer dans chaque cas les signes qu'il faut prendre dans les formules (2) pour avoir les valeurs de $\cos\frac{1}{2}a$ et de $\sin\frac{1}{2}a$.

27. Expression de $\operatorname{tang}\frac{1}{2}a$ en fonction de $\operatorname{tang} a$. — Si, dans la formule

$$\operatorname{tang} 2a = \frac{2\operatorname{tang} a}{1-\operatorname{tang}^2 a},$$

on remplace a par $\frac{1}{2}a$, il vient

$$\operatorname{tang} a = \frac{2\operatorname{tang}\frac{1}{2}a}{1-\operatorname{tang}\frac{1}{2}a};$$

d'où, en faisant

$$\operatorname{tang} a = b, \quad \operatorname{tang}\frac{1}{2}a = x,$$

$$x^2 + \frac{2}{b}x - 1 = 0; \tag{3}$$

on tire de là

$$x = -\frac{1}{b} \pm \sqrt{\frac{1}{b^2}+1}. \tag{4}$$

Pour savoir ce que représentent ces deux racines de l'équation (3), soit α un arc déterminé ayant b pour tangente; les valeurs de a seront données par la formule

$$a = k\pi + \alpha,$$

et celles de x par la suivante :

$$x = \operatorname{tang}\left(k\frac{\pi}{2} + \frac{1}{2}\alpha\right).$$

Si l'on prend pour k un nombre pair $2n$, cette formule donne

$$x = \operatorname{tang}\left(n\pi + \frac{1}{2}\alpha\right) = \operatorname{tang}\frac{1}{2}\alpha,$$

et, si l'on prend pour k un nombre impair $2n+1$, elle donne

$$x = \tang\left(n\pi + \frac{\pi}{2} + \frac{1}{2}\alpha\right) = \tang\left(\frac{\pi}{2} + \frac{1}{2}\alpha\right) = -\cot\frac{1}{2}\alpha;$$

d'où il suit que x a les deux valeurs $\tang\frac{1}{2}\alpha$ et $-\cot\frac{1}{2}\alpha$, dont le produit est égal à -1.

Si l'arc a est donné, il est aisé de déterminer quelle est celle des deux racines de l'équation (3) qui est égale à $\tang\frac{1}{2}a$, car on sait d'avance quel est le signe de cette tangente. Supposons, par exemple, qu'on veuille trouver $\tang\frac{\pi}{8}$, sachant que $\tang\frac{\pi}{4} = 1$; on fera $b = 1$ dans la formule (4), qui donnera, parce que $\tang\frac{\pi}{8}$ est positive,

$$\tang\frac{\pi}{8} = -1 + \sqrt{2}.$$

28. On peut exprimer $\tang\frac{1}{2}a$ en fonction de $\sin a$ et de $\cos a$ par une formule qui est d'un usage fréquent. On a

$$\tang\frac{1}{2}a = \frac{\sin\frac{1}{2}a}{\cos\frac{1}{2}a} = \frac{2\sin\frac{1}{2}a\cos\frac{1}{2}a}{2\cos^2\frac{1}{2}a} = \frac{2\sin^2\frac{1}{2}a}{2\sin\frac{1}{2}a\cos\frac{1}{2}a},$$

et, en se servant des formules établies précédemment, on trouve

$$\tang\frac{1}{2}a = \frac{\sin a}{1+\cos a} = \frac{1-\cos a}{\sin a}.$$

En remplaçant $\sin a$ par $\sqrt{1-\cos^2 a}$, on a encore

$$\tang\frac{1}{2}a = \pm\sqrt{\frac{1-\cos a}{1+\cos a}}.$$

29. Equation dont dépend $\cos\frac{a}{3}$ quand $\cos a$ est donné. — Si, dans la formule

$$\cos 3a = 4\cos^3 a - 3\cos a,$$

on remplace a par $\frac{a}{3}$, il vient

$$\cos a = 4\cos^3\frac{a}{3} - 3\cos\frac{a}{3},$$

ou, en posant

$$\cos a = b,\quad \cos\frac{a}{3} = x,$$

$$x^3 - \frac{3}{4}x - \frac{b}{4} = 0.$$

Cette équation est du troisième degré, et l'Algèbre apprend qu'elle a trois racines réelles. On peut démontrer ce fait comme il suit : α étant un arc déterminé dont le cosinus est b, les valeurs de a sont données par la formule

$$a = 2k\pi \pm \alpha,$$

et les valeurs de x le sont par la suivante :

$$x = \cos\left(\frac{2k\pi}{3} \pm \frac{\alpha}{3}\right),$$

où l'on doit donner à k toutes les valeurs entières positives, nulles ou négatives. Or, quel que soit k, on peut écrire

$$k = 3n + i,$$

i étant l'un des nombres 0, 1 ou 2; on a donc

$$x = \cos\left(2n\pi + \frac{2i\pi}{3} \pm \frac{\alpha}{3}\right) = \cos\left(\frac{2i\pi}{3} \pm \frac{\alpha}{3}\right);$$

mais les arcs

$$-\frac{\alpha}{3},\quad \frac{4\pi}{3} - \frac{\alpha}{3},\quad \frac{2\pi}{3} - \frac{\alpha}{3}$$

ont des cosinus qui sont égaux respectivement (n° 9) à ceux des arcs

$$\frac{\alpha}{3},\quad \frac{2\pi}{3} + \frac{\alpha}{3},\quad \frac{4\pi}{3} + \frac{\alpha}{3};$$

donc x a les trois valeurs distinctes

$$\cos\frac{\alpha}{3},\quad \cos\left(\frac{2\pi}{3} + \frac{\alpha}{3}\right),\quad \cos\left(\frac{4\pi}{3} + \frac{\alpha}{3}\right),$$

et ne peut en avoir un plus grand nombre.

30. Équation dont dépend $\sin\frac{a}{3}$ quand $\sin a$ est donné. — Si, dans la formule

$$\sin 3a = 3\sin a - 4\sin^3 a,$$

on met $\frac{a}{3}$ au lieu de a, il vient

$$\sin a = 3\sin\frac{a}{3} - 4\sin^3\frac{a}{3},$$

et, en posant

$$\sin a = b, \quad \sin\frac{a}{3} = x,$$

on obtient l'équation

$$x^3 - \frac{3}{4}x + \frac{b}{4} = 0,$$

qui se déduit de celle du n° 29 en changeant b en $-b$.

Pour savoir ce que représentent les trois racines de cette équation, soit α un arc déterminé ayant b pour sinus; les valeurs de a seront données par les formules

$$a = 2k\pi + \alpha, \quad a = (2k+1)\pi - \alpha,$$

et celles de x par les suivantes :

$$x = \sin\left(\frac{2k\pi}{3} + \frac{\alpha}{3}\right), \quad x = \sin\left(\frac{2k+1}{3}\pi - \frac{\alpha}{3}\right).$$

Soit $k = 3n + i$, i étant l'un des nombres 0, 1, 2; ces formules deviennent

$$x = \sin\left(2n\pi + \frac{2i\pi}{3} + \frac{\alpha}{3}\right) = \sin\left(\frac{2i\pi}{3} + \frac{\alpha}{3}\right),$$

$$x = \sin\left(2n\pi + \frac{2i+1}{3}\pi - \frac{\alpha}{3}\right) = \sin\left(\frac{2i+1}{3}\pi - \frac{\alpha}{3}\right).$$

Mais les arcs

$$\frac{3\pi}{3} - \frac{\alpha}{3}, \quad \frac{\pi}{3} - \frac{\alpha}{3}, \quad \frac{5\pi}{3} - \frac{\alpha}{3}$$

ont respectivement (n° 9) les mêmes sinus que les arcs

$$\frac{\alpha}{3}, \quad \frac{2\pi}{3} + \frac{\alpha}{3}, \quad \frac{4\pi}{3} + \frac{\alpha}{3};$$

donc x a les trois valeurs distinctes

$$\sin\frac{\alpha}{3}, \quad \sin\left(\frac{2\pi}{3}+\frac{\alpha}{3}\right), \quad \sin\left(\frac{4\pi}{3}+\frac{\alpha}{3}\right),$$

et ne peut en avoir un plus grand nombre.

31. Équation dont dépend $\tan\frac{a}{3}$ quand $\tan a$ est donnée. — Si, dans la formule

$$\operatorname{tang} 3a = \frac{3\operatorname{tang} a - \operatorname{tang}^3 a}{1 - 3\operatorname{tang}^2 a},$$

on remplace a par $\frac{a}{3}$, on obtient

$$\operatorname{tang} a = \frac{3\operatorname{tang}\frac{a}{3} - \operatorname{tang}^3\frac{a}{3}}{1 - 3\operatorname{tang}^2\frac{a}{3}},$$

et, en faisant

$$\operatorname{tang} a = b, \quad \operatorname{tang}\frac{a}{3} = x,$$

il vient

$$b = \frac{3x - x^3}{1 - 3x^2},$$

ou

$$x^3 - 3bx^2 - 3x + b = 0.$$

On voit que le problème dépend d'une équation du troisième degré. Pour savoir ce que représentent les racines de cette équation, soit α un arc déterminé ayant b pour tangente; les valeurs de a seront données par la formule

$$a = k\pi + \alpha,$$

et celles de x par la formule

$$x = \operatorname{tang}\left(\frac{k\pi}{3}+\frac{\alpha}{3}\right).$$

Posons $k = 3n + i$, i étant l'un des nombres 0, 1 ou 2; la formule précédente devient

$$x = \operatorname{tang}\left(n\pi + \frac{i\pi}{3}+\frac{\alpha}{3}\right) = \operatorname{tang}\left(\frac{i\pi}{3}+\frac{\alpha}{3}\right),$$

d'où il suit que x a les trois valeurs

$$\operatorname{tang}\frac{\alpha}{3},\quad \operatorname{tang}\left(\frac{\pi}{3}+\frac{\alpha}{3}\right),\quad \operatorname{tang}\left(\frac{2\pi}{3}+\frac{\alpha}{3}\right),$$

et n'en a pas davantage.

Si la valeur donnée de b est infinie, l'équation en x se réduit à l'équation du second degré

$$3x^2-1=0,$$

qui n'a que deux racines, savoir $+\frac{1}{\sqrt{3}}$ et $-\frac{1}{\sqrt{3}}$. D'un autre côté, comme $\alpha=\frac{\pi}{2}$, les expressions des racines de l'équation en x sont

$$\operatorname{tang}\frac{\pi}{6},\quad \operatorname{tang}\frac{\pi}{2},\quad \operatorname{tang}\frac{5\pi}{6};$$

d'où il suit que, pour $b=\infty$, l'une des racines de cette équation devient infinie, et que les deux autres se réduisent à $\operatorname{tang}\frac{\pi}{6}$ et $\operatorname{tang}\frac{5\pi}{6}$. On a donc

$$\operatorname{tang}\frac{\pi}{6}=\frac{1}{\sqrt{3}},\quad \operatorname{tang}\frac{5\pi}{6}=-\frac{1}{\sqrt{3}}.$$

32. En général, si l'on veut obtenir $\sin\frac{a}{m}$, $\cos\frac{a}{m}$ ou $\operatorname{tang}\frac{a}{m}$, connaissant $\sin a$, $\cos a$, $\operatorname{tang} a$, on commencera par former l'équation qui donne $\sin ma$, $\cos ma$ ou $\operatorname{tang} ma$ en fonction de $\sin a$, de $\cos a$ ou de $\operatorname{tang} a$; puis, en mettant $\frac{a}{m}$ au lieu de a, on aura l'équation dont dépend l'inconnue que l'on cherche. Cette équation sera, suivant les cas, du degré m ou du degré $2m$. Nous donnerons dans le Chapitre V tous les développements que comporte cette importante question; mais il convient de remarquer, dès à présent, que la détermination de $\sin\frac{a}{m}$, de $\cos\frac{a}{m}$ ou de $\operatorname{tang}\frac{a}{m}$ ne dépend que des équations du

second degré, si m est une puissance de 2; car, après avoir trouvé $\sin\frac{1}{2}a$, $\cos\frac{1}{2}a$ et $\operatorname{tang}\frac{1}{2}a$ en fonction de $\sin a$, de $\cos a$ ou de $\operatorname{tang} a$, on pourra, de la même manière, trouver $\sin\frac{a}{4}$, $\cos\frac{a}{4}$ et $\operatorname{tang}\frac{a}{4}$, $\sin\frac{a}{8}$, $\cos\frac{a}{8}$ et $\operatorname{tang}\frac{a}{8}$, ...

Détermination des lignes trigonométriques de certains arcs.

33. On peut calculer les lignes trigonométriques d'une infinité d'arcs compris entre 0 et $\frac{\pi}{2}$, par de simples extractions de racines carrées.

Des arcs compris dans la formule $\frac{n\pi}{2^m}$. — Si l'on part de l'arc $\frac{\pi}{2}$, on aura, par la méthode des n°s 25 et 26, les sinus et les cosinus des arcs

$$\frac{\pi}{4},\quad \frac{\pi}{8},\quad \frac{\pi}{16},\ldots,$$

et l'on pourra en conclure ensuite les sinus et les cosinus de leurs multiples.

On obtient de cette manière

$$\cos\frac{\pi}{4}=\frac{\sqrt{2}}{2},\qquad \sin\frac{\pi}{4}=\frac{\sqrt{2}}{2},$$

$$\cos\frac{\pi}{8}=\frac{\sqrt{2+\sqrt{2}}}{2},\qquad \sin\frac{\pi}{8}=\frac{\sqrt{2-\sqrt{2}}}{2},$$

$$\cos\frac{\pi}{16}=\frac{\sqrt{2+\sqrt{2+\sqrt{2}}}}{2},\qquad \sin\frac{\pi}{16}=\frac{\sqrt{2-\sqrt{2+\sqrt{2}}}}{2},$$

$$\ldots\ldots\ldots\ldots\ldots\ldots\ldots\ldots,$$

formulesdont la loi est évidente. Ainsi, quels que soient les entiers m et n, on pourra calculer par de simples extractions de racines carrées le sinus et le cosinus de l'arc $\frac{n\pi}{2^m}$ et, par suite, aussi les autres lignes trigonométriques de cet arc.

34. Des arcs compris dans la formule $\frac{n\pi}{3.2^m}$. — Les arcs $\frac{\pi}{3}$ et $\frac{2\pi}{3}$ ont le même sinus, puisqu'ils sont supplémentaires; on a donc

$$\sin\frac{\pi}{3} = \sin 2\,\frac{\pi}{3} = 2\sin\frac{\pi}{3}\cos\frac{\pi}{3},$$

et, par suite,

$$1 = 2\cos\frac{\pi}{3};$$

on tire de là

$$\cos\frac{\pi}{3} = \frac{1}{2}, \quad \sin\frac{\pi}{3} = \frac{\sqrt{3}}{2},$$

ou, comme $\frac{\pi}{3}$ est le complément de $\frac{\pi}{6}$,

$$\cos\frac{\pi}{6} = \frac{\sqrt{3}}{2}, \quad \sin\frac{\pi}{6} = \frac{1}{2}.$$

En partant de l'arc $\frac{\pi}{6}$, on obtiendra, par la méthode des n°s 25 et 26, le sinus et le cosinus des arcs

$$\frac{\pi}{12}, \quad \frac{\pi}{24}, \ldots;$$

on trouvera, par exemple, par les formules du n° 25,

$$\cos\frac{\pi}{12} = \frac{\sqrt{2+\sqrt{3}}}{2}, \quad \sin\frac{\pi}{12} = \frac{\sqrt{2-\sqrt{3}}}{2},$$

et, par les formules du n° 26,

$$\cos\frac{\pi}{12} = \frac{1}{4}(\sqrt{6}+\sqrt{2}), \quad \sin\frac{\pi}{12} = \frac{1}{4}(\sqrt{6}-\sqrt{2}).$$

On voit que l'on pourra calculer par des extractions de racines carrées les lignes trigonométriques de l'arc $\frac{n\pi}{3.2^m}$, quels que soient les entiers m et n.

35. Des arcs compris dans la formule $\frac{n\pi}{5.2^m}$. — On a

$$2\sin\frac{\pi}{5}\cos\frac{\pi}{5} = \sin\frac{2\pi}{5},$$

$$2\sin\frac{2\pi}{5}\cos\frac{2\pi}{5} = \sin\frac{4\pi}{5} = \sin\frac{\pi}{5},$$

et, en multipliant ces deux formules, il vient

$$4\cos\frac{\pi}{5}\cos\frac{2\pi}{5} = 1;$$

mais le premier membre de cette équation est égal au double de $\cos\frac{\pi}{5} + \cos\frac{3\pi}{5}$ ou de $\cos\frac{\pi}{5} - \cos\frac{2\pi}{5}$; on a donc

$$\cos\frac{\pi}{5} - \cos\frac{2\pi}{5} = \frac{1}{2};$$

en élevant cette équation au carré et l'ajoutant ensuite avec la précédente, il vient

$$\left(\cos\frac{\pi}{5} + \cos\frac{2\pi}{5}\right)^2 = \frac{5}{4},$$

d'où

$$\cos\frac{\pi}{5} + \cos\frac{2\pi}{5} = \frac{\sqrt{5}}{2}.$$

Connaissant ainsi la somme et la différence des cosinus des arcs $\frac{\pi}{5}$ et $\frac{2\pi}{5}$, on a immédiatement les valeurs de ces cosinus, savoir :

$$\cos\frac{\pi}{5} = \sin\frac{3\pi}{10} = \frac{1+\sqrt{5}}{4},$$

$$\cos\frac{2\pi}{5} = \sin\frac{\pi}{10} = \frac{-1+\sqrt{5}}{4}.$$

Des valeurs de $\cos\frac{\pi}{5}$ et de $\cos\frac{2\pi}{5}$ on passe tout de suite à celles de $\sin\frac{\pi}{5}$ et de $\sin\frac{2\pi}{5}$; on obtient ainsi

$$\sin\frac{\pi}{5} = \cos\frac{3\pi}{10} = \frac{1}{4}\sqrt{10-2\sqrt{5}},$$

$$\sin\frac{2\pi}{5} = \cos\frac{\pi}{10} = \frac{1}{4}\sqrt{10+2\sqrt{5}}.$$

En partant de l'arc $\frac{\pi}{10}$, on obtiendra par les méthodes des nos 25 et 26 les sinus et les cosinus des arcs

$$\frac{\pi}{20}, \quad \frac{\pi}{40}, \ldots,$$

en sorte qu'on peut obtenir par des racines carrées les lignes trigonométriques de l'arc $\frac{n\pi}{5.2^m}$, quels que soient les entiers m et n.

36. Des arcs compris dans la formule $\frac{n\pi}{3.5.2^m}$. — On a

$$\frac{\pi}{15} = \frac{\pi}{6} - \frac{\pi}{10},$$

par suite

$$\sin\frac{\pi}{15} = \sin\frac{\pi}{6}\cos\frac{\pi}{10} - \cos\frac{\pi}{6}\sin\frac{\pi}{10},$$

$$\cos\frac{\pi}{15} = \cos\frac{\pi}{6}\cos\frac{\pi}{10} + \sin\frac{\pi}{6}\sin\frac{\pi}{10},$$

et, en remplaçant les sinus et les cosinus des arcs $\frac{\pi}{6}$ et $\frac{\pi}{10}$ par leurs valeurs trouvées plus haut, il vient

$$\cos\frac{\pi}{15} = \frac{1}{8}\sqrt{10+2\sqrt{5}} - \frac{\sqrt{3}}{8}(-1+\sqrt{5}),$$

$$\cos\frac{\pi}{15} = \frac{\sqrt{3}}{8}\sqrt{10+2\sqrt{5}} + \frac{1}{8}(-1+\sqrt{5}),$$

d'où il suit encore qu'on pourra calculer les lignes trigonométriques de l'arc $\frac{n\pi}{3.5.2^m}$ par de simples extractions de racines carrées, et cela quels que soient les entiers m et n.

37. Nous compléterons ce qui précède en construisant ici la Table des sinus et des cosinus des multiples de l'arc $\frac{\pi}{20}$. Nous partirons des formules

$$\sin\frac{2\pi}{20}=\cos\frac{8\pi}{20}=\frac{-1+\sqrt{5}}{4},$$

$$\sin\frac{8\pi}{20}=\cos\frac{2\pi}{20}=\frac{1}{4}\sqrt{10+2\sqrt{5}},$$

$$\sin\frac{4\pi}{20}=\cos\frac{6\pi}{20}=\frac{1}{4}\sqrt{10-2\sqrt{5}},$$

$$\sin\frac{6\pi}{20}=\cos\frac{4\pi}{20}=\frac{1+\sqrt{5}}{4},$$

données au numéro précédent. On aura $\sin\frac{\pi}{20}$ et $\cos\frac{\pi}{20}$, $\sin\frac{3\pi}{20}$ et $\cos\frac{3\pi}{20}$ en faisant successivement $a=\frac{2\pi}{20}$ et $a=\frac{6\pi}{20}$ dans les formules

$$\sin\frac{1}{2}a=\frac{1}{2}\sqrt{1+\sin a}-\frac{1}{2}\sqrt{1-\sin a},$$

$$\cos\frac{1}{2}a=\frac{1}{2}\sqrt{1+\sin a}+\frac{1}{2}\sqrt{1-\sin a};$$

on trouve

$$\sin\frac{\pi}{20}=\cos\frac{9\pi}{20}=\frac{1}{4}\sqrt{3+\sqrt{5}}-\frac{1}{4}\sqrt{5-\sqrt{5}},$$

$$\sin\frac{9\pi}{20}=\cos\frac{\pi}{20}=\frac{1}{4}\sqrt{3+\sqrt{5}}+\frac{1}{4}\sqrt{5-\sqrt{5}},$$

et

$$\sin\frac{3\pi}{20}=\cos\frac{7\pi}{20}=\frac{1}{4}\sqrt{5+\sqrt{5}}-\frac{1}{4}\sqrt{3-\sqrt{5}},$$

$$\sin\frac{7\pi}{20}=\cos\frac{3\pi}{20}=\frac{1}{4}\sqrt{5+\sqrt{5}}+\frac{1}{4}\sqrt{3-\sqrt{5}};$$

enfin on a

$$\sin\frac{5\pi}{20}=\cos\frac{5\pi}{20}=\frac{\sqrt{2}}{2}.$$

Donc on a, en résumé,

$$\sin\frac{\pi}{20} = \cos\frac{9\pi}{20} = \frac{1}{4}\sqrt{3+\sqrt{5}} - \frac{1}{4}\sqrt{5-\sqrt{5}},$$

$$\sin\frac{2\pi}{20} = \cos\frac{8\pi}{20} = \frac{1}{4}(-1+\sqrt{5}),$$

$$\sin\frac{3\pi}{20} = \cos\frac{7\pi}{20} = \frac{1}{4}\sqrt{5+\sqrt{5}} - \frac{1}{4}\sqrt{3-\sqrt{5}},$$

$$\sin\frac{4\pi}{20} = \cos\frac{6\pi}{20} = \frac{1}{4}\sqrt{10-2\sqrt{5}},$$

$$\sin\frac{5\pi}{20} = \cos\frac{5\pi}{20} = \frac{1}{2}\sqrt{2},$$

$$\sin\frac{6\pi}{20} = \cos\frac{4\pi}{20} = \frac{1}{4}(1+\sqrt{5}),$$

$$\sin\frac{7\pi}{20} = \cos\frac{3\pi}{20} = \frac{1}{4}\sqrt{5+\sqrt{5}} + \frac{1}{4}\sqrt{3-\sqrt{5}},$$

$$\sin\frac{8\pi}{20} = \cos\frac{2\pi}{20} = \frac{1}{4}\sqrt{10+2\sqrt{5}},$$

$$\sin\frac{9\pi}{20} = \cos\frac{\pi}{20} = \frac{1}{4}\sqrt{3+\sqrt{5}} + \frac{1}{4}\sqrt{5-\sqrt{5}}.$$

A l'aide de ces formules, on peut calculer les sinus et les cosinus des multiples de l'arc $\frac{\pi}{20}$ avec une approximation aussi grande que l'on veut.

38. Il est tout aussi aisé de former la Table des sinus et des cosinus des multiples de l'arc $\frac{\pi}{60}$. Neuf de ces arcs sont les multiples de $\frac{\pi}{20}$ et, par suite, leurs sinus et leurs cosinus constituent la Table que nous venons d'écrire; on trouve encore parmi les multiples de $\frac{\pi}{60}$ les arcs $\frac{\pi}{6}$ et $\frac{\pi}{12}$ ainsi que leurs compléments; nous avons obtenu au n° 34 les sinus et les cosinus de ces arcs. Les seize autres multiples de $\frac{\pi}{60}$ comprennent huit multiples de $\frac{\pi}{30}$, savoir:

$$\frac{\pi}{30},\quad \frac{2\pi}{30},\quad \frac{4\pi}{30},\quad \frac{7\pi}{30},$$

et leurs compléments, puis enfin les arcs

$$\frac{\pi}{60},\quad \frac{7\pi}{60},\quad \frac{11\pi}{60},\quad \frac{13\pi}{60},$$

et leurs compléments. On peut obtenir immédiatement les sinus et les cosinus de tous ces arcs, au moyen de la Table construite précédemment, en appliquant le procédé que nous avons déjà employé à l'égard de l'arc $\frac{\pi}{15}$; il suffit effectivement pour cela de faire usage des formules identiques

$$\frac{\pi}{30}=\frac{\pi}{3}-\frac{6\pi}{20},\qquad \frac{\pi}{60}=\frac{7\pi}{20}-\frac{\pi}{3},$$

$$\frac{2\pi}{30}=\frac{8\pi}{20}-\frac{\pi}{3},\qquad \frac{7\pi}{60}=\frac{9\pi}{20}-\frac{\pi}{3},$$

$$\frac{4\pi}{30}=\frac{\pi}{3}-\frac{4\pi}{20},\qquad \frac{11\pi}{60}=\frac{\pi}{3}-\frac{3\pi}{20},$$

$$\frac{7\pi}{30}=\frac{\pi}{3}-\frac{2\pi}{20},\qquad \frac{13\pi}{60}=\frac{11\pi}{20}-\frac{\pi}{3};$$

on trouve ainsi

$$\sin\frac{\pi}{30}=\cos\frac{14\pi}{30}=\frac{1}{8}\sqrt{3}\sqrt{10-2\sqrt{5}}-\frac{1}{8}(1+\sqrt{5}),$$

$$\sin\frac{2\pi}{30}=\cos\frac{13\pi}{30}=\frac{1}{8}\sqrt{10+2\sqrt{5}}-\frac{1}{8}\sqrt{3}(-1+\sqrt{5}),$$

$$\sin\frac{4\pi}{30}=\cos\frac{11\pi}{30}=\frac{1}{8}\sqrt{3}(1+\sqrt{5})-\frac{1}{8}\sqrt{10-2\sqrt{5}},$$

$$\sin\frac{7\pi}{30}=\cos\frac{8\pi}{30}=\frac{1}{8}\sqrt{3}\sqrt{10+2\sqrt{5}}-\frac{1}{8}(-1+\sqrt{5}),$$

$$\sin\frac{8\pi}{30}=\cos\frac{7\pi}{30}=\frac{1}{8}\sqrt{10+2\sqrt{5}}+\frac{1}{8}\sqrt{3}(-1+\sqrt{5}),$$

$$\sin\frac{11\pi}{30}=\cos\frac{4\pi}{30}=\frac{1}{8}(1+\sqrt{5})+\frac{1}{8}\sqrt{3}\sqrt{10-2\sqrt{5}},$$

$$\sin\frac{13\pi}{30}=\cos\frac{2\pi}{30}=\frac{1}{8}\sqrt{3}\sqrt{10+2\sqrt{5}}+\frac{1}{8}(-1+\sqrt{5}),$$

$$\sin\frac{14\pi}{30}=\cos\frac{\pi}{30}=\frac{1}{8}\sqrt{10-2\sqrt{5}}+\frac{1}{8}\sqrt{3}(1+\sqrt{5}),$$

et

$$\sin\frac{\pi}{60} = \cos\frac{29\pi}{60} = \frac{1}{8}(\sqrt{3}+1)\sqrt{3-\sqrt{5}} - \frac{1}{8}(\sqrt{3}-1)\sqrt{5+\sqrt{5}},$$

$$\sin\frac{7\pi}{60} = \cos\frac{23\pi}{60} = \frac{1}{8}(\sqrt{3}+1)\sqrt{5-\sqrt{5}} - \frac{1}{8}(\sqrt{3}-1)\sqrt{3+\sqrt{5}},$$

$$\sin\frac{11\pi}{60} = \cos\frac{19\pi}{60} = \frac{1}{8}(\sqrt{3}+1)\sqrt{3-\sqrt{5}} + \frac{1}{8}(\sqrt{3}-1)\sqrt{5+\sqrt{5}},$$

$$\sin\frac{13\pi}{60} = \cos\frac{17\pi}{60} = \frac{1}{8}(\sqrt{3}+1)\sqrt{3+\sqrt{5}} - \frac{1}{8}(\sqrt{3}-1)\sqrt{5-\sqrt{5}},$$

$$\sin\frac{17\pi}{60} = \cos\frac{13\pi}{60} = \frac{1}{8}(\sqrt{3}+1)\sqrt{5-\sqrt{5}} + \frac{1}{8}(\sqrt{3}-1)\sqrt{3+\sqrt{5}},$$

$$\sin\frac{19\pi}{60} = \cos\frac{11\pi}{60} = \frac{1}{8}(\sqrt{3}+1)\sqrt{5+\sqrt{5}} - \frac{1}{8}(\sqrt{3}-1)\sqrt{3-\sqrt{5}},$$

$$\sin\frac{23\pi}{60} = \cos\frac{7\pi}{60} = \frac{1}{8}(\sqrt{3}+1)\sqrt{3+\sqrt{5}} + \frac{1}{8}(\sqrt{3}-1)\sqrt{5-\sqrt{5}},$$

$$\sin\frac{29\pi}{60} = \cos\frac{\pi}{60} = \frac{1}{8}(\sqrt{3}+1)\sqrt{5+\sqrt{5}} + \frac{1}{8}(\sqrt{3}-1)\sqrt{3-\sqrt{5}}.$$

39. D'après la définition du n° 5, le sinus d'un arc compris entre o et π est égal à la moitié de la corde qui sous-tend un arc double. En particulier, le sinus de l'arc $\frac{\pi}{n}$ est la moitié du côté du polygone régulier de n côtés inscrit dans le cercle dont le rayon est l'unité. Il s'ensuit (n°s 33 et suiv.) que les côtés du carré, de l'hexagone régulier, du triangle équilatéral, du décagone régulier et du pentagone régulier inscrits, ont respectivement pour valeurs

$$\sqrt{2},\quad 1,\quad \sqrt{3},\quad \frac{-1+\sqrt{5}}{2},\quad \frac{1}{2}\sqrt{10-2\sqrt{5}};$$

pareillement les côtés des polygones réguliers inscrits de 15 et de 30 côtés ont pour valeurs

$$\frac{1}{4}\sqrt{10+2\sqrt{5}} - \frac{1}{4}\sqrt{3}(-1+\sqrt{5}),$$

$$\frac{1}{4}\sqrt{3}\sqrt{10-2\sqrt{5}} - \frac{1}{4}(1+\sqrt{5}).$$

On retrouve ainsi les propositions connues de la Géométrie relatives au carré et à l'hexagone régulier. Si le rayon du cercle est représenté par R et que l'on désigne par D et P les côtés du décagone et du pentagone réguliers inscrits, les formules

$$\frac{D}{R} = \frac{-1+\sqrt{5}}{2}, \quad \frac{P}{R} = \frac{\sqrt{10-2\sqrt{5}}}{2}$$

donneront

$$D^2 + R^2 = P^2, \quad \left(D + \frac{R}{2}\right)^2 = R^2 + \left(\frac{R}{2}\right)^2.$$

La première de ces formules exprime que *le carré du côté du pentagone régulier inscrit dans un cercle est égal au carré du côté du décagone régulier inscrit augmenté du carré du rayon.*

La seconde formule montre que, *pour obtenir le côté du décagone régulier inscrit dans un cercle, il suffit de construire un triangle rectangle dans lequel les côtés de l'angle droit soient égaux, l'un au rayon du cercle, l'autre à la moitié de ce rayon, et de prendre ensuite l'excès de l'hypoténuse de ce triangle rectangle sur le plus petit côté.* La même formule peut s'écrire

$$\frac{R}{D} = \frac{D}{R-D},$$

et elle exprime alors que D est la moyenne proportionnelle entre R et R — D, c'est-à-dire que *le côté du décagone régulier inscrit dans un cercle est égal à la plus grande partie du rayon divisé en moyenne et extrême raison.*

Les formules établies aux n°s 33 et suivants conduisent ainsi naturellement aux constructions que l'on emploie en Géométrie pour inscrire dans un cercle un hexagone régulier et un décagone régulier; l'inscription du triangle équilatéral et du pentagone régulier s'ensuit évidemment. Quant à celle des polygones réguliers de 15 et de 30 côtés, elle peut s'en déduire aussi très-aisément; l'arc sous-tendu par le côté du polygone régulier inscrit de 15 côtés est effectivement égal à la différence des arcs sous-tendus par les côtés de l'hexagone régulier et du décagone régulier, ainsi que nous en avons déjà fait la remarque.

Remarque sur les relations entre diverses lignes trigonométriques.

40. Les formules relatives à l'addition des arcs et toutes celles que nous en avons déduites ont lieu quels que soient les arcs que l'on considère : ce sont, en conséquence, de véritables identités. En outre, ces formules permettent de faire subir diverses transformations aux expressions qui dépendent de plusieurs lignes trigonométriques, et de là résulte la possibilité de former autant de relations identiques que l'on voudra.

Par exemple, nous avons trouvé au n° 35

$$\cos\frac{\pi}{5} - \cos\frac{2\pi}{5} = \frac{1}{2},$$

ou

$$1 + 2\sin\frac{\pi}{10} = 2\sin\frac{3\pi}{10},$$

et, en multipliant par $\cos a$, il vient

$$\cos a + 2\sin\frac{\pi}{10}\cos a = 2\sin\frac{3\pi}{10}\cos a,$$

formule identique qu'on peut écrire comme il suit :

$$(1)\quad \left\{\begin{aligned} &\sin\left(\frac{\pi}{2} - a\right) + \sin\left(\frac{\pi}{10} - a\right) + \sin\left(\frac{\pi}{10} + a\right) \\ &= \sin\left(\frac{3\pi}{10} - a\right) + \sin\left(\frac{3\pi}{10} + a\right). \end{aligned}\right.$$

Considérons en deuxième lieu l'expression

$$\sin a + \sin b + \sin c - 4\cos\frac{a}{2}\cos\frac{b}{2}\cos\frac{c}{2},$$

dans laquelle a, b, c désignent des arcs quelconques. Le dernier terme est égal à

$$-2\cos\frac{a}{2}\left(\cos\frac{b-c}{2}+\cos\frac{b+c}{2}\right),$$

ou à

$$-\cos\frac{a+b-c}{2}-\cos\frac{a-b+c}{2}$$

$$-\cos\frac{-a+b+c}{2}-\cos\frac{a+b+c}{2};$$

l'expression proposée peut s'écrire, en conséquence, de la manière suivante :

$$\left(\sin a+\sin\frac{b+c-a-\pi}{2}\right)+\left(\sin b+\sin\frac{a+c-b-\pi}{2}\right)$$
$$+\left(\sin c+\sin\frac{a+b-c-\pi}{2}\right)+\sin\frac{a+b+c-\pi}{2};$$

transformant ensuite en produits les sommes contenues dans chaque parenthèse, et remplaçant le dernier terme par $2\sin\frac{a+b+c-\pi}{4}\cos\frac{a+b+c-\pi}{4}$, on obtient cette formule

$$(2)\quad\left\{\begin{aligned}&\sin a+\sin b+\sin c-4\cos\frac{a}{2}\cos\frac{b}{2}\cos\frac{c}{2}\\&=2\sin\frac{a+b+c-\pi}{4}\left(\cos\frac{3a-b-c+\pi}{4}+\cos\frac{3b-c-a+\pi}{4}\right.\\&\qquad\left.+\cos\frac{3c-a-b+\pi}{4}+\cos\frac{a+b+c-\pi}{4}\right),\end{aligned}\right.$$

qui a lieu identiquement, quels que soient les arcs a, b, c. On voit que si ces arcs satisfont à la relation

$$a+b+c=(4n+1)\pi,$$

dans laquelle n désigne un nombre entier positif, nul ou négatif, on a

$$(3)\qquad \sin a+\sin b+\sin c-4\cos\frac{a}{2}\cos\frac{b}{2}\cos\frac{c}{2}=0.$$

41. Pour reconnaître si une équation algébrique donnée

entre diverses lignes trigonométriques est identique, le moyen le plus général consiste à préparer cette relation de manière que l'un des arcs indéterminés qu'elle renferme n'y figure que dans les puissances d'une même ligne trigonométrique. Si l'on ordonne ensuite par rapport à la ligne trigonométrique dont il s'agit, les coefficients des diverses puissances de cette ligne devront être nuls, et, en les égalant à zéro, on obtiendra plusieurs relations qui seront identiques et qui contiendront une indéterminée de moins que la proposée. On pourra opérer de la même manière sur ces dernières relations, et, en continuant ainsi, on obtiendra des relations dont l'identité sera évidente si la proposée est elle-même identique; mais dans la plupart des cas on arrive facilement à mettre en évidence l'identité des formules qu'on a occasion de considérer, en faisant convenablement usage des formules fondamentales que nous avons établies. Ainsi l'on vérifie immédiatement l'identité de la formule (2) en transformant en sommes les produits contenus dans chacun des deux membres. Quant à la formule (1), on la vérifie tout de suite en développant chacun des sinus qu'elle renferme.

42. Si une équation entre diverses lignes trigonométriques n'est pas identique, mais qu'elle soit satisfaite en établissant un certain nombre de relations entre les arcs qui y figurent, on pourra éliminer un même nombre d'arcs, et l'on obtiendra une équation résultante qui devra être identique. Par exemple, la relation (3) n'est pas identique, mais elle est satisfaite si les arcs a, b, c sont assujettis à la relation

$$a+b+c=(4n+1)\pi, \tag{4}$$

où n désigne un nombre entier. Pour vérifier ce fait, il suffira de remplacer c par $(4n+1)\pi - a - b$ et de constater l'identité de la relation résultante

$$\sin a+\sin b+\sin(a+b)-4\cos\frac{a}{2}\cos\frac{b}{2}\sin\frac{a+b}{2}=0;$$

l'identité devient manifeste en écrivant cette relation comme il suit :

$$2\sin\frac{a+b}{2}\left(\cos\frac{a-b}{2}+\cos\frac{a+b}{2}-2\cos\frac{a}{2}\cos\frac{b}{2}\right)=0.$$

On voit que la relation (3) est une conséquence de la relation (4), mais elle est beaucoup plus générale que celle-ci ; car, d'après la formule (2), elle est vérifiée, non-seulement par les valeurs de a, b, c qui satisfont à l'équation (4), mais encore par celles qui satisfont à la relation

$$\cos\frac{3a-b-c+\pi}{4}+\cos\frac{3b-c-a+\pi}{4}$$
$$+\cos\frac{3c-a-b+\pi}{4}+\cos\frac{a+b+c-\pi}{4}=0.$$

Ce n'est que dans des cas fort rares qu'une équation algébrique entre des lignes trigonométriques de plusieurs arcs peut être remplacée par une ou plusieurs relations algébriques entre les arcs eux-mêmes. En terminant ce Chapitre, nous donnerons un exemple dans lequel cette circonstance se présente.

Considérons la relation

$$\cos a+\cos b+\cos c=1+4\sin\frac{a}{2}\sin\frac{b}{2}\sin\frac{c}{2};$$

si l'on remplace $\cos a+\cos b$ par $2\cos\frac{a+b}{2}\cos\frac{a-b}{2}$ ou $2\cos^2\frac{a}{2}\cos^2\frac{b}{2}-2\sin^2\frac{a}{2}\sin^2\frac{b}{2}$, et $\cos c$ par $1-2\sin^2\frac{c}{2}$, la relation proposée devient

$$\left(\sin\frac{c}{2}+\sin\frac{a}{2}\sin\frac{b}{2}\right)^2-\cos^2\frac{a}{2}\cos^2\frac{b}{2}=0,$$

ou

$$\left(\sin\frac{c}{2}+\cos\frac{a-b}{2}\right)\left(\sin\frac{c}{2}-\cos\frac{a+b}{2}\right)=0,$$

ou enfin

$$\sin\frac{a+b+c-\pi}{4}\sin\frac{-a+b+c+\pi}{4}$$
$$\times\sin\frac{a-b+c+\pi}{4}\sin\frac{a+b-c+\pi}{4}=0,$$

et, pour que cette relation ait lieu, il faut et il suffit que l'un quelconque des quatre arcs

$$\frac{a+b+c-\pi}{4},\quad \frac{-a+b+c+\pi}{4},$$
$$\frac{a-b+c+\pi}{4},\quad \frac{a+b-c+\pi}{4}$$

soit égal à un multiple $n\pi$ de la demi-circonférence. La relation proposée équivaut donc au système des quatre relations

$$a+b+c=(4n+1)\pi,\quad -a+b+c=(4n-1)\pi,$$
$$a-b+c=(4n-1)\pi,\quad a+b-c=(4n-1)\pi.$$

QUESTIONS PROPOSÉES.

I. Si l'on représente par S_1 la somme des tangentes de m arcs a, b, $c, \ldots, k$, par S_2 la somme des produits deux à deux de ces mêmes tangentes, par S_3 la somme de leurs produits trois à trois, etc., enfin par S_m le produit de toutes les tangentes, on a la formule générale

$$\operatorname{tang}(a+b+c+\ldots+k)=\frac{S_1-S_3+S_5-\ldots}{1-S_2+S_4-\ldots};$$

on demande d'établir cette formule et d'en conclure l'expression de $\operatorname{tang} ma$ en fonction de $\operatorname{tang} a$.

II. Les mêmes choses étant posées que dans la question précédente, on a

$$\sin(a+b+c+\ldots+k)=(S_1-S_3+S_5-\ldots)\cos a.\cos b\ldots\cos k,$$
$$\cos(a+b+c+\ldots+k)=(1-S_2+S_4-\ldots)\cos a.\cos b\ldots\cos k;$$

on propose d'établir ces formules et d'en conclure les expressions de $\sin ma$ et de $\cos ma$ en fonction de $\sin a$ et de $\cos a$.

III. Former l'équation dont dépend $\cos\frac{a}{5}$ quand $\cos a$ est donné et celle dont dépend $\sin\frac{a}{5}$ quand $\sin a$ est donné. Résoudre ces deux équations dans les cas où a a l'une des valeurs 0, π, $\frac{\pi}{2}$, $\frac{\pi}{3}$, $\frac{\pi}{6}$, $\frac{\pi}{12}$, et trouver dans chacun de ces cas la signification des racines.

IV. La circonférence d'un cercle étant partagée en n parties égales, si des points de division on abaisse des perpendiculaires sur un diamètre quelconque, la somme des perpendiculaires situées d'un côté du diamètre sera égale à la somme des perpendiculaires situées de l'autre côté.

V. Calculer les côtés des polygones réguliers de 3, 6, 5, 10, 15, 20, 30 côtés circonscrits au cercle dont le rayon est égal à l'unité.

VI. Trouver la relation algébrique entre les arcs a, b, c susceptibles de satisfaire à l'une des deux relations

$$\operatorname{tang} a + \operatorname{tang} b + \operatorname{tang} c = \operatorname{tang} a \operatorname{tang} b \operatorname{tang} c,$$
$$\cos^2 a + \cos^2 b + \cos^2 c + 2\cos a \cos b \cos c = 1.$$

CHAPITRE II.

DES TABLES TRIGONOMÉTRIQUES.

Propositions préliminaires.

43. Pour faire usage des fonctions circulaires, il faut qu'on puisse calculer les valeurs des lignes trigonométriques d'un arc quelconque donné, et réciproquement trouver la valeur d'un arc quand on connaît l'une de ses lignes trigonométriques. Pour arriver à ce but, il est indispensable d'avoir une Table qui fasse connaître les valeurs des lignes trigonométriques correspondant à des valeurs successives de l'arc comprises entre o et $\frac{\pi}{2}$, et dont l'intervalle soit suffisamment petit. Nous allons indiquer par quels procédés on peut construire une pareille Table; on verra ensuite comment, par le moyen de cette Table, on peut trouver les lignes trigonométriques d'un arc quelconque donné, et réciproquement trouver le plus petit arc positif correspondant à une ligne trigonométrique donnée. Mais nous devons d'abord établir quelques propositions préliminaires indispensables pour l'objet que nous avons en vue.

44. Théorème I. — *Tout arc compris entre* o *et* $\frac{\pi}{2}$ *est plus grand que son sinus et moindre que sa tangente.*

Fig. 7.

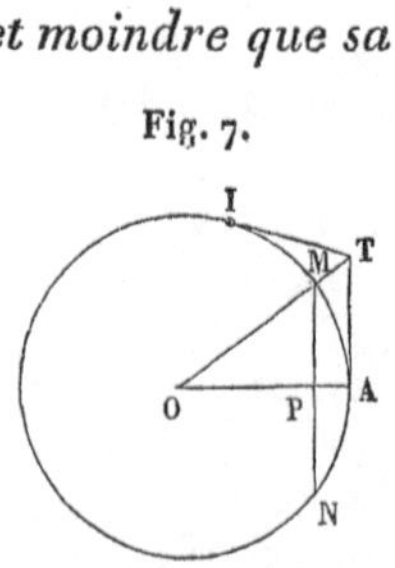

Soient (*fig.* 7) AM $= x$ un arc compris entre o et $\frac{\pi}{2}$, MP le sinus et AT la tangente de cet arc. Prolongeons MP jusqu'à sa rencontre en N avec la circonférence, et menons la tangente TI; on aura

$$\text{arc MAN} > \text{MN} \quad \text{et} \quad \text{arc AMI} < \text{AT} + \text{TI}.$$

Or l'arc x est la moitié de MAN ou de AMI, $\sin x$ est la moitié de MN, et $\operatorname{tang} x$ est égale à chacune des lignes AT et TI; on a donc

$$x > \sin x \quad \text{et} \quad x < \operatorname{tang} x.$$

Corollaire. — *Si l'arc x décroît de $\frac{\pi}{2}$ à o, le rapport $\frac{\sin x}{x}$ s'approche indéfiniment de l'unité.*

En effet, à cause de $\operatorname{tang} x = \frac{\sin x}{\cos x}$, on peut écrire

$$\sin x < x < \frac{\sin x}{\cos x},$$

ou, en divisant par $\sin x$,

$$1 < \frac{x}{\sin x} < \frac{1}{\cos x}.$$

Il suit de là que le rapport $\frac{x}{\sin x}$ est compris entre l'unité et la fraction $\frac{1}{\cos x}$ dont la limite est l'unité pour $x = 0$; on a donc

$$\lim \frac{x}{\sin x} = 1 \quad \text{ou} \quad \lim \frac{\sin x}{x} = 1.$$

45. Théorème II. — *L'excès d'un arc compris entre* o *et* $\frac{\pi}{2}$ *sur son sinus est moindre que le quart et même que le sixième du cube de l'arc.*

Pour démontrer que la différence dont il s'agit est inférieure au quart du cube de l'arc, il suffit de considérer l'inégalité

$$\operatorname{tang} \frac{x}{2} > \frac{x}{2}$$

établie au n° **44**; en la multipliant par $2\cos^2\frac{x}{2} = 2\left(1 - \sin^2\frac{x}{2}\right)$, on obtient

$$\sin x > x - x\sin^2\frac{x}{2} \quad \text{ou} \quad x - \sin x < x\sin^2\frac{x}{2};$$

mais $\sin\frac{x}{2}$ est inférieur à $\frac{x}{2}$ et, par conséquent, $\sin^2\frac{x}{2}$ est inférieur à $\frac{x^2}{4}$; on a donc, à plus forte raison,

$$x - \sin x < \frac{x^3}{4}.$$

46. Pour démontrer que la différence $x - \sin x$ est inférieure à $\frac{x^3}{6}$, on peut employer divers procédés; le plus simple consiste à prendre pour point de départ la formule

$$\sin 3x = 3\sin x - 4\sin^3 x,$$

établie au n° **22**; en y remplaçant x successivement par $\frac{x}{3}$, $\frac{x}{3^2}, \ldots, \frac{x}{3^n}$, on obtient

$$3\sin\frac{x}{3} - \sin x = 4\sin^3\frac{x}{3},$$

$$3\sin\frac{x}{3^2} - \sin\frac{x}{3} = 4\sin^3\frac{x}{3^2},$$

$$\cdots\cdots\cdots\cdots\cdots\cdots,$$

$$3\sin\frac{x}{3^n} - \sin\frac{x}{3^{n-1}} = 4\sin^3\frac{x}{3^n};$$

en ajoutant ces égalités, après les avoir multipliées respectivement par $1, 3, 3^2, \ldots, 3^{n-1}$, il vient

$$3^n\sin\frac{x}{3^n} - \sin x = 4\left(\sin^3\frac{x}{3} + 3\sin^3\frac{x}{2^2} + \ldots + 3^{n-1}\sin^3\frac{x}{3^n}\right)$$

ou

$$x.\frac{\sin\frac{x}{3^n}}{\left(\frac{x}{3^n}\right)} - \sin x = 4\left(\sin^3\frac{x}{3} + 3\sin^3\frac{x}{3^2} + \ldots + 3^{n-1}\sin^3\frac{x}{3^n}\right).$$

Si le nombre entier n augmente indéfiniment, l'arc $\frac{x}{3^n}$ tend vers zéro et le rapport $\frac{\sin \frac{x}{3^n}}{\left(\frac{x}{3^n}\right)}$ tend vers l'unité; le premier membre de l'égalité précédente a donc pour limite la différence $x - \sin x$, et par conséquent le deuxième membre tend lui-même vers cette limite. Mais, comme le sinus est inférieur à l'arc, la limite du deuxième membre de notre égalité est inférieure à celle vers laquelle converge la progression géométrique

$$4\left(\frac{x^3}{3^3} + \frac{x^3}{3^5} + \frac{x^3}{3^7} + \ldots + \frac{x^3}{3^{2n+1}}\right);$$

cette dernière limite est égale à $\frac{x^3}{6}$, et l'on a, en conséquence,

$$x - \sin x < \frac{x^3}{6}.$$

47. Les théorèmes qui précèdent fournissent ainsi deux limites, savoir x et $x - \frac{x^3}{6}$, entre lesquelles est compris $\sin x$. On peut en déduire facilement deux limites entre lesquelles se trouve compris $\cos x$; on a, en effet,

$$\cos x = 1 - 2\sin^2 \frac{x}{2},$$

et, comme $\sin \frac{x}{2}$ est compris entre $\frac{x}{2}$ et $\frac{x}{2} - \frac{x^3}{48}$, on a d'abord

$$\cos x > 1 - \frac{x^2}{2},$$

puis

$$\cos x < 1 - 2\left(\frac{x}{2} - \frac{x^3}{48}\right)^2 \quad \text{ou} \quad < 1 - \frac{x^2}{2} + \frac{x^4}{24} - 2\left(\frac{x^3}{48}\right)^2,$$

et, à plus forte raison,

$$\cos x < 1 - \frac{x^2}{2} + \frac{x^4}{24}.$$

Ainsi $\cos x$ est compris entre $1 - \frac{x^2}{2}$ et $1 - \frac{x^2}{2} + \frac{x^4}{24}$.

Division de la circonférence.

48. Jusqu'ici nous avons exprimé les arcs par leurs rapports au rayon; mais, dans les applications de la théorie des fonctions circulaires, il est beaucoup plus commode de les rapporter à la circonférence. A cet effet, on est convenu de partager la circonférence entière du cercle en 360 parties égales, auxquelles on a donné le nom de *degrés*, en sorte que la demi-circonférence renferme 180 degrés, et le quadrant 90 degrés. Chaque degré se subdivise en 60 *minutes*, et chaque minute en 60 *secondes*. Les degrés, minutes et secondes se représentent par $^\circ$, $'$, $''$; les arcs moindres que $1''$ s'évaluent en fraction décimale de la seconde. Ainsi un arc contenant 23 degrés 27 minutes 31 secondes et 8 dixièmes de seconde sera représenté par

$$23^\circ 27' 31'',8.$$

Si l'on désigne par x la longueur d'un arc, par N le nombre des degrés contenus dans cet arc, on a l'égalité

$$\frac{x}{\pi} = \frac{N}{180},$$

qui fera connaître l'un des nombres x ou N quand l'autre sera connu. La seconde étant prise pour unité, si l'on demande le nombre x' des secondes contenues dans l'arc x, on se servira de la formule

$$(1) \qquad \frac{x}{\pi} = \frac{x'}{648000}.$$

Veut-on, par exemple, avoir le nombre des secondes contenues dans l'arc égal à 1, on aura

$$x' = \frac{648000}{\pi};$$

la valeur de π est

$$\pi = 3,14159265358979323846\ldots,$$

et, en poussant le calcul jusqu'aux millièmes de seconde, on trouve

$$x' = 206264'',806 = 57^\circ 17' 44'',806.$$

Construction d'une Table de sinus et de cosinus.

49. Pour avoir les lignes trigonométriques d'un arc quelconque, il suffit de connaître celles des arcs compris entre o et 90 degrés. On peut même se borner aux arcs compris entre o et 45 degrés, car deux arcs complémentaires, tels que $45^\circ + x$ et $45^\circ - x$, ont les mêmes lignes trigonométriques. En outre, si les sinus et les cosinus sont connus pour tous les arcs compris entre o et 45 degrés, les quatre autres lignes trigonométriques pourront être déterminées au moyen de relations que nous avons établies au n° 11.

Cela posé, nous allons montrer comment on peut construire une Table des sinus et des cosinus de tous les arcs de 10 en 10 secondes, depuis o jusqu'à 45 degrés.

Sinus et cosinus de l'arc de 10 secondes. — Désignons par ε la longueur de l'arc de 10 secondes; on aura (n° 48)

$$\varepsilon = \frac{10\pi}{648000} = \frac{\pi}{64800},$$

et l'on trouve, en effectuant la division,

$$\varepsilon = 0,000048481368110\ldots.$$

On a ensuite (n° 45)

$$\sin\varepsilon < \varepsilon \quad \text{et} \quad \sin\varepsilon > \varepsilon - \frac{\varepsilon^3}{6};$$

d'ailleurs

$$\frac{\varepsilon^3}{6} < 0,00000\,00000\,00021;$$

on a donc

$$\sin 10'' < 0,00004\,84813\,68110,$$
$$\sin 10'' > 0,00004\,84813\,68089.$$

Ces deux limites de $\sin 10''$ ont les douze premières décimales communes, et l'on voit qu'on a, à moins d'une demi-unité du treizième ordre décimal,

$$\sin 10'' = 0,00004\,84813\,681.$$

Calculons maintenant $\cos 10''$; on a (47)

$$\cos\varepsilon > 1 - \frac{\varepsilon^2}{2} \quad \text{et} \quad \cos\varepsilon < 1 - \frac{\varepsilon^2}{2} + \frac{\varepsilon^4}{24};$$

comme ε est $< 0,00005$ ou $< \frac{1}{2.10^4}$, on a

$$\frac{\varepsilon^4}{24} < \frac{1}{384.10^{16}} < \frac{1}{3.10^{18}},$$

d'où il suit que $1 - \frac{\varepsilon^2}{2}$ est une valeur de $\cos\varepsilon$ approchée à moins d'une demi-unité du dix-huitième ordre décimal. En se bornant aux treize premières décimales, on trouve

$$\cos 10'' = 0,99999\,99988\,248.$$

50. Sinus et cosinus des arcs de 10 en 10 secondes, depuis 0 jusqu'à 45 degrés. — Si, dans les formules

$$\sin(a+b) + \sin(a-b) = 2\cos b \sin a,$$
$$\cos(a+b) + \cos(a-b) = 2\cos b \cos a,$$

on pose $a = (m-1)b$, il vient

$$(1) \quad \begin{cases} \sin mb = 2\cos b \sin(m-1)b - \sin(m-2)b, \\ \cos mb = 2\cos b \cos(m-1)b - \cos(m-2)b. \end{cases}$$

En prenant $b = 10''$ et en faisant $m = 2$, ces formules donneront les valeurs de $\sin 20''$ et de $\cos 20''$. Et généralement, quand on connaîtra les sinus et les cosinus de deux multiples consécutifs de l'arc $b = 10''$, les formules (1) feront connaître le sinus et le cosinus du multiple suivant. Mais on peut abréger les calculs en opérant comme il suit : le multiplicateur constant $2\cos 10''$ diffère peu de deux unités; en posant

$$2\cos 10'' = 2 - k,$$

on a

$$k = 0,00000\,00023\,504,$$

et les formules (1) deviennent

$$(2)\quad \begin{cases} [\sin mb - \sin(m-1)b] = [\sin(m-1)b - \sin(m-2)b] - k\sin(m-1)b, \\ [\cos mb - \cos(m-1)b] = [\cos(m-1)b - \cos(m-2)b] - k\cos(m-1)b. \end{cases}$$

Ces formules (2) serviront à calculer les différences

$$(3)\qquad \begin{cases} \sin mb - \sin(m-1)b, \\ \cos mb - \cos(m-1)b, \end{cases}$$

au moyen des différences précédentes,

$$(4)\qquad \begin{cases} \sin(m-1)b - \sin(m-2)b, \\ \cos(m-1)b - \cos(m-2)b, \end{cases}$$

qu'on a préalablement calculées, ainsi que $\sin(m-1)b$ et $\cos(m-1)b$. Ajoutant ensuite respectivement aux différences (3) les valeurs connues de $\sin(m-1)b$ et de $\cos(m-1)b$, on aura $\sin mb$ et $\cos mb$.

Les différences (3) se déduisent facilement des différences calculées (4); il suffit, en effet, pour cela, de retrancher respectivement de celles-ci les produits $k\sin(m-1)b$ et $k\cos(m-1)b$ dont l'un des facteurs est constant, et ces produits se calculeront assez rapidement, si l'on a eu soin de former une Table des produits de k par les neuf premiers nombres.

51. Quelque pénibles que soient les calculs dont nous venons d'indiquer la marche, on conçoit maintenant la possibilité de former la Table des sinus et des cosinus de tous les arcs de 10 en 10 secondes depuis 0 jusqu'à 45 degrés. Il y a lieu, toutefois, de rechercher quelle sera sur les divers sinus et cosinus calculés l'influence des erreurs qui ne peuvent manquer de s'accumuler dans le courant des opérations. Nous sommes partis des valeurs de $\sin 10''$ et de $\cos 10''$ calculées à une demi-unité près du treizième ordre décimal; nous supposerons que dans tous les calculs subséquents on conserve un nombre μ de décimales; on verra quelle valeur il faut donner à μ pour obtenir l'approximation que l'on désire. Nous désignerons

généralement par α_m la valeur approchée de $\sin m.10''$ ou de $\cos m.10''$ calculée comme on va l'expliquer avec μ décimales, et par $\alpha_m + \varepsilon_m$ la valeur exacte; au moyen de cette notation, on peut écrire comme il suit l'une quelconque des équations (1),

$$\alpha_m + \varepsilon_m = (2 - k)(\alpha_{m-1} + \varepsilon_{m-1}) - (\alpha_{m-2} + \varepsilon_{m-2}).$$

Les valeurs α_{m-1} et α_{m-2} ayant été calculées avec μ décimales, on calculera le produit $(2 - k)\,\alpha_{m-1}$ aussi avec μ décimales et l'on retranchera α_{m-2} de ce produit approché; la différence sera α_m. On a donc

$$\alpha_m = (2 - k)\,\alpha_{m-1} - \alpha_{m-2} - \zeta_m,$$

en désignant par ζ_m l'erreur positive ou négative que l'on commet en substituant à $(2 - k)\,\alpha_{m-1}$ la valeur approchée de ce produit à $\frac{1}{10^\mu}$ près. Des deux équations précédentes on déduit

$$\varepsilon_m = (2 - k)\,\varepsilon_{m-1} - \varepsilon_{m-2} + \zeta_m;$$

mais la quantité $k\varepsilon_{m-1}$ est très-petite par rapport à $2\varepsilon_{m-1}$ et l'on peut la fondre dans ζ_m sans que la limite supérieure de cette dernière quantité soit altérée d'une manière sensible; ainsi nous pouvons écrire simplement

$$\varepsilon_m = 2\varepsilon_{m-1} - \varepsilon_{m-2} + \zeta_m,$$

ou

$$\varepsilon_m - \varepsilon_{m-1} = \varepsilon_{m-1} - \varepsilon_{m-2} + \zeta_m.$$

Faisant successivement $m = 2, 3, \ldots, m$, et remarquant que ε_0 est nul, puisque aucune erreur n'est commise sur $\sin 0$ et sur $\cos 0$, il vient

$$(\varepsilon_2 - \varepsilon_1) = \varepsilon_1 + \zeta_2,$$
$$(\varepsilon_3 - \varepsilon_2) = (\varepsilon_2 - \varepsilon_1) + \zeta_3,$$
$$(\varepsilon_4 - \varepsilon_3) = (\varepsilon_3 - \varepsilon_2) + \zeta_4,$$
$$\ldots\ldots\ldots\ldots\ldots\ldots,$$
$$(\varepsilon_m - \varepsilon_{m-1}) = (\varepsilon_{m-1} - \varepsilon_{m-2}) + \zeta_m.$$

Ajoutant toutes ces égalités, il vient

$$\varepsilon_m - \varepsilon_{m-1} = \varepsilon_1 + \zeta_2 + \zeta_3 + \ldots + \zeta_m;$$

chacune des quantités $\zeta_2, \zeta_3, \ldots$ est moindre en valeur absolue que $\frac{1}{10^\mu}$, et il en est de même de leur moyenne arithmétique; en désignant par θ_m cette moyenne arithmétique, l'équation précédente devient

$$\varepsilon_m - \varepsilon_{m-1} = \varepsilon_1 + (m-1)\theta_m;$$

si l'on donne à m les valeurs successives $2, 3, \ldots, m$, il vient

$$\begin{aligned}
\varepsilon_2 - \varepsilon_1 &= \varepsilon_1 + \theta_2,\\
\varepsilon_3 - \varepsilon_2 &= \varepsilon_1 + 2\theta_3,\\
\varepsilon_4 - \varepsilon_3 &= \varepsilon_1 + 3\theta_4,\\
&\ldots\ldots\ldots\ldots,\\
\varepsilon_m - \varepsilon_{m-1} &= \varepsilon_1 + (m-1)\theta_m,
\end{aligned}$$

et, en ajoutant,

$$\varepsilon_m = m\varepsilon_1 + \theta_2 + 2\theta_3 + 3\theta_4 + \ldots + (m-1)\theta_m.$$

Or la valeur absolue de ε_1 est $< \frac{1}{2}\frac{1}{10^{13}}$, et la valeur absolue de chacune des quantités $\theta_2, \theta_3, \ldots$ est moindre que $\frac{1}{10^\mu}$; d'ailleurs la somme $1 + 2 + 3 + \ldots + (m-1)$ est égale à $\frac{m(m-1)}{2}$; donc on a, en faisant abstraction du signe de ε_m,

$$\varepsilon_m < \frac{m}{2.10^{13}} + \frac{m(m-1)}{2.10^\mu}.$$

Cherchons, d'après cela, quelle peut être l'erreur commise sur le sinus et le cosinus de l'arc de 45 degrés dont le calcul termine la série des opérations. L'arc de 45 degrés contenant 16200 fois l'arc de 10 secondes, faisons $m = 16200$: l'inégalité précédente devient

$$\varepsilon_{16200} < \frac{16200}{2.10^{13}} + \frac{16200 \times 16199}{2 \times 10^\mu},$$

et l'on aura, à plus forte raison,

$$\varepsilon_{16200} < \frac{1}{10^9} + \frac{1,5}{10^{\mu-8}}.$$

Si l'on prend $\mu = 17$, la seconde fraction devient égale à $\frac{1,5}{10^9}$, et l'on a

$$\varepsilon_{16200} < \frac{2,5}{10^9} \quad \text{ou} \quad < \frac{1}{4}\frac{1}{10^8};$$

ainsi l'erreur commise sur $\sin 45^\circ$ ou sur $\cos 45^\circ$ sera moindre que le quart d'une unité du huitième ordre décimal.

Il résulte de ces développements qu'en partant des valeurs de $\sin 10''$ et de $\cos 10''$ obtenues à une demi-unité près du treizième ordre décimal, et en calculant avec 17 décimales les sinus et les cosinus des arcs suivants, on pourra certainement compter sur 8 décimales exactes jusqu'à l'entière terminaison de la Table.

52. Mais quand il s'agit d'exécuter tant de calculs, il est indispensable de soumettre les résultats obtenus à des vérifications fréquentes. Aussi, avant de commencer les opérations, doit-on calculer directement les sinus et les cosinus d'un certain nombre d'arcs, afin d'avoir plus tard des termes de comparaison en nombre suffisant; par exemple, nous avons donné (nos 37 et 38) les expressions des sinus et des cosinus des multiples de $\frac{\pi}{60}$, c'est-à-dire des arcs de 3 en 3 degrés; il sera convenable de calculer ces sinus et ces cosinus avec un nombre suffisant de décimales; si l'intervalle de 3 degrés paraît trop considérable, on pourra le réduire à la moitié ou au quart, en se servant des formules

$$\sin \frac{1}{2} a = \sqrt{\frac{1 - \cos a}{2}}, \quad \cos \frac{1}{2} a = \sqrt{\frac{1 + \cos a}{2}},$$

et de celles qui sont relatives à l'addition et à la multiplication des arcs; on pourra ainsi très-aisément construire une Table préliminaire très-exacte contenant les sinus et les cosinus des multiples de 45 minutes ou 2700 secondes. Cette première Table n'aura pas seulement l'avantage de fournir des moyens de vérification, mais elle permettra aussi d'obtenir une plus grande exactitude dans les calculs relatifs à la Table définitive, parce que de 2700 en 2700 secondes les sinus et les cosinus pourront être connus avec toute la précision que l'on voudra.

Enfin, lorsque la Table entière est construite, on peut encore la vérifier d'autant de manières que l'on voudra au moyen de la formule identique

$$\sin(90^\circ - x) + \sin(18^\circ - x) + \sin(18^\circ + x)$$
$$= \sin(54^\circ - x) + \sin(54^\circ + x),$$

établie au n° 40, et au moyen d'autres formules du même genre.

Bien qu'on puisse construire la Table entière par le procédé du n° 50, on doit s'arrêter dès que l'on est arrivé à l'arc de 30 degrés. Effectivement, lorsqu'on aura calculé les sinus et les cosinus des arcs de 10 en 10 secondes, depuis zéro jusqu'à 30 degrés, on pourra obtenir les sinus et les cosinus des arcs compris entre 30 et 45 degrés, par la simple soustraction.

En effet, en se rappelant que $\sin 30^\circ = \frac{1}{2}$, on a (n° 18)

$$\sin(30^\circ + x) + \sin(30^\circ - x) = \cos x,$$
$$\cos(30^\circ - x) - \cos(30^\circ + x) = \sin x,$$

d'où l'on tire

$$\sin(30^\circ + x) = \cos x - \sin(30^\circ - x),$$
$$\cos(30^\circ + x) = \cos(30^\circ - x) - \sin x;$$

ces formules permettent d'obtenir, par un calcul facile, les sinus et les cosinus des arcs au-dessus de 30 degrés, lorsque l'on connaît les sinus et les cosinus des arcs au-dessous de 30 degrés, et leur emploi diminue notablement le travail de la construction de la Table.

Le procédé que nous avons exposé est celui qu'ont employé les savants à qui l'on doit la première construction des Tables de sinus et de cosinus. L'analyse a fourni depuis des méthodes beaucoup plus expéditives pour remplir cet objet; ces méthodes consistent dans l'emploi des *différences*, et elles reposent sur les formules qui expriment le sinus et le cosinus en fonction de l'arc. Nous établirons ces formules dans le Chapitre V.

Tables des logarithmes des fonctions circulaires.

53. Dans les applications numériques, on opère toujours par logarithmes : aussi a-t-on bien plutôt besoin de connaître les logarithmes des sinus, des cosinus, etc., que ces lignes trigonométriques elles-mêmes. Or les sinus et les cosinus des arcs de 10 en 10 secondes ayant été calculés, on pourra former la Table de leurs logarithmes. Cette Table une fois construite, on formera celle des logarithmes des tangentes et des cotangentes au moyen des formules

$$\log \operatorname{tang} x = \log \sin x - \log \cos x,$$
$$\log \cot x = \log \cos x - \log \sin x.$$

Quant aux sécantes et aux cosécantes, elles ne sont point employées; d'ailleurs leurs logarithmes sont égaux et de signes contraires aux logarithmes des cosinus et des sinus (*).

Les Tables de logarithmes des sinus, cosinus, etc. les plus usitées sont celles de Callet; nous allons en indiquer la disposition et l'usage, mais nous avons auparavant une remarque importante à faire.

Les sinus et les cosinus des arcs de zéro à 90 degrés, les tangentes des arcs de zéro à 45 degrés, et les cotangentes des arcs de 45 à 90 degrés sont inférieurs à 1, en sorte que leurs logarithmes sont négatifs. On a voulu éviter, dans les Tables de Callet, l'emploi des caractéristiques négatives, qui est pourtant préférable, et l'on a ajouté 10 à tous les logarithmes négatifs; il faut donc toujours avoir soin de supprimer ces 10 unités.

(*) On trouvera dans le Chapitre V les formules au moyen desquelles on peut calculer directement, et avec l'approximation qu'on désire, les logarithmes des sinus, des cosinus, des tangentes et des cotangentes de tous les arcs.

Disposition des Tables de Callet.

54. La première de ces Tables contient les logarithmes des sinus et des tangentes de seconde en seconde pour les cinq premiers degrés avec sept décimales; mais le sinus ou la tangente d'un arc étant le cosinus ou la cotangente de son complément, cette Table donne aussi les logarithmes des cosinus et des cotangentes des arcs au-dessus de 85 degrés.

Les degrés sont marqués hors du cadre en haut et en bas de chaque page; les minutes occupent la première et la dernière ligne, les secondes la première et la dernière colonne. Chaque page à gauche ne contient que des sinus et des cosinus, et chaque page à droite que des tangentes et des cotangentes, ainsi qu'on le voit par les titres de ces pages.

Les Tables suivantes contiennent les logarithmes des sinus, cosinus, tangentes et cotangentes de 10 en 10 secondes pour tous les degrés du quart de cercle. On y remarque les degrés écrits hors du cadre en haut et en bas de chaque page. Les minutes et secondes qu'on y voit à la première et à la seconde colonne se rapportent aux degrés qui sont écrits en haut; les minutes et secondes qu'on y trouve à la dernière et à l'avant-dernière colonne se rapportent aux degrés qui sont marqués au bas de la page.

La troisième colonne contient les logarithmes des sinus des arcs dont les degrés sont indiqués au haut de la page, et dont les minutes et les secondes sont marquées dans la première et dans la seconde colonne. La troisième colonne est intitulée *sinus*, mais il faut lire *logarithmes des sinus*. Il en est de même des autres. La quatrième colonne contient les différences des logarithmes des sinus, ainsi que son titre l'annonce; chaque nombre de cette colonne n'est pas dans l'alignement de ceux de la colonne précédente : ils se trouvent tous descendus d'une demi-ligne, et chacun d'eux exprime la différence qu'on aurait si l'on soustrayait l'un de l'autre les deux logarithmes entre lesquels il se trouve. Les colonnes cinquième et sixième contiennent les logarithmes des cosinus des mêmes arcs et leurs différences; les colonnes septième et huitième contiennent les logarithmes des tangentes et leurs différences; enfin la neuvième colonne contient les logarithmes des cotangentes des mêmes arcs; leurs différences sont les mêmes que celles des logarithmes des tangentes (*) : c'est pour cela qu'on a intitulé la colonne qui contient ces dernières *différences communes*.

Si l'on ne considère que les degrés qui sont à la tête de chaque page, on croira que les Tables ne s'étendent que jusqu'à 45 degrés; mais si l'on observe que chaque colonne a deux titres; que la colonne marquée par en haut *sinus* est marquée par en bas *cosinus;* que celle qui est intitulée par en haut *cosinus* est intitulée par en bas *sinus;* qu'il en est de même des tangentes et des cotangentes, on verra qu'en consultant les degrés, ainsi que les titres des colonnes qui sont en bas de chaque page, et les deux dernières colonnes vers la droite des mêmes pages, on aura les logarithmes des sinus, cosinus, tangentes et cotangentes des degrés, minutes et secondes depuis 45 degrés jusqu'à 90 degrés.

Usage des Tables.

55. Problème I. — *Connaissant le nombre des degrés, minutes et secondes d'un arc moindre que* 90 *degrés, trouver le logarithme du sinus, du cosinus, de la tangente ou de la cotangente de cet arc.*

Premier cas. — Si le nombre donné est composé de degrés, de minutes et de dizaines de secondes, on cherchera d'abord le nombre des degrés parmi ceux qui sont écrits en haut ou en bas des pages; en haut s'il est moindre que 45 degrés, au bas

---

(*) Car on a

$$\frac{\operatorname{tang}(x+h)}{\operatorname{tang} x} = \frac{\cot x}{\cot(x+h)},$$

et, en prenant les logarithmes,

$$\log\operatorname{tang}(x+h) - \log\operatorname{tang} x = \log\cot x - \log\cot(x+h).$$

s'il est plus grand. On suivra la première colonne qui va en croissant de haut en bas, si le nombre des degrés se trouve en haut de la page, ou la dernière qui va en croissant de bas en haut, si le nombre des degrés se trouve en bas; on suivra, dis-je, l'une ou l'autre de ces colonnes dans le sens suivant lequel elle croît, jusqu'à ce qu'on rencontre le nombre des minutes données; on passera dans la colonne des secondes sans quitter la ligne des minutes trouvées; on suivra dans le même sens cette colonne, on y trouvera les dizaines de secondes, et sur la même ligne le logarithme du sinus, du cosinus, de la tangente et de la cotangente que l'on cherche.

Veut-on, par exemple, le logarithme de la tangente de 79°51′40″; 79 degrés se trouvant au bas de la page, on montera le long de la dernière colonne qui va en croissant de bas en haut : on trouve 51 minutes dans cette colonne; on passe à la colonne précédente, qui est celle des dizaines de secondes; on monte le long de cette colonne, et l'on rencontre 40 secondes; sur la même ligne et dans la colonne marquée par en bas *tangente*, on trouve 0,7475657. C'est le logarithme cherché. On a ainsi

$$\log \text{tang}(79^\circ 51' 40'') = 0,7475657.$$

Veut-on, pour second exemple, le logarithme du sinus de 2°24′50″; 2 degrés se trouvant en haut de la page, on descend le long de la première colonne qui va en croissant de haut en bas : on trouve 24 minutes dans cette colonne; on passe à la colonne suivante, qui est celle des dizaines de secondes; on descend le long de cette colonne et l'on trouve 50 secondes; sur la même ligne et dans la colonne intitulée par en haut *sinus*, on trouve 8,6244662. C'est le logarithme cherché, augmenté de 10 unités. On a ainsi

$$\log \sin(2^\circ 24' 50'') = \bar{2},6244662.$$

Deuxième cas. — Si le nombre donné contient en outre des unités de secondes et des fractions de seconde, on commencera par réduire les fractions de seconde en fraction décimale; on cherchera ensuite, comme nous venons de l'expliquer, le logarithme du sinus ou de la tangente de l'arc donné, en faisant abstraction des unités et des fractions décimales de seconde, dont nous désignerons l'ensemble par h. On prendra ensuite la différence Δ qui existe entre le logarithme trouvé et celui qui vient immédiatement après lui, en allant de haut en bas ou de bas en haut, selon la marche que l'on suit; enfin on ajoutera au logarithme trouvé le nombre Δ', déterminé par l'équation

$$\frac{h}{10} = \frac{\Delta'}{\Delta}, \quad \text{d'où} \quad \Delta' = \frac{h\Delta}{10},$$

et l'on aura le logarithme cherché. Δ' et Δ expriment ici des unités du septième ordre décimal: on prendra donc pour Δ' la partie entière du produit $\frac{\Delta}{10} \times h$; mais il conviendra d'augmenter cette partie entière d'une unité, si la fraction que l'on néglige est supérieure à 0,5.

Si l'on veut le logarithme du cosinus ou de la cotangente de l'arc donné, on augmentera d'une dizaine le nombre des secondes de l'arc, et, après avoir supprimé les unités et les fractions de seconde, on obtiendra un arc qui surpassera l'arc donné d'une certaine fraction décimale h de seconde, on cherchera le logarithme de son cosinus ou de sa cotangente, et l'on ajoutera $\frac{h\Delta}{10}$ au résultat, Δ étant ici la différence qui existe entre le logarithme trouvé et celui qui le précède immédiatement en allant de haut en bas ou de bas en haut, suivant la marche que l'on suit.

La règle que nous venons d'exposer repose sur le principe suivant :

Si l'on donne successivement à un arc quelconque deux petits accroissements, les accroissements correspondants du log sin *ou du* log cos, *etc., sont sensiblement proportionnels aux accroissements de l'arc.*

Ce principe n'est pas rigoureusement exact, mais en l'appliquant on obtient une approximation suffisante, excepté dans le cas que nous examinons plus bas. On peut le vérifier au moyen des Tables elles-mêmes; on reconnaît effectivement que dans une étendue assez grande, sauf au commencement des Tables, les différences des log sin, ou des log cos, ou, etc., sont sensiblement constantes; il s'ensuit que, pour des accroissements égaux donnés à un arc, le logarithme du sinus ou du cosinus, etc. de cet arc prend des accroissements sensiblement égaux.

Nous indiquerons par des exemples le type du calcul.

1° *Trouver le logarithme de* sin(49°53′24″,3).

Log sin(49°53′20″) = $\bar{1}$,8835459			$\Delta = 177$
Pour	4″,3	76	$17,7 \times 4,3 = 76,11$
Log sin(49°53′24″,3) = $\bar{1}$,8835535			

2° *Trouver le logarithme de* cos(36°35′36″,3).

Log cos(36°35′40″) = $\bar{1}$,9046481			$\Delta = 156$
Pour	3″,7	58	$15,6 \times 3,7 = 57,72$
Log cos(36°35′36″,3) = $\bar{1}$,9046539			

3° *Trouver le logarithme de* tang(79°51′47″,2).

Log tang(79°51′40″) = 0,7475657			$\Delta = 1215$
Pour	7″,2	875	$121,5 \times 7,2 = 874,80$
Log tang(79°51′47″,2) = 0,7476532			

4° *Trouver le logarithme de* cot(23°17′22″,3).

Log cot(23°17′30″) = 0,3660313			$\Delta = 580$
Pour	7″,7	447	$58 \times 7,7 = 446,60$
Log cot(23°17′22″,3) = 0,3660760			

Troisième cas. — Si les différences qu'on trouve dans la Table varient trop, ce qui arrive lorsque l'arc donné est très-petit, la méthode précédente ne comporte plus une précision suffisante; voici comment il faut alors opérer. L'arc donné étant exprimé en secondes et en fraction décimale de la seconde, soient a la partie entière et h la fraction décimale; pour avoir log sin$(a+h)$ et log tang$(a+h)$, on peut admettre que le rapport des arcs très-petits a et $a+h$ est égal au rapport des sinus ou des tangentes de ces arcs; posons donc

$$\frac{\sin(a+h)}{\sin a}=\frac{a+h}{a},\quad \frac{\operatorname{tang}(a+h)}{\operatorname{tang} a}=\frac{a+h}{a},$$

on aura

$$\log \sin(a+h)=\log \sin a+\log(a+h)-\log a,$$
$$\log \operatorname{tang}(a+h)=\log \operatorname{tang} a+\log(a+h)-\log a.$$

On prendra $\log \sin a$ ou $\log \operatorname{tang} a$ dans la première partie de la Table, $\log(a+h)$ et $\log a$ dans la Table des logarithmes des nombres, et l'on aura ensuite $\log \sin(a+h)$ et $\log \operatorname{tang}(a+h)$ par les formules précédentes.

Veut-on, par exemple, le logarithme du sinus de $0^\circ 3' 27'',355$; cet arc réduit en secondes est égal à $207'',355$; on a donc $a=207$, $h=0,355$. Le logarithme de $\sin(3'27'')$ est $\bar{3},0015451$, le logarithme de $207,355$ est $2,3167145$; celui de 207 pris avec le signe $-$ est $\bar{3},6840297$; en ajoutant ces trois logarithmes, il vient

$$\log \sin(0^\circ 3' 27'',355)=\bar{3},0022893.$$

Si l'on demande le logarithme de la cotangente d'un très-petit arc, il faudra chercher le logarithme de la tangente, ainsi qu'il vient d'être indiqué, puis on changera le signe de ce logarithme.

S'il s'agit du log cos d'un très-petit arc $a+h$, on a

$$\log \cos(a+h)=\log \sin(a+h)-\log \operatorname{tang}(a+h),$$

formule par laquelle on aura $\log \cos(a+h)$ après avoir déterminé comme ci-dessus le log sin et le log tang de $a+h$. Mais cette formule devient, en vertu des équations écrites plus haut,

$$\log \cos(a+h)=\log \sin a-\log \operatorname{tang} a=\log \cos a;$$

d'où il suit que les arcs $a+h$ et a ont leurs log cos sensiblement égaux : c'est, du reste, ce que montrent les Tables. Supposons qu'on demande le log cos de $0^\circ 3' 27'',355$; cet arc tombe entre 3′20″ et 3′30″, arcs dont les cosinus ont le même logarithme $\bar{1}$,9999998 : on a donc

$$\log\cos(0^\circ 3' 27'',355) = \bar{1},9999998.$$

56. Problème II. — *Le logarithme d'un sinus, d'un cosinus, d'une tangente et d'une cotangente étant donné, trouver le nombre de degrés, minutes et secondes de l'arc auquel il appartient.*

Premier cas. — On cherchera le logarithme donné dans l'une quelconque des deux colonnes qui ont pour titre la ligne trigonométrique à l'expression numérique de laquelle le logarithme donné appartient. Si on le trouve parmi ceux qu'elle contient, on observera à quelle extrémité de la colonne est le titre qu'on a consulté : si ce titre est en haut, on jettera les yeux sur la seconde colonne à gauche, et dans l'alignement du logarithme on trouvera un nombre de dizaines qui exprimera les secondes de l'arc cherché. On passera à la première colonne ; si l'on y voit un nombre dans le même alignement, il sera celui des minutes cherchées, sinon on montera le long de cette colonne, et le premier nombre qu'on rencontrera sera celui des minutes ; enfin en haut de la page on trouvera hors du cadre le nombre de degrés demandé. Mais si le titre en question est au bas, il faut recourir à l'avant-dernière colonne vers la droite, qui donnera de même les secondes ; passer ensuite à la dernière colonne, sur laquelle on trouvera les minutes cherchées, soit dans la même ligne, soit en descendant le long de cette colonne. Enfin on trouvera au bas de la page, et hors du cadre, le nombre de degrés demandé.

Veut-on, par exemple, le nombre de degrés, minutes et secondes de l'arc dont le log sin est $\bar{1}$,3541803 ; on cherchera ce logarithme dans l'une des deux colonnes qui sont intitulées *sinus*, sans s'embarrasser de savoir si ce titre est en haut ou en bas de la colonne ; l'ayant trouvé, on observe que le titre *sinus* est en haut de la colonne : on consulte la seconde colonne à gauche, et l'on trouve 50 dans l'alignement de 9,3541803 ; on passe à la première colonne, on n'y voit rien dans le même alignement; mais en montant on rencontre 3 dans cette colonne : enfin, en haut de la page et hors du cadre, on trouve 13 degrés. Le nombre demandé est donc 13°3′50″.

DEUXIÈME CAS. — Si le logarithme donné ne se trouve pas dans les Tables, ce qui est le cas le plus ordinaire, on cherchera les deux logarithmes entre lesquels il est compris; on prendra celui de ces deux logarithmes qui est du côté du titre de la colonne dont on a besoin; on le retranchera du logarithme donné, ou l'on en retranchera celui-ci, selon que l'un sera plus grand ou plus petit que l'autre; on aura ainsi une différence Δ', et, en appelant Δ la différence *tabulaire* des deux logarithmes entre lesquels est compris le logarithme donné, on déterminera le nombre h par l'équation

$$\frac{\Delta'}{\Delta} = \frac{h}{10}, \quad \text{d'où} \quad h = \frac{10\,\Delta'}{\Delta}.$$

Le nombre h moindre que 10 exprimera les unités de secondes et fractions de seconde de l'arc cherché. Quant aux degrés, minutes et dizaines de secondes, on les obtiendra en substituant au logarithme donné celui de la Table qui en diffère de Δ', et en suivant la marche indiquée dans le cas précédent.

Nous indiquerons par des exemples le type du calcul.

1° *Trouver l'arc dont le* log sin *est* $\bar{1},8835535$.

$\log \sin x = \bar{1},8835535$			
Pour	$\bar{1},8835459$	$49°53'20''$	$\Delta = 177$
$\Delta' \times 10$	760	$4'',29$	
		$x = 49°53'24'',29$	

2° *Trouver l'arc dont le* log cos *est* $\bar{1},9046539$.

$\log \cos x = \bar{1},9046539$			
Pour	$\bar{1},9046637$	$36°35'30''$	$\Delta = 156$
$\Delta' \times 10$	980	$6'',3$	
		$x = 36°35'36'',3$	

3° *Trouver l'arc dont le* log tang *est* 0,7476532.

Log tang x = 0,7476532			
Pour	0,7475657	79° 51′ 40″	Δ = 1215
Δ′ × 10	8750	7″,2	
		x = 79° 51′ 47″,2	

4° *Trouver l'arc dont le* log cot *est* 0,3660760.

Log cot x = 0,3660760			
Pour	0,3660892	23° 17′ 20″	Δ = 580
Δ′ × 10	1320	2″,28	
		x = 23° 17′ 22″,28	

Troisième cas. — Si les différences des Tables varient trop, la marche qu'on vient d'indiquer cesse d'être applicable. Le cas dont il s'agit se présente lorsqu'on a à déterminer un très-petit arc par son log sin ou par son log tang; voici comment il faut alors opérer. On cherchera dans la première partie de la Table le logarithme qui s'approche le plus du logarithme donné, et l'on réduira en secondes les degrés et les minutes de l'arc correspondant; désignons par a le nombre de secondes ainsi obtenu et par $a + h$ le nombre exact de secondes contenues dans l'arc inconnu; on déterminera $a + h$ par l'une des deux équations

$$\log(a+h) = \log\sin(a+h) - \log\sin a + \log a,$$
$$\log(a+h) = \log\operatorname{tang}(a+h) - \log\operatorname{tang} a + \log a,$$

que nous avons déjà mentionnées en traitant du problème inverse de celui qui nous occupe.

Veut-on, par exemple, le nombre des degrés, minutes, etc., de l'arc dont le logarithme du sinus est $\bar{3}$,0022893; on trouve que le logarithme tabulaire qui approche le plus de ce logarithme est $\bar{3}$,0015451 ou — 2,9984549, et ce logarithme répond à l'arc de 0° 3′ 27″ ou de 207 secondes; le logarithme de 207 est 2,3159703; ajoutant ensemble les trois nombres $\bar{3}$,0022893; 2,9984449; 2,3159703, on a pour somme 2,3167145. Ce logarithme répond au nombre 207,355; l'arc cherché est donc 207″,355, ou 0°3′27″,355.

On opère de la même manière pour déterminer un très-petit arc quand on connaît le logarithme de sa cotangente, puisque ce logarithme est égal et de signe contraire à celui de la tangente.

Mais, lorsqu'il s'agit de déterminer un très-petit arc par le moyen du logarithme de son cosinus, il est impossible de le faire avec précision. Veut-on, par exemple, connaître l'arc dont le cosinus a pour logarithme $\bar{1},9999991$, la Table montre que ce logarithme répond à tout arc compris entre 6′45″ et 7′25″; l'arc demandé ne peut donc être obtenu qu'avec une incertitude de 40 secondes.

57. La solution des deux problèmes dont nous venons de nous occuper repose sur l'égalité approximative

$$\frac{h}{10} = \frac{\Delta'}{\Delta}; \tag{1}$$

posons

$$\Delta' = \frac{h\Delta}{10} \pm e, \quad h = \frac{10\Delta'}{\Delta} \pm \varepsilon, \tag{2}$$

e et ε mesureront les erreurs commises en appliquant la formule (1) dans le calcul de Δ' (premier problème) et dans le calcul de h (deuxième problème). Or on démontre, par des considérations qui ne peuvent trouver place ici, que e est toujours moindre qu'une unité du septième ordre décimal si l'arc dont on calcule le log sin ou le log tang surpasse une certaine limite inférieure à 5 degrés, et que la même chose a lieu, par suite, si l'arc dont on calcule le log cos ou le log cot est supérieur à 85 degrés. L'emploi de la formule (1) est donc légitime, entre ces limites, dans la solution du deuxième cas du premier problème. On démontre aussi que l'erreur ε relative au deuxième problème est plus petite qu'un centième de seconde, si l'arc que l'on calcule diffère de zéro ou de 90 degrés d'une quantité plus grande qu'une certaine limite inférieure à $1\frac{1}{2}$ degré, et que cette erreur ε devient absolument insensible si l'arc que l'on calcule s'écarte de quelques degrés des limites zéro et 90 degrés; d'où il suit que l'emploi de la formule

$$h = \frac{10\Delta'}{\Delta}$$

est légitime dans la solution du deuxième cas du deuxième problème entre les limites que nous venons d'indiquer (*).

Mais l'erreur commise dans le calcul de h ne provient pas seulement de la quantité ε que l'on néglige; les logarithmes dont Δ et Δ' expriment les différences sont affectés d'une certaine erreur; et si cette erreur reste au-dessous d'une demi-unité du septième ordre décimal pour les logarithmes de la Table, elle peut être beaucoup plus considérable pour le logarithme donné, qui le plus souvent est le résultat d'opérations exécutées sur des nombres qui ne sont connus qu'approximativement. Admettant, par exemple, que l'erreur de Δ' soit d'une unité de l'ordre du dernier chiffre, l'erreur de h,

---

(*) Si l'on désigne par M le module des logarithmes vulgaires, et par θ un nombre compris entre zéro et 1, on a, d'après une formule connue (celle de Taylor), en prenant la seconde pour unité,

$$\log\sin(x+h) - \log\sin x = \mathrm{M}h\sin 1''\,\frac{\cos x}{\sin x} - \mathrm{M}\,\frac{\theta h^2 \sin^2 1''}{2\sin^2 x}.$$

Désignons par Δ la valeur du premier membre pour $h = 10$, et par Δ' la valeur de ce premier membre pour $h < 10$; appelons aussi ϑ la valeur que prend θ pour $h = 10$ et faisons

$$\Delta' = \frac{h\Delta}{10} \pm e, \quad h = \frac{10\Delta'}{\Delta} \pm \varepsilon;$$

on déduit de la formule précédente

$$\pm e = \frac{\mathrm{M}\sin^2 1''}{2\sin^2 x}(10\vartheta h - \theta h^2), \quad \pm \varepsilon = \frac{(10\vartheta - \theta h)h\sin''}{\sin 2x - \theta h \sin 1''};$$

h étant inférieur à 10, la valeur absolue de $10\vartheta - \theta h$ est aussi inférieure à 10; on a donc

$$e < \frac{50\mathrm{M}\sin^2 1''}{\sin^2 x}, \quad \varepsilon < \frac{100\sin 1''}{\sin 2x - 10\sin 1''}.$$

Au moyen de ces résultats on peut vérifier la légitimité de nos assertions, pour ce qui concerne les log sin et les log cos; on déduit ensuite immédiatement de là que ces assertions sont vraies aussi à l'égard des log tang.

en négligeant celle de Δ, sera $\frac{1}{\Delta}$ 10″; d'où il suit que la précision obtenue dans le calcul d'un arc sera d'autant plus grande que les différences tabulaires seront elles-mêmes plus grandes. Or la différence de deux log tang est la somme des différences des log sin et des log cos correspondants (*); donc un arc est toujours mieux déterminé par sa tangente que par son sinus ou son cosinus. A 45 degrés, point du premier quadrant où la tangente donne la plus faible précision, la différence tabulaire de ses logarithmes est de 421 unités du septième ordre décimal pour une variation de 10 secondes dans l'arc; d'où l'on conclut qu'une erreur d'une unité du septième ordre dans le logarithme de la tangente correspond alors à une erreur de 0″,024 dans l'arc. Une même erreur dans le logarithme du sinus ou du cosinus correspondrait à une erreur double, c'est-à-dire à 0″,048. Pour des arcs petits, les différences des log cos sont très-petites, et, par suite, les différences des log sin sont à peu près égales aux différences des log tang; il s'ensuit qu'un petit arc ne saurait être donné avec précision par son cosinus, ainsi que cela a déjà été dit plus haut; au contraire, il est également bien déterminé par son sinus ou par sa tangente. Concluons de là que dans les solutions trigonométriques on devra rechercher autant que possible l'emploi des tangentes et rejeter avec soin l'emploi des cosinus, pour la détermination des petits arcs.

Procédés pour rendre une formule calculable par logarithmes.

58. Pour que l'on puisse appliquer immédiatement le calcul des logarithmes à la détermination de la valeur d'une ex-

(*) La différence

$$\log \operatorname{tang}(x+h) - \log \operatorname{tang} x$$

est évidemment la somme des deux différences

$$\log \sin(x+h) - \log \sin x,$$
$$\log \cos x - \log \cos(x+h).$$

pression numérique, il est nécessaire que cette expression ne contienne que des facteurs monômes; autrement on dit qu'elle n'est pas *calculable par logarithmes*. Si une expression ne contient d'autres facteurs polynômes que des sommes ou des différences de deux sinus, ou de deux cosinus, ou de deux tangentes d'arc donnés, on la rendra calculable par logarithmes en faisant usage des formules du n° 18 : aussi ces formules sont-elles d'une extrême importance. Mais il existe des procédés généraux que nous allons indiquer ici, pour rendre calculable par logarithmes une expression qui ne l'est pas.

Considérons d'abord une expression binôme

$$x = a \pm b,$$

et supposons qu'on veuille avoir $\log x$; a et b sont des nombres positifs, dont les logarithmes seuls sont donnés. On peut écrire

$$x = a\left(1 \pm \frac{b}{a}\right).$$

Cela posé, déterminons un arc auxiliaire φ, tel que l'on ait

$$\operatorname{tang}\varphi = \frac{b}{a};$$

cet arc φ, compris entre zéro et 90 degrés, se calculera par la formule

$$\log\operatorname{tang}\varphi = \log b - \log a.$$

La valeur de x devient alors

$$x = a(1 \pm \operatorname{tang}\varphi) = a\,\frac{\cos\varphi \pm \sin\varphi}{\cos\varphi};$$

mais on a

$$\begin{aligned}\cos\varphi \pm \sin\varphi &= \cos\varphi \pm \cos(90^\circ - \varphi),\\ &= 2\cos 45^\circ \cos(\varphi \mp 45^\circ) = \sqrt{2}\cos(\varphi \mp 45^\circ);\end{aligned}$$

donc

$$x = \frac{a\sqrt{2}\cos(\varphi \mp 45^\circ)}{\cos\varphi}.$$

Cette formule est calculable par logarithmes; on en tire

$$\log x = \log a + \frac{1}{2}\log 2 + \log\cos(\varphi \mp 45^\circ) - \log\cos\varphi \text{ (*)}$$

La même méthode s'applique à une expression polynôme quelconque $a \pm b \pm c \pm d \pm \ldots$; en effet, on pourra, par l'emploi d'un arc auxiliaire, réduire d'une unité le nombre des termes de l'expression polynôme : avec un second arc auxiliaire, on diminuera encore ce nombre d'une unité, et l'on pourra continuer ainsi jusqu'à ce qu'on ait transformé l'expression en un monôme.

La transformation précédente n'est pas la seule qu'on puisse employer; nous indiquerons encore la suivante.

On rendra calculable par logarithmes la formule $a + b$, où a et b sont des nombres positifs, en posant $\frac{b}{a} = \text{tang}^2\varphi$; car on a

$$a + b = a(1 + \text{tang}^2\varphi) = \frac{a}{\cos^2\varphi}.$$

Si l'on a $a > b$, on rendra la formule $a - b$ calculable par logarithmes, en posant $b = a\sin^2\varphi$; car on a

$$a - b = a(1 - \sin^2\varphi) = a\cos^2\varphi.$$

Résolution de l'équation du deuxième degré par le moyen des Tables trigonométriques.

59. Les deux racines de l'équation du second degré

$$x^2 + px + q = 0 \tag{1}$$

(*) On doit préparer les logarithmes qui sont affectés du signe — dans une formule de manière que leur partie décimale soit négative; par exemple, si le logarithme $\bar{3},3554207$ est destiné à être retranché d'une somme d'autres logarithmes, il faut l'écrire $-2,6445793$, en sorte qu'on sera ramené à ajouter $2,6445793$; cette manière d'opérer revient à prendre le complément à 10 du logarithme et à retrancher 10 de la caractéristique.

sont données par la formule

$$(2) \qquad x = -\frac{p}{2} \pm \sqrt{\frac{p^2}{4} - q};$$

nous supposerons que les coefficients p et q soient des quantités réelles données directement ou par leurs logarithmes.

1° Soit $\frac{p^2}{4} - q > 0$, ce qui est le cas où les racines sont réelles et inégales. Si l'on a en même temps $q > 0$, on posera

$$\frac{p}{2} = -\frac{\sqrt{q}}{\sin\varphi};$$

l'arc auxiliaire φ, compris entre -90 et $+90$ degrés, se calculera par la formule

$$\log(-\sin\varphi) = \log 2 + \frac{1}{2}\log q - \log p$$

si p est positif, et par la formule

$$\log\sin\varphi = \log 2 + \frac{1}{2}\log q - \log(-p)$$

si p est négatif. La formule (2) devient alors

$$x = \sqrt{q}\left(\frac{1 \pm \cos\varphi}{\sin\varphi}\right),$$

de sorte qu'en appelant x_1 et x_2 les deux racines on aura

$$x_1 = \sqrt{q}\tang\frac{1}{2}\varphi, \quad x_2 = \sqrt{q}\cot\frac{1}{2}\varphi,$$

expressions calculables par logarithmes.

Si l'on a $q < 0$, on posera

$$\frac{p}{2} = -\frac{\sqrt{-q}}{\tang\varphi};$$

l'arc auxiliaire φ, compris entre -90 et $+90$ degrés, se calculera par la formule

$$\log(-\tang\varphi) = \log 2 + \frac{1}{2}\log(-q) - \log p$$

si p est positif, et par la formule

$$\log \operatorname{tang} \varphi = \log 2 + \frac{1}{2} \log(-q) - \log(-p)$$

si p est négatif. La formule (2) devient alors

$$x = \sqrt{-q}\left(\frac{\cos\varphi \pm 1}{\sin\varphi}\right),$$

de sorte qu'en appelant x_1 et x_2 les deux racines on aura

$$x_1 = -\sqrt{-q} \operatorname{tang} \frac{1}{2}\varphi, \quad x_2 = +\sqrt{-q} \cot \frac{1}{2}\varphi.$$

2° Soit $\frac{p^2}{4} - q < 0$, on pourra poser

$$q = \frac{p^2}{4} \frac{1}{\cos^2\varphi},$$

et l'arc auxiliaire φ se déterminera par la formule

$$\log \cos\varphi = \log(\pm p) - \frac{1}{2} \log q - \log 2;$$

la formule (2) devient alors

$$x = -\frac{p}{2} \pm \frac{p}{2} \operatorname{tang}\varphi \sqrt{-1};$$

la partie réelle des deux racines imaginaires est $-\frac{p}{2}$, et le logarithme du coefficient de $\sqrt{-1}$ est égal à

$$\log(\pm p) + \log \operatorname{tang}\varphi - \log 2.$$

60. On peut ramener à la résolution d'une équation du deuxième degré le problème qui consiste à trouver tous les arcs x qui satisfont à une équation de la forme

$$a \cos x + b \sin x = c,$$

où a, b, c désignent des nombres donnés positifs ou négatifs. Il suffit, en effet, pour cela d'exprimer $\sin x$ et $\cos x$ en fonction d'une même ligne trigonométrique; mais la question dont il s'agit peut être résolue beaucoup plus simplement de la manière suivante. Déterminons un arc auxiliaire φ compris entre -90 et $+90$ degrés, et tel que l'on ait

$$\operatorname{tang}\varphi = \frac{b}{a};$$

en remplaçant b par $a \operatorname{tang}\varphi$, l'équation proposée devient

$$a(\cos x + \operatorname{tang}\varphi \sin x) = c,$$

ou

$$\cos(x - \varphi) = \frac{c\cos\varphi}{a}.$$

Pour que le problème proposé soit possible, il faut que $\frac{c\cos\varphi}{a}$ soit compris entre -1 et $+1$, c'est-à-dire que l'on ait

$$\frac{c^2\cos^2\varphi}{a^2} < 1 \quad \text{ou} \quad c^2 < a^2 + b^2.$$

Si cette condition est remplie, les Tables feront connaître un arc α compris entre zéro et 180 degrés, et ayant pour cosinus $\frac{c\cos\varphi}{a}$; les racines de l'équation proposée seront données ensuite par la formule

$$x = k.360^\circ + \varphi \pm \alpha,$$

où k désigne un entier arbitraire positif, nul ou négatif.

On peut exprimer toutes les racines x en fonction de l'une quelconque d'entre elles; désignons en effet par x_0 l'une de ces racines; on aura

$$\alpha = \pm(k'.360^\circ + \varphi - x_0),$$

k' étant un entier, et l'expression générale des racines x sera

$$x = k.360^\circ + \varphi \pm (\varphi - x_0);$$

cette formule équivaut aux deux suivantes :

$$x = k.360^\circ + x_0,$$
$$x = k.360^\circ + 2\varphi - x_0.$$

Résolution de l'équation du troisième degré par le moyen des Tables trigonométriques.

61. L'équation générale du troisième degré

$$(1)\qquad X^3 + PX^2 + QX + R = 0$$

se ramène à la forme

$$(2)\qquad x^3 + px + q = 0,$$

en posant $X = -\frac{P}{3} + x$; on peut donc se borner à considérer l'équation (2), dont les coefficients seront supposés réels. Nous avons vu (nº 29) que l'équation

$$(3)\qquad z^3 - \frac{3}{4}z - \frac{\cos\varphi}{4} = 0$$

a pour racines

$$\cos\frac{\varphi}{3},\quad \cos\left(120^\circ + \frac{\varphi}{3}\right),\quad \cos\left(240^\circ + \frac{\varphi}{3}\right);$$

si donc on parvient à ramener l'équation proposée (2) à la forme (3), le problème que nous nous proposons sera résolu. Posons $x = \lambda z$, l'équation (2) devient

$$(4)\qquad z^3 + \frac{p}{\lambda^2}z + \frac{q}{\lambda^3} = 0,$$

et cette équation (4) coïncidera avec (3) si l'on détermine la quantité λ et l'arc φ de manière que l'on ait

$$\frac{p}{\lambda^2} = -\frac{3}{4},\quad \frac{q}{\lambda^3} = -\frac{\cos\varphi}{4},$$

équations d'où l'on tire

$$\lambda = 2\sqrt{-\frac{p}{3}},\quad \cos\varphi = \frac{-\frac{q}{2}}{\left(\sqrt{-\frac{p}{3}}\right)^3};$$

ces valeurs de λ et de $\cos\varphi$ ne sont réelles que si p est négatif;

mais, pour qu'elles soient admissibles, il faut encore que la valeur de $\cos^2\varphi$ soit inférieure à 1, ce qui exige que l'on ait

$$\frac{q^2}{4}+\frac{p^3}{27}<0 \quad \text{ou} \quad 4p^3+27q^2<0.$$

Cette condition entraîne $p<0$; si elle est satisfaite, l'identification des équations (3) et (4) devient possible; alors, l'arc φ ayant été calculé par la formule

$$\cos\varphi=\frac{-\frac{q}{2}}{\left(\sqrt{-\frac{p}{3}}\right)^3},$$

les racines x_1, x_2, x_3 de l'équation proposée (2) seront

$$x_1=2\sqrt{\frac{-p}{3}}\cos\frac{\varphi}{3},\quad x_2=2\sqrt{\frac{-p}{3}}\cos\left(120^\circ+\frac{\varphi}{3}\right),$$

$$x_3=2\sqrt{\frac{-p}{3}}\cos\left(240^\circ+\frac{\varphi}{3}\right).$$

Le cas que nous venons d'examiner est celui où les racines de l'équation (1) sont réelles et inégales; toutefois deux de ces racines deviennent égales si l'on a

$$4p^3+27q^2=0;$$

la solution précédente subsiste dans ce cas.

62. Considérons maintenant le cas où l'on a

$$4p^3+27q^2>0,$$

et où, par conséquent, l'équation (2) ne peut plus se ramener à la forme (3) par la transformation dont nous avons fait usage.

Soient d'abord $p=0$ et $q=-1$, l'équation (2) devient

$$x^3-1=0;$$

les valeurs de x sont alors les racines cubiques de l'unité; pour les trouver, remarquons que x^3-1 est le produit des facteurs $x-1$ et x^2+x+1; en sorte que l'unité a trois racines cubiques dont l'une est égale à 1, et dont les deux autres

α et β sont les racines de l'équation du second degré

$$x^2 + x + 1 = 0;$$

on trouve

$$\alpha = \frac{-1 + \sqrt{3}\sqrt{-1}}{2}, \quad \beta = \frac{-1 - \sqrt{3}\sqrt{-1}}{2};$$

en outre, comme on a

$$\alpha\beta = 1, \quad \alpha^3 = 1, \quad \beta^3 = 1,$$

on conclut que

$$\alpha = \beta^2 \quad \text{et} \quad \beta = \alpha^2;$$

en sorte que chacune des deux racines cubiques imaginaires de l'unité est le carré de l'autre.

Revenons maintenant au cas général, et distinguons les deux hypothèses $p < 0$ et $p > 0$.

1° Soit $p < 0$; posons

$$x = \lambda(a \operatorname{tang}\varphi + b \cot\varphi),$$

en désignant par a et b deux quantités respectivement égales aux racines cubiques imaginaires α et β de l'unité ou égales toutes deux à l'unité; en élevant au cube, il vient

$$x^3 = \lambda^3[\operatorname{tang}^3\varphi + \cot^3\varphi + 3(a \operatorname{tang}\varphi + b \cot\varphi)],$$

et l'on déduit des deux équations précédentes

$$(5) \qquad x^3 - 3\lambda^2 x - \lambda^3(\operatorname{tang}^3\varphi + \cot^3\varphi) = 0.$$

D'après la manière dont cette équation (5) est formée, il est évident que ses trois racines sont

$$(6) \quad \lambda(\operatorname{tang}\varphi + \cot\varphi), \quad \lambda(\alpha \operatorname{tang}\varphi + \beta \cot\varphi), \quad \lambda(\beta \operatorname{tang}\varphi + \alpha \cot\varphi),$$

et par conséquent l'équation (2) se trouvera résolue si l'on parvient à l'identifier avec l'équation (5). Il suffit pour cela de déterminer λ et φ de manière que l'on ait

$$-3\lambda^2 = p, \quad -\lambda^3(\operatorname{tang}^3\varphi + \cot^3\varphi) = q;$$

la première de ces équations donne

$$\lambda = \sqrt{\frac{-p}{3}},$$

et il vient ensuite

$$\tang^3\varphi + \cot^3\varphi = \frac{-q}{\left(\sqrt{\frac{-p}{3}}\right)^3}.$$

Pour trouver φ, nous emploierons un deuxième arc auxiliaire ψ, tel que

$$\tang\psi = \tang^3\varphi;$$

il vient alors

$$\tang\psi + \cot\psi = \frac{2}{\sin 2\psi} = \frac{-q}{\left(\sqrt{\frac{-p}{3}}\right)^3},$$

d'où

$$\sin 2\psi = -\frac{\left(\sqrt{\frac{-p}{3}}\right)^3}{\frac{1}{2}q};$$

on pourra tirer de cette équation une valeur de ψ comprise entre -45 et $+45$ degrés; car $4p^3 + 27q^2$ étant > 0, par hypothèse, la valeur précédente de $\sin 2\psi$ est comprise entre -1 et $+1$; on trouvera ensuite une valeur de φ également comprise entre -45 et $+45$ degrés, au moyen de la formule

$$\tang\varphi = \sqrt[3]{\tang\psi}.$$

Les arcs φ et ψ ayant été ainsi calculés, on aura, pour les racines de l'équation (2), les expressions (6), qui deviennent, en remplaçant α et 6 par leurs valeurs écrites plus haut,

$$\sqrt{\frac{-p}{3}}(\tang\varphi + \cot\varphi),$$

$$-\frac{1}{2}\sqrt{\frac{-p}{3}}(\tang\varphi + \cot\varphi) \pm \frac{1}{2}\sqrt{-p}(\tang\varphi - \cot\varphi)\sqrt{-1},$$

ou

$$\frac{2\sqrt{\frac{-p}{3}}}{\sin 2\varphi} \quad \text{et} \quad \frac{-\sqrt{\frac{-p}{3}}}{\sin 2\varphi} \pm \sqrt{-p}\cot 2\varphi\sqrt{-1}.$$

On pourra calculer par les Tables, au moyen de ces formules, la racine réelle, ainsi que le coefficient de $\sqrt{-1}$ dans les racines imaginaires.

2° Soit $p > 0$; posons

$$x = \lambda(a \operatorname{tang}\varphi - b \cot\varphi),$$

a et b désignant, comme précédemment, deux quantités égales respectivement aux racines cubiques imaginaires α et β de l'unité, ou égales toutes deux à l'unité; en élevant au cube, il vient

$$x^3 = \lambda^3[\operatorname{tang}^3\varphi - \cot^3\varphi - 3(a \operatorname{tang}\varphi - b \cot\varphi)],$$

d'où

$$(7) \qquad x^3 + 3\lambda^2 x - \lambda^3(\operatorname{tang}^3\varphi - \cot^3\varphi) = 0,$$

équations dont les racines sont

$$(8) \quad \lambda(\operatorname{tang}\varphi - \cot\varphi), \quad \lambda(\alpha \operatorname{tang}\varphi - \beta \cot\varphi), \quad \lambda(\beta \operatorname{tang}\varphi - \alpha \cot\varphi).$$

Pour que l'équation (2) puisse être identifiée avec l'équation (7), il faut et il suffit que l'on ait

$$3\lambda^2 = p, \qquad -\lambda^3(\operatorname{tang}^3\varphi - \cot^2\varphi) = q;$$

la première de ces équations donne

$$\lambda = \sqrt{\frac{p}{3}},$$

et il vient ensuite

$$\operatorname{tang}^3\varphi - \cot^3\varphi = -\frac{q}{\left(\sqrt{\frac{p}{3}}\right)^3}.$$

Pour trouver φ, nous emploierons un deuxième arc auxiliaire ψ, tel que l'on ait

$$\operatorname{tang}\psi = \operatorname{tang}^3\varphi;$$

il vient alors

$$\operatorname{tang}\psi - \cot\psi = -2\cot 2\psi = -\frac{q}{\left(\sqrt{\frac{p}{3}}\right)^3},$$

d'où

$$\cot 2\psi = \frac{q}{2\left(\sqrt{\frac{p}{3}}\right)^3};$$

l'angle ψ étant connu, on calculera φ par la formule

$$\operatorname{tang}\varphi = \sqrt[3]{\operatorname{tang}\psi};$$

les racines de l'équation (2) seront alors

$$\sqrt{\frac{p}{3}}(\operatorname{tang}\varphi - \cot\varphi),$$

$$-\frac{1}{2}\sqrt{\frac{p}{3}}(\operatorname{tang}\varphi - \cot\varphi) \pm \frac{\sqrt{p}}{2}(\operatorname{tang}\varphi + \cot\varphi)\sqrt{-1},$$

ou

$$-2\sqrt{\frac{p}{3}}\cot 2\varphi \quad \text{et} \quad \sqrt{\frac{p}{3}}\cot 2\varphi \pm \frac{\sqrt{p}}{\sin 2\varphi}\sqrt{-1}.$$

On voit que, dans le cas de $4p^3 + 27q^2 > 0$, l'équation proposée (2) a toujours deux racines imaginaires.

63. Exemple I. — Soit proposé de résoudre l'équation

$$x^3 - 7x + 7 = 0.$$

On a ici $p = -7$, $q = 7$; l'équation proposée a deux racines positives x_1 et x_2 et une racine négative x_3. On a

$$x_1 = \sqrt{\frac{28}{3}}\cos\frac{\varphi}{3}, \quad x_2 = \sqrt{\frac{28}{3}}\cos\left(240^\circ + \frac{\varphi}{3}\right),$$

$$x_3 = \sqrt{\frac{28}{3}}\cos\left(120^\circ + \frac{\varphi}{3}\right),$$

et

$$\cos\varphi = -\sqrt{\frac{27}{28}}, \quad \operatorname{tang}\varphi = -\frac{1}{\sqrt{27}}.$$

TYPE DU CALCUL.

Calcul de φ.		*Calcul de x_1.*	
$\log(-\operatorname{tang}\varphi)$	$\bar{1},2843181$	$\log\sqrt{\frac{28}{3}}$	$0,4850184$
$180^\circ - \varphi$	$10^\circ 53' 36'',2$		
$\frac{\varphi}{3} =$	$56^\circ 22' 7'',9$	$\log\cos\frac{\varphi}{3}$	$\bar{1},7433876$
$240^\circ + \frac{\varphi}{3} =$	$360^\circ - (63^\circ 37' 52'',1)$	$\log x_1$	$0,2284060$
$120^\circ + \frac{\varphi}{3} =$	$180^\circ - (3^\circ 37' 52'',3)$	$x_1 = 1,69202$	

Calcul de x_2.		*Calcul de x_3.*	
$\log\sqrt{\frac{28}{3}}$	0,4850184	$\log\sqrt{\frac{28}{3}}$	0,4850184
$\log\cos\left(240^\circ+\frac{\varphi}{3}\right)$....	$\bar{1}$,6475280	$\log\left[-\cos\left(120^\circ+\frac{\varphi}{3}\right)\right]$.	$\bar{1}$,9991270
$\log x_2$..............	0,1325464	$\log(-x_3)$............	0,4841454
$x_2 = 1{,}35689$		$x_3 = -3{,}04892$	

64. Exemple II. — Soit proposé de résoudre l'équation

$$x^3 - 6x + 6 = 0.$$

On a ici $p = -6$, $q = 6$; l'équation proposée a une racine réelle négative x_1 et deux racines imaginaires $-\frac{x_1}{2} \pm u\sqrt{-1}$. On a

$$x_1 = \frac{-\sqrt{8}}{\sin 2\varphi}, \quad u = \sqrt{6}\cot 2\varphi,$$

$$\operatorname{tang}\varphi = \sqrt[3]{\operatorname{tang}\psi}, \quad \sin 2\psi = \frac{\sqrt{8}}{3}, \quad \operatorname{tang} 2\psi = \sqrt{8}.$$

TYPE DU CALCUL.

Calcul de ψ.		*Calcul de φ.*	
$\log\operatorname{tang} 2\psi$..........	0,4515450	$\log\operatorname{tang}\varphi$.............	$\bar{1}$,9498283
$2\psi = 70^\circ 31' 43'',6$		$\varphi = 41^\circ 41' 52'',0$	
$\psi = 35^\circ 15' 51'',8$		$2\varphi = 83^\circ 23' 44'',0$	

Calcul de x_1.		*Calcul de u.*	
$\frac{1}{2}\log 8$...............	0,4515450	$\frac{1}{2}\log 6$...............	0,3890756
$-\log\sin 2\varphi$..........	0,0028916	$\log(-\cot 2\varphi)$.........	$\bar{1}$,0636431
$\log(-x_1)$...........	0,4544366	$\log u$.................	$\bar{1}$,4527187
$x_1 = -2{,}84732$		$u = 0{,}283608.$	

Les racines sont

$$-2{,}84732 \quad \text{et} \quad 1{,}42366 \pm 0{,}283608\sqrt{-1}.$$

QUESTIONS PROPOSÉES.

I. On partage l'arc $2x$ en n parties égales, et l'on demande : 1° de déterminer la distance du centre des moyennes distances des points de division à un diamètre quelconque; 2° de prouver qu'à la limite, pour

$n = \infty$, la distance du centre du cercle au centre des moyennes distances est égale à $\frac{\sin x}{x}$.

II. Démontrer que la différence $x - \sin x$ est d'autant plus petite que x est plus petit.

III. Démontrer que, si x est compris entre zéro et $\frac{\pi}{2}$, le rapport $\frac{\sin x}{x}$ est la limite vers laquelle converge le produit $\cos\frac{x}{2}\cos\frac{x}{4}\cos\frac{x}{8}\cdots\cos\frac{x}{2^n}$, lorsque l'entier n augmente indéfiniment. Déduire de cette propriété les inégalités $\sin x > x - \frac{x^3}{6}$ et $\cos x < 1 - \frac{x^2}{2} + \frac{x^4}{24}$.

IV. Démontrer que, si x est compris entre zéro et $\frac{\pi}{2}$, on a

$$\operatorname{tang} x > x + \frac{x^3}{3} \quad \text{et} \quad x < \frac{1}{3}\operatorname{tang} x + \frac{2}{3}\sin x.$$

V. Démontrer que les rapports $\frac{\sin x}{x}$ et $\frac{x - \sin x}{x^3}$ décroissent quand l'arc x croît de zéro à $\frac{\pi}{2}$. Après avoir établi l'inégalité $\frac{\sin x}{x} > \frac{\sin(x+h)}{x+h}$ dans l'hypothèse où x et h sont positifs et où $x+h$ est inférieur à $\frac{\pi}{2}$, on pourra démontrer l'inégalité $\frac{x - \sin x}{x^3} > \frac{x + h - \sin(x+h)}{(x+h)^3}$ en faisant usage de la formule d'où l'on a conclu l'inégalité $x - \sin x < \frac{x^3}{6}$, au nº 46.

VI. Démontrer l'inégalité

$$\frac{x - \sin x}{x^3} > \left(\frac{\pi}{2} - 1\right)\left(\frac{2}{\pi}\right)^3 \quad \text{ou} \quad x - \sin x > \frac{x^3}{6,79\ldots},$$

pour toutes les valeurs de x comprises entre zéro et $\frac{\pi}{2}$.

CHAPITRE III.

TRIGONOMÉTRIE RECTILIGNE.

Objet de la Trigonométrie rectiligne.

65. Il y a dans un triangle six éléments à considérer, trois angles et trois côtés. *Résoudre* un triangle, c'est calculer les valeurs numériques de ses éléments lorsqu'on a des données suffisantes.

La *Trigonométrie rectiligne* a pour objet la résolution des triangles rectilignes.

Les valeurs numériques des longueurs s'obtiennent en rapportant ces longueurs à une même unité : il nous reste à parler de la mesure des angles.

Mesure des angles.

66. Soit un angle AOB (*fig.* 8); décrivons de son sommet comme centre, avec un rayon quelconque, une circonférence,

Fig. 8.

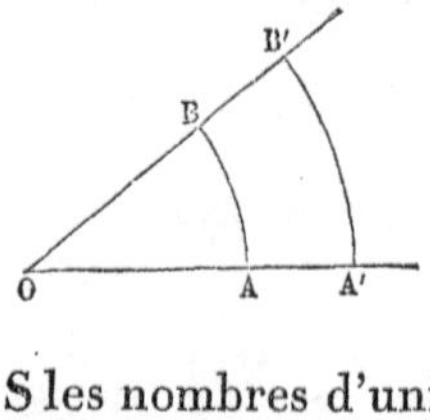

et désignons par R et S les nombres d'unités contenues dans le rayon OA et dans l'arc AB intercepté par les côtés de l'angle. Le rapport $\frac{S}{R}$ est indépendant de la grandeur du rayon OA, car si l'on décrit, du point O comme centre, une autre circonférence A'B', et qu'on désigne par R' et S' les nombres qui mesurent le rayon OA' et l'arc intercepté A'B', on aura, par un théorème connu,

$$\frac{S}{R} = \frac{S'}{R'}.$$

Il résulte de là que, si l'on pose

$$\omega = \frac{S}{R},$$

le rapport ω ne dépendra que de la grandeur de l'angle AOB; comme, d'ailleurs, l'angle AOB varie proportionnellement au nombre ω, on peut prendre ω pour sa *mesure*. Pour $S = R$ ω se réduit à 1; par conséquent ω représente le rapport de l'angle AOB à un certain angle qu'on peut choisir pour unité, et qui est tel que, si l'on décrit une circonférence de son sommet comme centre, avec un rayon quelconque, l'arc intercepté entre ses côtés est égal au rayon de la circonférence.

La formule $S = R\omega$ est très-fréquemment employée dans les applications géométriques; elle permet de comparer des arcs qui appartiennent à des circonférences différentes.

Si l'on prend le rayon OA pour unité linéaire, on aura

$$R = 1 \quad \text{et} \quad \omega = S;$$

ainsi *un angle est mesuré par le même nombre que l'arc intercepté entre ses côtés sur la circonférence décrite de son sommet comme centre avec l'unité pour rayon*. Par exemple, le même nombre $\frac{\pi}{2}$ représentera indifféremment l'angle droit et le quadrant. C'est pour cette raison que les mots *angle* et *arc* sont souvent employés comme synonymes.

Et comme nous sommes convenus, dans les applications de la théorie des fonctions circulaires, de représenter les arcs par les nombres de degrés, minutes, secondes, etc., qu'ils renferment, ces mêmes nombres de degrés représenteront également les angles correspondants.

Nous appellerons *sinus, cosinus, tangente, cotangente, sécante* et *cosécante d'un angle,* le sinus, le cosinus, la tangente, la cotangente, la sécante et la cosécante de l'arc intercepté par les côtés de l'angle sur la circonférence décrite de son sommet comme centre, avec l'unité pour rayon.

Nous représenterons toujours par A, B, C les trois angles d'un triangle, et par a, b, c les côtés respectivement opposés; les angles aigus ou obtus sont nommés angles *obliques*, et les triangles dans lesquels aucun angle n'est droit sont dits *obliquangles*.

Relations entre les angles et les côtés d'un triangle rectangle.

67. Théorème. — *Dans tout triangle rectangle, chaque côté de l'angle droit est égal à l'hypoténuse multipliée par le sinus de l'angle opposé, ou par le cosinus de l'angle adjacent.*

Soit ABC (*fig.* 9) un triangle rectangle en A; du point C

Fig. 9.

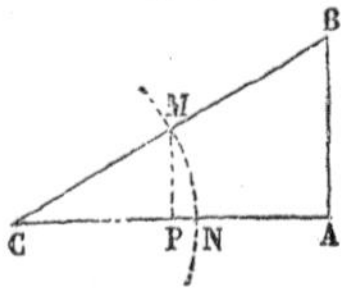

comme centre, avec l'unité pour rayon, décrivons l'arc de cercle MN, et abaissons MP perpendiculaire sur AC : les triangles semblables ABC et PMC donnent

$$\frac{c}{a} = \frac{\text{MP}}{\text{CM}}, \quad \frac{b}{a} = \frac{\text{CP}}{\text{CM}}.$$

On a d'ailleurs

$$\text{CM} = 1, \quad \text{MP} = \sin \text{C}, \quad \text{CP} = \cos \text{C};$$

donc

$$c = a \sin \text{C}, \quad b = a \cos \text{C}.$$

Corollaire. — *Dans tout triangle rectangle, chaque côté de l'angle droit est égal à l'autre côté multiplié par la tangente de l'angle opposé ou par la cotangente de l'angle adjacent.*

En effet, soit A l'angle droit; on a, par le théorème précédent,

$$c = a \sin \text{C}, \quad b = a \cos \text{C},$$

d'où, en divisant membre à membre,

$$\frac{c}{b} = \tang C \quad \text{et} \quad c = b \tang C,$$

ou

$$c = b \cot B.$$

REMARQUE. — Il ne saurait exister entre les angles et les côtés d'un triangle rectangle une relation distincte des trois suivantes :

$$B + C = 90°,$$
$$c = a \sin C, \quad b = a \cos C;$$

car s'il y en avait une, en y remplaçant c, b et B par leurs valeurs $a \sin C$, $a \cos C$ et $90° - C$, on aurait une équation non identique entre a et C, ce qui est absurde.

En ajoutant les deux dernières des relations précédentes, après les avoir élevées au carré, on obtient la relation connue

$$c^2 + b^2 = a^2.$$

Relations entre les angles et les côtés d'un triangle obliquangle.

68. THÉORÈME I. — *Dans tout triangle rectiligne, les côtés sont proportionnels aux sinus des angles opposés.*

Soit ABC (*fig.* 10) un triangle dans lequel les angles B et C sont aigus ; abaissons du sommet A la perpendiculaire AD sur

Fig. 10.

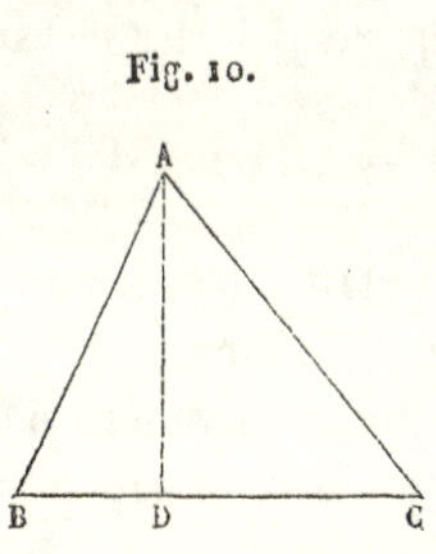

la base BC : le point D tombera entre les points B et C, et les triangles rectangles ABD et ACD donneront (n° 67)

$$AD = c \sin B, \quad AD = b \sin C,$$

d'où

$$c \sin B = b \sin C \quad \text{ou} \quad \frac{b}{\sin B} = \frac{c}{\sin C}.$$

Si l'un des angles B ou C est obtus (*fig.* 11), C par exemple, le pied de la perpendiculaire AD tombe sur le prolongement

Fig. 11.

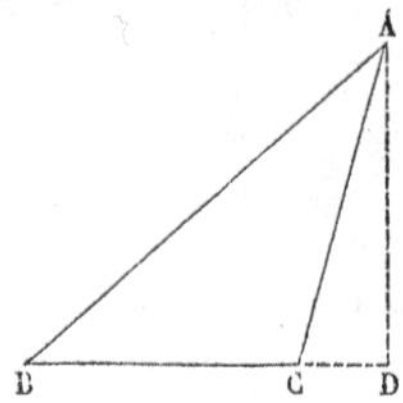

de BC, et comme deux angles supplémentaires ont le même sinus, les triangles rectangles ABC et ACD donnent encore

$$AD = c \sin B = b \sin C,$$

d'où l'on conclut que la formule précédente est générale.

69. On a, d'après ce qui précède, les trois relations suivantes entre les angles et les côtés d'un triangle :

$$(1) \qquad \begin{cases} A + B + C = 180^\circ, \\ \dfrac{a}{\sin A} = \dfrac{b}{\sin B} = \dfrac{c}{\sin C}; \end{cases}$$

et je dis qu'il ne saurait exister une autre relation distincte de celles-ci. En effet, on tire des équations (1)

$$A = 180^\circ - B - C, \quad b = \frac{a \sin B}{\sin(B + C)}, \quad c = \frac{a \sin C}{\sin(B + C)};$$

cela posé, s'il existait entre les angles et les côtés une relation distincte des relations (1), en y mettant, au lieu de A, b, c, les valeurs que nous venons d'écrire, on aurait une équation non identique entre le côté a et les deux angles adjacents B et C, ce qui est absurde.

Mais on peut déduire des équations (1) d'autres relations importantes qui constituent autant de théorèmes; nous commencerons par démontrer directement ces théorèmes, et nous ferons voir ensuite comment les diverses relations que nous aurons trouvées peuvent se déduire les unes des autres.

70. Théorème II. — *Dans tout triangle rectiligne, le carré d'un côté est égal à la somme des carrés des deux autres côtés, moins le double produit de ces deux autres côtés multiplié par le cosinus de l'angle qu'ils comprennent.*

Soit ABC (*fig.* 12) un triangle dans lequel l'angle C est aigu;

Fig. 12

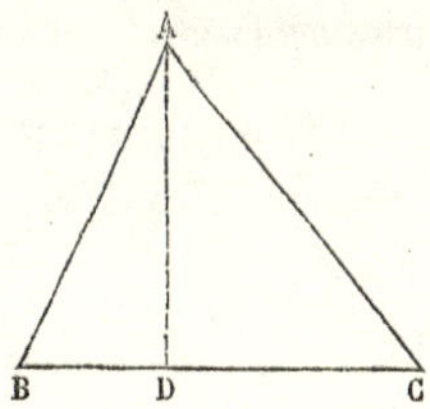

abaissons du sommet A la perpendiculaire AD sur BC; on aura

$$c^2 = a^2 + b^2 - 2a \times \text{CD};$$

mais le triangle rectangle ACD donne (n° 67)

$$\text{CD} = b \cos \text{C};$$

on a donc

$$c^2 = a^2 + b^2 - 2ab \cos \text{C}.$$

Si l'angle C du triangle est obtus (*fig.* 13), on a

$$c^2 = a^2 + b^2 + 2a \times \text{CD};$$

Fig. 13.

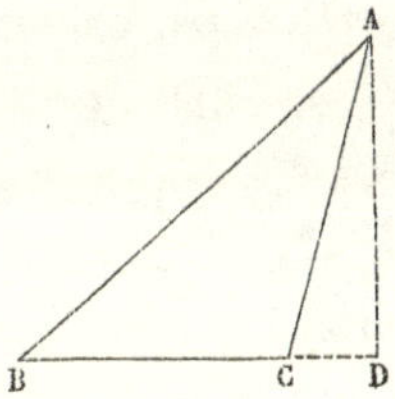

le triangle rectangle ACD donne

$$\text{CD} = b \cos \text{ACD} = b \cos(180^\circ - \text{C}) = - b \cos \text{C};$$

donc on a

$$c^2 = a^2 + b^2 - 2ab \cos \text{C},$$

comme dans le premier cas. Enfin cette formule a lieu encore quand C est un angle droit; car, dans ce cas, cos C est nul, et elle se réduit à $c^2 = a^2 + b^2$.

Le théorème que nous venons d'établir donne les trois relations suivantes :

$$(2)\qquad \left\{\begin{aligned} a^2 &= b^2 + c^2 - 2bc\cos A,\\ b^2 &= a^2 + c^2 - 2ac\cos B,\\ c^2 &= a^2 + b^2 - 2ab\cos C,\end{aligned}\right.$$

qui contiennent chacune trois côtés et un angle.

71. Théorème III. — *Dans tout triangle rectiligne, un côté est égal à la somme des deux autres, multipliés chacun par le cosinus de l'angle qu'il forme avec le premier côté.*

Soit un triangle ABC (*fig.* 14); abaissons du sommet A la

Fig. 14.

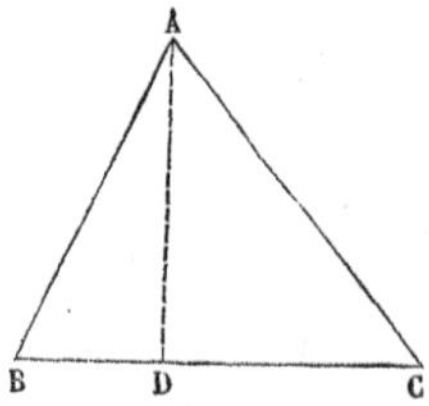

Fig. 15.

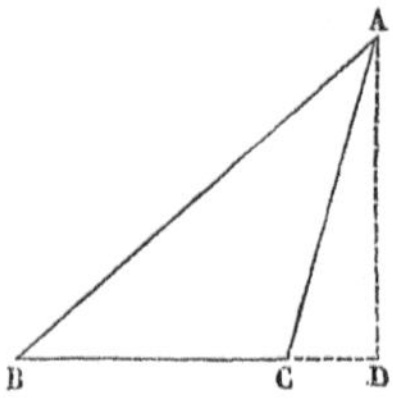

perpendiculaire AD sur BC : on a, si les deux angles B et C sont aigus,

$$a = BD + DC,$$

et si l'un des angles B et C, C par exemple, est obtus (*fig.* 15),

$$a = BD - DC.$$

Mais, dans le premier cas, $DC = b\cos C$, et dans le second $DC = b\cos(180^\circ - C) = -b\cos C$; dans les deux cas, $BD = c\cos B$: donc on a

$$a = b\cos C + c\cos B.$$

Ce théorème fournit les trois relations

$$(3)\qquad \left\{\begin{aligned} a &= b\cos C + c\cos B,\\ b &= c\cos A + a\cos C,\\ c &= a\cos B + b\cos A.\end{aligned}\right.$$

72. Pour déduire les équations (3) des équations (2), ajoutons les deux premières équations (2); il vient, après les réductions,

$$c = a\cos B + b\cos A.$$

C'est l'une des équations (3); on obtiendrait les deux autres de la même manière.

Réciproquement, pour déduire les équations (2) des équations (3), ajoutons les équations (3), après les avoir multipliées respectivement par a, b, $-c$; il vient

$$c^2 = a^2 + b^2 - 2ab\cos C.$$

C'est l'une des équations (2); on obtiendrait de même les deux autres.

Il résulte de là que les systèmes (2) et (3) sont équivalents; nous allons indiquer comment on peut déduire l'un de ces systèmes, (3) par exemple, des équations fondamentales (1).

La première équation (1) donne

$$C = 180^\circ - (A + B),$$

d'où

$$\sin C = \sin(A + B) = \sin A\cos B + \sin B\cos A;$$

si l'on remplace $\sin A$, $\sin B$, $\sin C$ par les quantités proportionnelles a, b, c, il vient

$$c = a\cos B + b\cos A.$$

C'est l'une des équations (3); on obtiendrait de même les deux autres.

Je dis enfin que les équations (1) peuvent se déduire des équations (2) ou (3), si l'on fait la restriction que la somme $A + B + C$ n'excède pas 180 degrés. En effet, on tire de la première des équations (2)

$$\cos A = \frac{b^2 + c^2 - a^2}{2bc},$$

$$\sin^2 A = \frac{-a^4 - b^4 - c^4 + 2a^2b^2 + 2a^2c^2 + 2b^2c^2}{4b^2c^2};$$

par suite,

$$\frac{\sin^2 A}{a^2} = \frac{-a^4 - b^4 - c^4 + 2a^2b^2 + 2a^2c^2 + 2b^2c^2}{4a^2b^2c^2}.$$

On trouverait évidemment la même valeur pour $\frac{\sin^2 B}{b^2}$ et pour $\frac{\sin^2 C}{c^2}$; car l'expression obtenue pour $\frac{\sin^2 A}{a^2}$ ne change pas quand on change les côtés a, b, c les uns dans les autres; si donc on sait que A, B, C sont moindres que 180 degrés, leurs sinus étant positifs, on peut écrire

$$\frac{\sin A}{a} = \frac{\sin B}{b} = \frac{\sin C}{c}.$$

En second lieu, on peut éliminer a, b, c des équations (2) ou (3), car ces équations sont homogènes; si l'on élimine deux des trois côtés, le troisième disparaît aussi, et il vient

$$\cos^2 A + \cos^2 B + \cos^2 C + 2\cos A \cos B \cos C - 1 = 0$$

ou

$$(\cos A + \cos B \cos C)^2 = 1 - \cos^2 B - \cos^2 C + \cos^2 B \cos^2 C = \sin^2 B \sin^2 C,$$

ou, en extrayant les racines carrées,

$$\cos A = -\cos B \cos C \pm \sin B \sin C = -\cos(B \pm C);$$

d'où

$$A \pm B \pm C = 180^\circ \times (2k + 1),$$

k étant un entier. Et si la somme $A + B + C$ n'excède pas 180 degrés, on a nécessairement

$$A + B + C = 180^\circ.$$

Autres formules relatives aux triangles obliquangles.

73. En transformant les relations précédentes, on obtient de nouvelles formules qu'il est utile de connaître et que nous allons établir.

Des relations fondamentales

$$\frac{\sin A}{a} = \frac{\sin B}{b} = \frac{\sin C}{c},$$

on déduit

$$\frac{a+b}{c} = \frac{\sin A + \sin B}{\sin C} = \frac{2\sin\frac{1}{2}(A+B)\cos\frac{1}{2}(A-B)}{2\sin\frac{1}{2}C\cos\frac{1}{2}C},$$

$$\frac{a-b}{c} = \frac{\sin A - \sin B}{\sin C} = \frac{2\cos\frac{1}{2}(A+B)\sin\frac{1}{2}(A-B)}{2\sin\frac{1}{2}C\cos\frac{1}{2}C},$$

ou, à cause de $\frac{1}{2}(A + B) = 90^\circ - \frac{1}{2}C$,

$$(1) \qquad \frac{a+b}{c} = \frac{\cos\frac{1}{2}(A-B)}{\sin\frac{1}{2}C}, \quad \frac{a-b}{c} = \frac{\sin\frac{1}{2}(A-B)}{\cos\frac{1}{2}C};$$

et, en divisant ces équations (1) l'une par l'autre, il vient

$$(2) \qquad \tang\frac{1}{2}(A-B) = \frac{a-b}{a+b}\cot\frac{1}{2}C.$$

Les formules (1) renferment les six éléments, mais la formule (2) ne contient que deux côtés et les angles.

74. La relation

$$a^2 = b^2 + c^2 - 2bc\cos A$$

donne

$$\cos A = \frac{b^2 + c^2 - a^2}{2bc};$$

mais on a

$$\cos\frac{1}{2}A = \sqrt{\frac{1+\cos A}{2}}, \quad \sin\frac{1}{2}A = \sqrt{\frac{1-\cos A}{2}},$$

et, en substituant à $\cos A$ sa valeur, il vient

$$\cos\frac{1}{2}A = \sqrt{\frac{2bc + b^2 + c^2 - a^2}{4bc}} = \sqrt{\frac{(b+c)^2 - a^2}{4bc}}$$
$$= \sqrt{\frac{(a+b+c)(-a+b+c)}{4bc}},$$

$$\sin\frac{1}{2}A = \sqrt{\frac{2bc - b^2 - c^2 + a^2}{4bc}} = \sqrt{\frac{a^2 + (b-c)^2}{4bc}}$$
$$= \sqrt{\frac{(a+b-c)(a-b+c)}{4bc}}.$$

Par de simples permutations de lettres, on obtiendra des formules semblables pour exprimer les cosinus et les sinus des angles $\frac{1}{2}B$ et $\frac{1}{2}C$. Si donc on fait, pour abréger,

$$a + b + c = 2p,$$

d'où

$$-a+b+c=2(p-a),$$
$$a-b+c=2(p-b),$$
$$a+b-c=2(p-c),$$

on aura ces deux systèmes de formules :

$$(3)\quad \begin{cases} \cos\frac{1}{2}A=\sqrt{\dfrac{p(p-a)}{bc}}, \\ \cos\frac{1}{2}B=\sqrt{\dfrac{p(p-b)}{ac}}, \\ \cos\frac{1}{2}C=\sqrt{\dfrac{p(p-c)}{ab}}, \end{cases}$$

$$(4)\quad \begin{cases} \sin\frac{1}{2}A=\sqrt{\dfrac{(p-b)(p-c)}{bc}}, \\ \sin\frac{1}{2}B=\sqrt{\dfrac{(p-a)(p-c)}{ac}}, \\ \sin\frac{1}{2}C=\sqrt{\dfrac{(p-a)(p-b)}{ab}}; \end{cases}$$

enfin, en divisant chaque formule du groupe (4) par la correspondante du groupe (3), on obtient ce nouveau système de formules :

$$(5)\quad \begin{cases} \operatorname{tang}\frac{1}{2}A=\sqrt{\dfrac{(p-b)(p-c)}{p(p-a)}}, \\ \operatorname{tang}\frac{1}{2}B=\sqrt{\dfrac{(p-a)(p-c)}{p(p-b)}}, \\ \operatorname{tang}\frac{1}{2}C=\sqrt{\dfrac{(p-a)(p-b)}{p(p-c)}}. \end{cases}$$

Dans toutes ces formules, il faut prendre le radical avec le signe +; car les demi-angles d'un triangle sont inférieurs à 90 degrés, et, par suite, leurs lignes trigonométriques sont positives.

Expressions de l'aire du triangle et des rayons des cercles inscrit et circonscrit.

75. Aire du triangle. — Soit un triangle ABC (*fig.* 16 et 17);

Fig. 16.

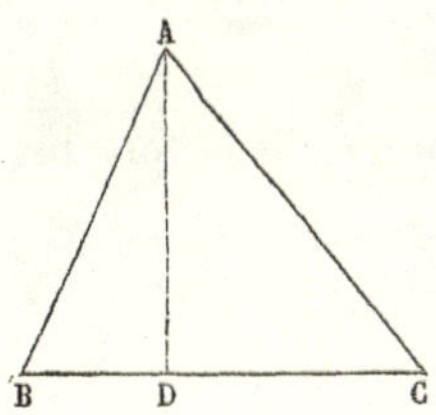

Fig. 17.

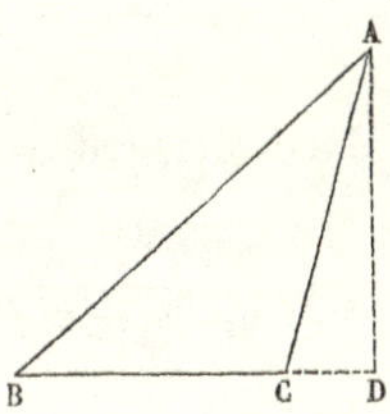

abaissons du sommet A la hauteur AD : on a, en désignant par s l'aire du triangle,

$$s = \frac{1}{2} a \times \mathrm{AD}.$$

Mais le triangle rectangle ADC donne $\mathrm{AD} = b \sin \mathrm{C}$; on a donc

$$s = \frac{1}{2} ab \sin \mathrm{C}. \tag{1}$$

Ainsi *l'aire d'un triangle est égale à la moitié du produit de deux côtés multiplié par le sinus de l'angle compris entre ces côtés.*

En appliquant cette proposition aux quatre triangles dans lesquels un quadrilatère peut être décomposé par le moyen de ses diagonales, on obtient le résultat suivant :

L'aire d'un quadrilatère quelconque est égale à la moitié du produit des diagonales multiplié par le sinus de l'angle qu'elles forment entre elles.

Si dans la formule (1) on remplace b par sa valeur tirée de l'équation

$$\frac{b}{a} = \frac{\sin \mathrm{B}}{\sin \mathrm{A}} = \frac{\sin \mathrm{B}}{\sin(\mathrm{B}+\mathrm{C})},$$

il vient

$$s = \frac{1}{2} \frac{a^2 \sin \mathrm{B} \sin \mathrm{C}}{\sin(\mathrm{B}+\mathrm{C})}. \tag{2}$$

Enfin, des équations

$$\sin\frac{1}{2}C=\sqrt{\frac{(p-a)(p-b)}{ab}},\quad \cos\frac{1}{2}C=\sqrt{\frac{p(p-c)}{ab}},$$

établies au numéro précédent, on déduit

$$\sin C=2\sin\frac{1}{2}C\cos\frac{1}{2}C=2\,\frac{\sqrt{p(p-a)(p-b)(p-c)}}{ab},$$

et, si l'on remplace $\sin C$ par cette valeur, dans la formule (1), il viendra

$$(3)\qquad s=\sqrt{p(p-a)(p-b)(p-c)},$$

formule où p désigne le demi-périmètre $\frac{a+b+c}{2}$.

De cette formule et de celles qu'on a établies au n° 74, on déduit les résultats suivants, qui méritent d'être remarqués :

$$\sin\frac{1}{2}A\sin\frac{1}{2}B\sin\frac{1}{2}C=\frac{(p-a)(p-b)(p-c)}{abc}=\frac{s^2}{pabc},$$

$$\cos\frac{1}{2}A\cos\frac{1}{2}B\cos\frac{1}{2}C=\frac{p\sqrt{p(p-a)(p-b)(p-c)}}{abc}=\frac{ps}{abc},$$

$$\operatorname{tang}\frac{1}{2}A\operatorname{tang}\frac{1}{2}B\operatorname{tang}\frac{1}{2}C=\frac{s}{p^2}.$$

76. Rayon du cercle circonscrit. — Ayant circonscrit un cercle au triangle ABC (*fig.* 18), menons, par le sommet C, le

Fig. 18.

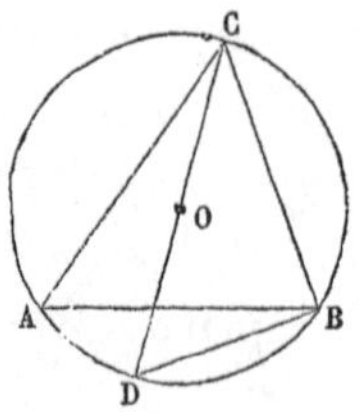

diamètre $CD=2R$, et joignons BD; l'angle en D du triangle rectangle BCD est égal à A ou au supplément de A : on a donc

$$a=2R\sin A\quad \text{ou}\quad R=\frac{a}{2\sin A}.$$

Multipliant haut et bas par bc, il vient

$$R = \frac{abc}{2bc \sin A} = \frac{abc}{4s} = \frac{abc}{4\sqrt{p(p-a)(p-b)(p-c)}}.$$

77. Rayons des cercles inscrit et exinscrits. — Soit r le rayon du cercle inscrit; en joignant le centre de ce cercle aux trois sommets, on décompose le triangle en trois autres ayant pour hauteur commune r, et pour bases les trois côtés a, b, c respectivement; on a donc $s = r\,\frac{a+b+c}{2}$, ou

$$s = pr, \quad \text{et} \quad r = \frac{s}{p} = \sqrt{\frac{(p-a)(p-b)(p-c)}{p}}.$$

Si l'on désigne par α, β, γ les rayons des cercles exinscrits au triangle, c'est-à-dire des cercles qui touchent respectivement les côtés a, b, c et les prolongements des deux autres, il est aisé de voir que l'on a

$$s = (p-a)\alpha = (p-b)\beta = (p-c)\gamma,$$

d'où l'on tire

$$\alpha = \frac{s}{p-a} = \sqrt{\frac{p(p-b)(p-c)}{p-a}},$$

$$\beta = \frac{s}{p-b} = \sqrt{\frac{p(p-a)(p-c)}{p-b}},$$

$$\gamma = \frac{s}{p-c} = \sqrt{\frac{p(p-a)(p-b)}{p-c}}.$$

On peut aussi écrire (n° 74)

$$\alpha = p \operatorname{tang} \frac{1}{2} A, \quad \beta = p \operatorname{tang} \frac{1}{2} B, \quad \gamma = p \operatorname{tang} \frac{1}{2} C.$$

De ces formules on peut en déduire plusieurs autres, parmi lesquelles on doit remarquer les suivantes :

$$\frac{1}{r} = \frac{1}{\alpha} + \frac{1}{\beta} + \frac{1}{\gamma},$$

$$s = \sqrt{r\alpha\beta\gamma},$$

$$4R = \alpha + \beta + \gamma - r.$$

Résolution des triangles rectangles.

78. PREMIER CAS. — *Étant donnés l'hypoténuse a et un angle aigu B, calculer l'angle C et les deux côtés b et c.*

Les éléments inconnus se détermineront par les formules

$$C = 90^\circ - B, \quad b = a \sin B, \quad c = a \cos B.$$

La première fait connaître immédiatement C, et les deux autres donnent pour le calcul logarithmique

$$\log b = \log a + \log \sin B, \quad \log c = \log a + \log \cos B.$$

79. DEUXIÈME CAS. — *Étant donnés l'hypoténuse a et un côté b de l'angle droit, calculer le troisième côté c et les deux angles B et C.*

On a, pour déterminer les éléments inconnus,

$$\sin B = \cos C = \frac{b}{a}, \quad c^2 = a^2 - b^2 = (a+b)(a-b).$$

La détermination directe de l'angle C s'obtient, comme on voit, par un cosinus, et ainsi elle ne sera point susceptible d'exactitude, si l'hypoténuse du triangle diffère peu de son côté, comme cela arrive fréquemment. Dans ce cas, on peut commencer par calculer c, et l'on obtiendra ensuite C par la formule

$$\operatorname{tang} C = \frac{c}{b};$$

on aura ainsi, pour le calcul logarithmique,

$$\log c = \frac{1}{2}[\log(a+b) + \log(a-b)],$$

$$\log \operatorname{tang} C = \log c - \log b.$$

On peut aussi calculer C directement comme il suit. En remplaçant $\cos C$ par sa valeur $\frac{b}{a}$ dans les formules

$$\sin \frac{1}{2} C = \sqrt{\frac{1 - \cos C}{2}}, \quad \operatorname{tang} \frac{1}{2} C = \sqrt{\frac{1 - \cos C}{1 + \cos C}},$$

il vient

$$\sin\frac{1}{2}C = \sqrt{\frac{a-b}{2a}}, \qquad \tang\frac{1}{2}C = \sqrt{\frac{a-b}{a+b}};$$

l'une quelconque de ces formules donnera l'angle C avec précision, mais la seconde est préférable, parce que son emploi n'exige que les logarithmes qui servent pour le calcul de c.

80. Troisième cas. — *Étant donnés l'un des côtés b de l'angle droit et l'un des angles aigus, calculer le second angle et les deux autres côtés.*

Les éléments inconnus se détermineront par les formules

$$B + C = 90^\circ, \quad a = \frac{b}{\sin B}, \quad c = b\cot B;$$

les deux dernières donnent pour le calcul logarithmique

$$\log a = \log b - \log\sin B,$$
$$\log c = \log b + \log\cot B.$$

81. Quatrième cas. — *Étant donnés les deux côtés b et c de l'angle droit, calculer l'hypoténuse a et les deux angles aigus* B *et* C.

On a, pour déterminer les éléments inconnus,

$$\cot C = \tang B = \frac{b}{c}, \quad a^2 = b^2 + c^2.$$

Cette dernière formule n'est pas calculable par logarithmes : on la rendrait telle en faisant usage d'un angle auxiliaire; mais cette manière d'opérer revient à calculer d'abord B par la formule

$$\log\tang B = \log b - \log c,$$

et à déterminer ensuite a par la formule

$$a = \frac{b}{\sin B} \quad \text{ou} \quad \log a = \log b - \log\sin B.$$

82. Exemple. — *On donne*

$$a = 5892^{m},51, \quad b = 5439^{m},24,$$

et l'on demande de calculer c, B *et* C.

TYPE DU CALCUL.

$$a+b=11331,75,\quad a-b=453,27.$$

Calcul du côté c.		*Calcul de l'angle* C.	
$c=\sqrt{(a+b)(a-b)}$		$\tang\frac{1}{2}C=\sqrt{\frac{a-b}{a+b}}$.	
$\log(a+b)$..........	4,0542970	$-\log(a+b)$.........	$\bar{5}$,9457030
$\log(a-b)$..........	2,6563570	$\log(a-b)$..........	2,6563570
....	6,7106540	....	$\bar{2}$,6020600
$\log c$................	3,3553270	$\log\tang\frac{1}{2}C$..........	$\bar{1}$,3010300
$c=2266^m,35$		$\frac{1}{2}C=11°18'35'',76$	
		$C=22°37'11'',52$	

On a ensuite

$$B=90°-C=67°22'48'',48.$$

Résolution d'un triangle rectiligne dans lequel on connaît un côté et deux angles.

83. L'angle inconnu s'obtiendra immédiatement par la formule

$$A+B+C=180°.$$

Si a est le côté donné, on calculera ensuite les côtés b et c par les formules

$$b=\frac{a\sin B}{\sin A},\quad c=\frac{a\sin C}{\sin A}.$$

84. Exemple. — *On donne*

$$A=81°47'12'',5,\quad B=38°12'47'',5,\quad C=60°,\quad a=7012^m,24,$$

et l'on demande de calculer les côtés b et c, ainsi que la surface s du triangle.

TYPE DU CALCUL.

Calcul du côté b.		*Calcul du côté c.*	
$b=\frac{a\sin B}{\sin A}$.		$c=\frac{a\sin C}{\sin A}$.	
$\log a$................	3,8458568	$\log a$................	3,8458568
$-\log\sin A$..........	0,0044774	$-\log\sin A$..........	0,0044774
$\log\sin B$.............	$\bar{1}$,7914024	$\log\sin C$.............	$\bar{1}$,9375306
$\log b$................	3,6417366	$\log c$................	3,7878648
$b=4382^m,65$		$c=6135^m,71$	

Calcul de la surface s.

$$s = \frac{1}{2}\frac{a^2 \sin B \sin C}{\sin A},$$

$2 \log a$	$7{,}6917136$
$\log \sin B$	$\bar{1}{,}7914024$
$\log \sin C$	$\bar{1}{,}9375306$
$-\log \sin A$	$0{,}0044774$
$-\log 2$	$\bar{1}{,}6989700$
$\log s$	$7{,}1240940$

$$s = 13307423^{\text{mq}}.$$

Résolution d'un triangle rectiligne dans lequel on connaît deux côtés avec l'angle opposé à l'un d'eux.

85. Si a, b et A sont les éléments donnés, on déterminera successivement les éléments inconnus par les formules

$$\sin B = \frac{b \sin A}{a}, \quad A + B + C = 180^\circ, \quad c = \frac{a \sin C}{\sin A}.$$

Lorsque B diffère peu de 90 degrés, cet angle ne peut être déterminé avec exactitude par le moyen de son sinus; dans ce cas on calcule d'abord le produit $b \sin A$ et l'on obtient ensuite l'angle B par la formule

$$\tan B = \pm \frac{b \sin A}{\sqrt{(a + b \sin A)(a - b \sin A)}};$$

on peut aussi faire usage de la formule

$$\tan\left(45^\circ + \frac{1}{2} B\right) = \pm \sqrt{\frac{a + b \sin A}{a - b \sin A}},$$

que l'on obtient en remplaçant $\sin B$ par sa valeur dans l'équation $\tan\left(45^\circ + \frac{1}{2} B\right) = \pm \sqrt{\frac{1 + \sin B}{1 - \sin B}}$.

Cependant ces dernières formules ne peuvent faire connaître B avec précision, lorsque cet angle diffère très-peu de 90 degrés et que les données, comme il arrive le plus souvent, ne sont pas rigoureusement exactes. Dans ce cas, en effet, une légère erreur dans les éléments donnés peut occasionner une erreur considérable dans l'angle B. (*Voir*, Chapitre VI, les *Formules trigonométriques différentielles*.)

Remarque I. — Si l'on a $a > b \sin A$, et seulement dans ce cas, les Tables feront connaître pour B une valeur $M < 90^\circ$, mais on pourra prendre aussi $B = 180^\circ - M$; on aura deux valeurs correspondantes de C,

$$C = 180^\circ - A - M, \quad C = M - A,$$

et, par suite, aussi deux valeurs correspondantes de c.

Pour que l'angle M réponde à la question, il faut et il suffit que $A + M$ soit < 180 degrés; pareillement, pour que $180^\circ - M$ y réponde, il faut et il suffit que M soit $> A$. Examinons dans quel cas ces conditions peuvent être remplies.

1° Si l'on a $A =$ ou > 90 degrés, la valeur $180^\circ - M$ de B ne peut convenir, et la condition pour que la valeur M donne une solution du problème est

$$M < 180^\circ - A,$$

ou, comme les deux membres sont moindres que 90 degrés,

$$\sin M < \sin(180^\circ - A) \quad \text{ou} \quad < \sin A,$$

c'est-à-dire

$$\frac{b \sin A}{a} < \sin A \quad \text{ou} \quad b < a.$$

On voit que le problème ne peut avoir qu'une solution, et la condition pour qu'il en admette une est que le côté opposé à l'angle donné soit le plus grand des deux côtés donnés.

2° Si l'on a $A < 90^\circ$, la valeur M de B convient toujours; mais, pour que l'on puisse prendre aussi $B = 180^\circ - M$, il faut que l'on ait

$$M > A,$$

ou, comme les deux membres sont inférieurs à 90 degrés,

$$\sin M > \sin A,$$

c'est-à-dire

$$\frac{b \sin A}{a} > \sin A, \quad \text{ou} \quad b < a.$$

On voit que, dans ce cas, la condition de possibilité est $a > b\sin A$; *si cette condition est remplie, le problème admet une ou deux solutions, suivant que le côté opposé à l'angle donné est plus grand ou plus petit que l'autre côté donné.*

Les résultats qui précèdent sont conformes à ceux qu'on déduit de considérations géométriques que nous croyons inutile de rappeler ici.

Remarque II. — Dans la solution précédente, on ne calcule le côté c qu'après avoir obtenu les angles B et C; or il se peut que, n'ayant pas besoin des angles B et C, on veuille calculer directement le côté c. Pour cela, on peut se servir de la formule

$$a^2 = b^2 + c^2 - 2bc\cos A,$$

d'où l'on tire

$$c = b\cos A \pm \sqrt{a^2 - b^2\sin^2 A};$$

mais, pour rendre cette formule calculable par logarithmes, il faut employer un angle auxiliaire, conformément à la méthode du n° 58, et alors les calculs qu'on doit exécuter sont tout aussi longs que ceux auxquels conduit l'application de la première méthode. Il y a même plus : le moyen qui s'offre le plus naturellement pour rendre l'expression de c calculable par logarithmes consiste à poser (n° 58)

$$\frac{b\sin A}{a} = \sin\varphi, \quad \text{d'où} \quad b = \frac{a\sin\varphi}{\sin A};$$

car la valeur de c devient alors

$$c = \frac{a\sin\varphi\cos A}{\sin A} \pm a\cos\varphi = \frac{a\sin(\varphi \pm A)}{\sin A},$$

et l'on voit que l'angle auxiliaire φ, dont on s'est servi, est précisément l'angle B du triangle. Il n'y a donc pas lieu de modifier la solution que nous avons donnée.

86. Exemple. — *On donne*

$$A = 27°47'44'',77, \quad a = 2199^{m},12, \quad b = 2513^{m},28,$$

et l'on demande de calculer B, C *et* c.

TYPE DU CALCUL.

Calcul de l'angle B.

$$\sin B = \frac{b \sin A}{a}.$$

$\log b$........................	$3,4002409$
$-\log a$........................	$\bar{4},6577511$
$\log \sin A$........................	$\bar{1},6686853$
$\log \sin B$........................	$\bar{1},7266773$

Il y a deux solutions

$$B = 32^\circ 12' 15'',23 \quad \text{et} \quad B = 147^\circ 47' 44'',77.$$

PREMIÈRE SOLUTION.

$B = 32^\circ 12' 25'',23$

Calcul de l'angle C.

$C = 180^\circ - A - B$

$A = 27^\circ 47' 44'',77$
$B = 32^\circ 12' 15'',23$

$C = 120^\circ 0' 0''$

Calcul du côté c.

$$c = \frac{a \sin C}{\sin A}$$

$\log a$................	$3,3422489$
$-\log \sin A$...........	$0,3313147$
$\log \sin C$.............	$\bar{1},9375306$
$\log c$................	$3,6110942$

$c = 4084^m,08$

DEUXIÈME SOLUTION.

$B = 147^\circ 47' 44'',77$

Calcul de l'angle C.

$C = 180^\circ - A - B$

$A = 27^\circ 47' 44'',77$
$B = 147^\circ 47' 44'',77$

$C = 4^\circ 24' 30'',46$

Calcul du côté c.

$$c = \frac{a \sin C}{\sin A}$$

$\log a$................	$3,3422489$
$-\log \sin A$...........	$0,3313147$
$\log \sin C$.............	$\bar{2},8857358$
$\log c$................	$2,5592994$

$c = 362^m,493$

Résolution d'un triangle rectiligne dans lequel on connaît deux côtés avec l'angle compris.

87. Première méthode. — Soient a, b, C les éléments donnés. Pour trouver les angles A et B, on peut employer la formule (2) du nº 73, savoir :

$$\tang \frac{1}{2}(A - B) = \frac{a - b}{a + b} \cot \frac{1}{2} C;$$

cette formule fait connaître la demi-différence

$$\frac{1}{2}(A - B) = M.$$

On a, d'autre part,

$$\frac{1}{2}(A + B) = 90^\circ - \frac{1}{2}C,$$

et l'on déduit de là, par addition et soustraction,

$$A = 90^\circ - \frac{1}{2}C + M,$$

$$B = 90^\circ - \frac{1}{2}C - M.$$

Les angles A et B étant ainsi connus, on peut calculer c par la formule

$$c = \frac{a \sin C}{\sin A};$$

mais il vaut mieux employer l'une des formules (1) du n° 73, savoir :

$$c = \frac{(a + b)\sin\frac{1}{2}C}{\cos\frac{1}{2}(A - B)}, \quad c = \frac{(a - b)\cos\frac{1}{2}C}{\sin\frac{1}{2}(A - B)},$$

qui exigent seulement la recherche de deux nouveaux logarithmes.

Si les côtés a et b sont donnés par leurs logarithmes, on peut abréger le calcul de la fraction $\frac{a - b}{a + b}$ qui figure dans la valeur de $\tang\frac{1}{2}(A - B)$. Il suffit de déterminer un angle auxiliaire φ tel que

$$\tang \varphi = \frac{a}{b};$$

car il vient alors

$$\frac{a - b}{a + b} = \tang(\varphi - 45^\circ),$$

et par suite

$$\tang\frac{1}{2}(A - B) = \tang(\varphi - 45^\circ)\cot\frac{1}{2}C.$$

On achèvera, comme ci-dessus, le calcul des angles A et B; mais, pour déterminer c, il faudra employer la formule

$$c = \frac{a \sin C}{\sin A}.$$

Deuxième méthode. — On peut résoudre le même problème au moyen des formules

$$c \sin A = a \sin C,$$
$$c \cos A = b - a \cos C,$$

et l'on obtient ainsi la solution la plus simple, surtout si, comme cela se présente fréquemment dans l'Astronomie, a est connu par son logarithme, tandis que b est donné directement. Des deux équations précédentes on tire pour le calcul logarithmique

$$\log(\pm \operatorname{tang} A) = \log a + \log \sin C - \log[\pm(b - a \cos C)],$$
$$\log c = \log a + \log \sin C - \log \sin A.$$

Pour avoir $\log[\pm(b - a\cos C)]$, on calculera le logarithme de la valeur absolue de $a \cos C$, on en déduira $a \cos C$, et l'on aura ensuite, par addition ou soustraction, $b - a \cos C$. L'angle A étant connu, on obtiendra B par la relation $A + B + C = 180°$.

88. Exemple. — *On donne*

$$\log a = 0,4287591, \quad \log b = 0,0008764, \quad C = 78°28'7'',62,$$

et l'on demande de calculer les angles A *et* B, *le côté* c *et la surface* s.

TYPE DU CALCUL (PREMIÈRE MÉTHODE).

Calcul de $\varphi \left(\operatorname{tang} \varphi = \frac{a}{b}\right)$.

$\log a$	0,4287591
$\log b$	0,0008764
$\log \operatorname{tang} \varphi$	0,4278827

$$\varphi = 69°31'36'',59$$
$$\varphi - 45° = 24°31'36'',59$$

Calcul des angles A *et* B.

$$\operatorname{tang}\tfrac{1}{2}(A-B) = \operatorname{tang}(\varphi - 45^\circ)\cot\tfrac{1}{2}C.$$

$\log\operatorname{tang}(\varphi-45^\circ)$	$\bar{1},6592428$
$\log\cot\frac{1}{2}C$	$0,0880012$
$\log\operatorname{tang}\frac{1}{2}(A-B)$	$\bar{1},7472440$
$\frac{1}{2}(A-B)$	$29^\circ 11' 44'',75$
$\frac{1}{2}(A+B)$	$50^\circ 45' 56'',19$
	$A = 79^\circ 57' 40'',94$
	$B = 31^\circ 34' 11'',44$

Calcul du côté c.

$$c = \frac{a\sin C}{\sin A}.$$

$\log a$	$0,4287591$
$\log\sin C$	$\bar{1},9911445$
$-\log\sin A$	$0,0067003$
$\log c$	$0,4266039$
	$c = 2,67057$

Calcul de la surface s.

$$s = \frac{1}{2}ab\sin C.$$

$\log a$	$0,4287591$
$\log b$	$0,0008764$
$\log\sin C$	$\bar{1},9911445$
$-\log 2$	$\bar{1},6989700$
$\log s$	$0,1197500$
	$s = 1,3175$

TYPE DU CALCUL (DEUXIÈME MÉTHODE).

On commence par calculer b dont le logarithme seul est donné; on trouve $b = 1,002020$.

Calcul de A.

$$\operatorname{tang} A = \frac{a\sin C}{b - a\cos C}.$$

$\log a$	$0,4287591$
$\log\cos C$	$\bar{1},3008167$
$\log a\cos C$	$\bar{1},7295758$
$a\cos C$	$0,5365075$
$b - a\cos C$	$0,4655125$

$\log a$	$0,4287591$
$\log\sin C$	$\bar{1},9911445$
$-\log(b-a\cos C)$ ...	$0,3320687$
$\log\operatorname{tang} A$	$0,7519723$
	$A = 79^\circ 57' 40'',95$

Pour calculer c, on opère comme dans la première méthode; seulement ici on n'a besoin que d'un nouveau logarithme, celui de $\sin A$.

Résolution d'un triangle rectiligne dans lequel on donne les trois côtés.

89. Les formules du n° 70, qui déterminent les angles A, B, C par les côtés, ne sont pas calculables par logarithmes;

mais celles du n° 74 que nous en avons déduites le sont et peuvent être employées pour le calcul des angles. On doit préférer les formules du troisième système, savoir :

$$\operatorname{tang}\frac{1}{2}A=\sqrt{\frac{(p-b)(p-c)}{p(p-a)}},\quad \operatorname{tang}\frac{1}{2}B=\sqrt{\frac{(p-a)(p-c)}{p(p-b)}},$$

$$\operatorname{tang}\frac{1}{2}C=\sqrt{\frac{(p-a)(p-b)}{p(p-c)}},$$

qui déterminent les angles $\frac{1}{2}A$, $\frac{1}{2}B$, $\frac{1}{2}C$ par leurs tangentes.

Remarque. — Pour que le problème soit possible, il faut et il suffit que chaque côté soit moindre que la somme des deux autres; si cette condition n'est pas remplie, l'une des différences $p-a$, $p-b$, $p-c$ est négative, tandis que les deux autres sont positives : les valeurs de $\operatorname{tang}\frac{1}{2}A, \ldots$ sont donc alors imaginaires.

90. Exemple. — *On donne*

$$a=701^{m},224,\quad b=438^{m},265,\quad c=613^{m},571,$$

et l'on demande de calculer les angles A, B, C *et la surface* s.

TYPE DU CALCUL.

$p=\frac{1}{2}(a+b+c)$	876,530	$\log p$	2,9427668
$p-a$	175,306	$\log(p-a)$	2,2437968
$p-b$	438,265	$\log(p-b)$	2,6417368
$p-c$	262,959	$\log(p-c)$	2,4198881

Calcul de l'angle A.

$$\operatorname{tang}\tfrac{1}{2}A=\sqrt{\frac{(p-b)(p-c)}{p(p-a)}}.$$

$\log(p-b)$	2,6417368
$\log(p-c)$	2,4198881
$-\log(p-a)$	$\bar{3}$,7562032
$-\log p$	$\bar{3}$,0572332
	$\bar{1}$,8750613
$\log\operatorname{tang}\frac{1}{2}A$	$\bar{1}$,9375306

$\frac{1}{2}A = 40°53'36'',22$

$A = 81°47'12'',44$

Calcul de l'angle B.

$$\operatorname{tang}\tfrac{1}{2}B=\sqrt{\frac{(p-a)(p-c)}{p(p-b)}}.$$

$\log(p-a)$	2,2437968
$\log(p-c)$	2,4198881
$-\log(p-b)$	$\bar{3}$,3582632
$-\log p$	$\bar{3}$,0572332
	$\bar{1}$,0791813
$\log\operatorname{tang}\frac{1}{2}B$	$\bar{1}$,5395906

$\frac{1}{2}B = 19°\ 6'23'',77$

$B = 38°12'47'',54$

Calcul de l'angle C.		*Calcul de la surface s.*	
$\operatorname{tang}\frac{1}{2}C = \sqrt{\frac{(p-a)(p-b)}{p(p-c)}}$.		$s = \sqrt{p(p-a)(p-b)(p-c)}$.	
$\log(p-a)$...........	2,2437968	$\log p$................	2,9427668
$\log(p-b)$...........	2,6417368	$\log(p-a)$..........	2,2437968
$-\log(p-c)$........	$\bar{3}$,5801119	$\log(p-b)$...........	2,6417368
$-\log p$.............	$\bar{3}$,0572332	$\log(p-c)$...........	2,4198881
....	$\bar{1}$,5228787	....	10,2481885
$\log \operatorname{tang}\frac{1}{2}C$...........	$\bar{1}$,7614393	$\log s$.................	5,1240942
$\frac{1}{2}C = 30^\circ$		$s = 133074^{mq},23$	
$C = 60^\circ$			

Vérification : $A + B + C = 180^\circ - 0'',02$.

Cas divers où les données ne sont pas toutes des côtés ou des angles.

91. Le nombre des problèmes qu'on peut se proposer sur la résolution des triangles est indéfini. Nous présenterons ici quelques exemples.

PROBLÈME I. — *Résoudre un triangle, connaissant un angle* C, *le côté opposé* c *et la somme ou la différence des deux côtés* a *et* b.

L'une des formules (1) du n° 73, savoir :

$$\frac{a+b}{c} = \frac{\cos\frac{1}{2}(A-B)}{\sin\frac{1}{2}C}, \quad \frac{a-b}{c} = \frac{\sin\frac{1}{2}(A-B)}{\cos\frac{1}{2}C},$$

fait connaître immédiatement la demi-différence $\frac{1}{2}(A-B)$; la demi-somme $\frac{1}{2}(A+B)$ étant connue, on connaîtra aussi A et B ; on achèvera ensuite la solution au moyen de celle des deux formules précédentes qui n'a pas été employée et qui fera connaître $a-b$ si $a+b$ est donné, ou $a+b$ si c'est $a-b$ qui est donné.

92. PROBLÈME II. — *Résoudre un triangle, connaissant l'angle* B, *le côté adjacent* a *et la somme ou la différence des deux autres côtés.*

En désignant par $2p$ le périmètre $a+b+c$, on a (74)

$$\tang\frac{B}{2}=\sqrt{\frac{(p-a)(p-c)}{p(p-b)}},\quad \tang\frac{C}{2}=\sqrt{\frac{(p-a)(p-b)}{p(p-c)}},$$

d'où

$$\tang\frac{C}{2}\tang\frac{B}{2}=\frac{p-a}{p}\quad\text{et}\quad \tang\frac{C}{2}\cot\frac{B}{2}=\frac{p-b}{p-c}.$$

Si la somme $b+c$ est donnée, on connaît p et $p-a$; si c'est la différence $b-c$ qui est donnée, on connaît $p-b$ et $p-c$: donc on pourra, dans l'un et l'autre cas, calculer l'angle C au moyen des formules précédentes. On achèvera ensuite la solution par la méthode du n° 83, ou plutôt par l'une quelconque des formules qu'on déduit des précédentes en permutant les lettres A et B, a et b.

93. Problème III. — *Résoudre un triangle, connaissant la surface s et les angles.*

On a (75)

$$s=\frac{1}{2}a^2\frac{\sin B\sin C}{\sin A},\quad\text{d'où}\quad a=\sqrt{\frac{2s\sin A}{\sin B\sin C}}.$$

On calculera les côtés b et c par des formules analogues.

94. Problème IV. — *Résoudre un triangle, connaissant le périmètre et les angles.*

Des formules (3) et (4) du n° 74 on déduit

$$\cos\frac{1}{2}B\cos\frac{1}{2}C=\frac{p}{a}\sqrt{\frac{(p-b)(p-c)}{bc}}=\frac{p}{a}\sin\frac{1}{2}A,$$

d'où

$$a=\frac{p\sin\frac{1}{2}A}{\cos\frac{1}{2}B\cos\frac{1}{2}C},$$

formule qui servira pour calculer a.

95. Problème V. — *Résoudre un triangle, connaissant le rayon r du cercle inscrit et les angles.*

On déduit facilement des formules précédemment données

$$p-a=r\cot\frac{1}{2}A,\quad p-b=r\cot\frac{1}{2}B,\quad p-c=r\cot\frac{1}{2}C;$$

on calculera $p-a$, $p-b$, $p-c$ par ces formules, et l'on en déduira ensuite les côtés a, b, c.

96. Problème VI. — *Résoudre un triangle connaissant l'angle* C *et les sommes* $c+a$, $c+b$ *obtenues en ajoutant le côté opposé* c *à chacun des deux autres côtés.*

Nous supposerons $c+a>c+b$. Les formules (1) du n° 73 donnent

$$(1)\qquad \begin{cases} \dfrac{(c+a)+(c+b)}{c}=\dfrac{\cos\frac{1}{2}(A-B)+2\sin\frac{1}{2}C}{\sin\frac{1}{2}C},\\[2ex] \dfrac{(c+a)-(c+b)}{c}=\dfrac{\sin\frac{1}{2}(A-B)}{\cos\frac{1}{2}C},\end{cases}$$

d'où

$$(2)\qquad \frac{\sin\frac{1}{2}(A-B)}{\cos\frac{1}{2}(A-B)+2\sin\frac{1}{2}C}=\frac{(c+a)-(c+b)}{(c+a)+(c+b)}\cot\frac{1}{2}C.$$

Cette formule (2) ne renferme que la seule inconnue $\frac{1}{2}(A-B)$, et l'on pourra la déterminer par le procédé du n° 60, en calculant un angle auxiliaire φ compris entre zéro et 90 degrés, au moyen de la formule

$$(3)\qquad \tan g\varphi=\frac{(c+a)-(c+b)}{(c+a)+(c+b)}\cot\frac{1}{2}C.$$

Or, si l'on considère le triangle formé par les côtés $c+a$, $c+b$ et l'angle compris C, que l'on désigne par A′ l'angle opposé au côté $c+a$, dans ce triangle, et par B′ l'angle qui est opposé au côté $c+b$, la demi-différence $\frac{1}{2}(A'-B')$ sera précisément égale à l'angle auxiliaire φ, d'après la formule (2) du n° 73; on aura donc

$$\frac{A'-B'}{2}=\varphi,\quad \frac{A'+B'}{2}=90^\circ-\frac{1}{2}C,$$

d'où

$$(4) \qquad A' = 90^\circ - \frac{1}{2}C + \varphi, \quad B' = 90^\circ - \frac{1}{2}C - \varphi.$$

Cela posé, l'équation (2) peut s'écrire comme il suit :

$$\frac{\sin\frac{1}{2}(A - B)}{\cos\frac{1}{2}(A - B) + 2\sin\frac{1}{2}C} = \frac{\sin\frac{1}{2}(A' - B')}{\cos\frac{1}{2}(A' - B')};$$

si l'on chasse les dénominateurs, on trouvera simplement

$$(5) \qquad \sin x = 2\sin\frac{1}{2}C\sin\frac{1}{2}(A' - B'),$$

en posant, pour abréger,

$$\frac{A - B}{2} - \frac{A' - B'}{2} = x;$$

on a d'ailleurs

$$\frac{A + B}{2} - \frac{A' + B'}{2} = 0,$$

et l'on conclut des deux équations précédentes

$$(6) \qquad A = A' + x, \quad B = B' - x.$$

On calculera l'angle x par la formule (5), après quoi les formules (6) donneront A et B, puisque A' et B' sont connus.

Pour calculer c, on fera usage de la deuxième équation (1), qui donne

$$(7) \qquad c = \frac{[(c + a) - (c + b)]\cos\frac{1}{2}C}{\sin(\varphi + x)},$$

et l'on aura enfin a et b par les formules

$$(8) \qquad a = (c + a) - c, \quad b = (c + b) - c.$$

Le triangle auxiliaire dont nous avons fait usage est toujours possible, quelles que soient les données $c + a$, $c + b$, C; il en résulte que l'équation (5) donnera toujours des valeurs réelles de x; car on peut la mettre sous la forme

$$(9) \qquad \sin x = \sin A' - \sin B',$$

et l'on voit que son second membre est compris entre zéro et 1. Cette équation a une racine x comprise entre zéro et 90 degrés;

c'est la seule racine qui puisse convenir à notre problème, car B' étant un angle aigu, à cause de $A' > B'$, la valeur de B fournie par la deuxième équation (6) ne peut être positive que si x est inférieur à 90 degrés. Mais on voit de plus que le problème proposé n'est possible que si la valeur de x comprise entre zéro et 90 degrés est inférieure à B', condition que nous pouvons exprimer par l'inégalité $\sin x < \sin B'$, ou, à cause de l'équation (9), par

$$\sin A' < 2 \sin B',$$

et cette dernière inégalité équivaut elle-même à la suivante :

$$(c+a) < 2(c+b).$$

Telle est la condition nécessaire pour que le problème soit possible; je dis d'ailleurs qu'elle est suffisante. En effet, si elle est satisfaite, les valeurs de A et de B seront positives; de plus, leur somme sera inférieure à 180 degrés; la valeur de c tirée de l'équation (7) sera elle-même positive, et il est évident que ces valeurs rendront les équations (1) identiques. Cela posé, supposons que l'on demande de résoudre un triangle avec les éléments A, B, c que nous venons de calculer; ce problème est toujours possible, et, pour le résoudre, on peut évidemment faire usage des équations (1), desquelles on tirera nécessairement les valeurs données $c+a$, $c+b$.

Remarque. — Si l'on a $c+a = c+b$, les angles φ et x se réduisent à zéro; on a $A = B = A' = B'$. Dans ce cas, la formule (7) ne peut plus servir pour le calcul de c; il faut alors recourir à la première des équations (1), qui donne

$$c = (c+a)\frac{\sin\frac{1}{2}C}{\frac{1}{2}+\sin\frac{1}{2}C},$$

d'où

$$\frac{c-a}{c+a} = \frac{\sin\frac{1}{2}C - \frac{1}{2}}{\sin\frac{1}{2}C + \frac{1}{2}} = \frac{\operatorname{tang}(\frac{1}{4}C - 15^\circ)}{\operatorname{tang}(\frac{1}{4}C + 15^\circ)}.$$

On aura donc

$$c - a = (c+a)\frac{\operatorname{tang}(\frac{1}{4}C - 15^\circ)}{\operatorname{tang}(\frac{1}{4}C + 15^\circ)};$$

$c-a$ sera donné par cette formule; on en déduira ensuite a et c.

Du quadrilatère inscriptible.

97. Nous croyons devoir encore indiquer ici comment on peut calculer les angles, l'aire et les diagonales d'un quadrilatère inscriptible, quand on connaît les quatre côtés.

Soit ABCD (*fig.* 19) un quadrilatère inscrit, dont nous re-

Fig. 19.

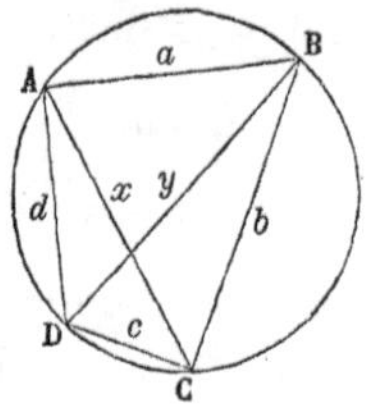

présenterons les côtés AB, BC, CD, DA par a, b, c, d, les diagonales AC et BD par x et y, l'aire par s, le rayon du cercle circonscrit par R, et les angles par les lettres qui marquent leurs sommets.

Les angles B et D étant supplémentaires, leurs cosinus sont égaux et de signes contraires; on a, par les triangles ABC et ACD,

$$(1)\qquad \left\{\begin{aligned} x^2 &= a^2 + b^2 - 2ab\cos B,\\ x^2 &= c^2 + d^2 + 2cd\cos B,\end{aligned}\right.$$

et l'on tire de ces équations, en éliminant x,

$$(2)\qquad \cos B = \frac{a^2 + b^2 - c^2 - d^2}{2(ab + cd)}.$$

Cette formule n'est pas calculable par logarithmes, mais on peut en déduire une qui le soit. On a

$$\sin^2 \frac{1}{2} B = \frac{1 - \cos B}{2}, \quad \cos^2 \frac{1}{2} B = \frac{1 + \cos B}{2};$$

en remplaçant $\cos B$ par sa valeur, il vient

$$\sin^2 \frac{1}{2} B = \frac{(c+d)^2 - (a-b)^2}{4(ab + cd)} = \frac{(-a+b+c+d)(a-b+c+d)}{4(ab+cd)},$$

$$\cos^2 \frac{1}{2} B = \frac{(a+b)^2 - (c-d)^2}{4(ab + cd)} = \frac{(a+b-c+d)(a+b+c-d)}{4(ab+cd)}.$$

Désignons par $2p$ le périmètre $a+b+c+d$, on aura $a+b+c-d=2(p-d), \ldots$ et, par suite,

$$(3)\quad \sin\frac{1}{2}B=\sqrt{\frac{(p-a)(p-b)}{ab+cd}},\quad \cos\frac{1}{2}B=\sqrt{\frac{(p-c)(p-d)}{ab+cd}}.$$

En divisant ces formules (3) l'une par l'autre, on obtient la suivante :

$$(4)\qquad \operatorname{tang}\frac{1}{2}B=\sqrt{\frac{(p-a)(p-b)}{(p-c)(p-d)}},$$

qui est calculable par logarithmes. On aura de même, pour calculer l'angle A,

$$(5)\qquad \operatorname{tang}\frac{1}{2}A=\sqrt{\frac{(p-a)(p-d)}{(p-b)(p-c)}}.$$

Les angles du quadrilatère étant connus, on aura les diagonales par l'une des méthodes du n° 87. Quant à la surface s, elle est la somme des surfaces des triangles ABC et ADC; on a donc (n° 75)

$$s=\frac{1}{2}(ab+cd)\sin B;$$

on a d'ailleurs, en multipliant les équations (3) l'une par l'autre,

$$\sin B=2\,\frac{\sqrt{(p-a)(p-b)(p-c)(p-d)}}{ab+cd};$$

donc

$$(6)\qquad s=\sqrt{(p-a)(p-b)(p-c)(p-d)}.$$

Si l'on suppose que le côté d se réduit à zéro, cette formule donne celle qui exprime l'aire du triangle en fonction des trois côtés.

Si l'on veut calculer directement les diagonales x et y, on portera dans l'une des équations (1) la valeur de $\cos B$ tirée de l'équation (2); il vient alors

$$x^2=\frac{cd(a^2+b^2)+ab(c^2+d^2)}{ab+cd}$$

ou

$$(7)\qquad x^2=\frac{(ac+bd)(ad+bc)}{ab+cd};$$

on aurait de même

$$(8) \qquad y^2 = \frac{(ac+bd)(ab+cd)}{ad+bc};$$

mais ces formules (7) et (8) ne sont pas calculables par logarithmes.

En multipliant et en divisant les équations (7) et (8) l'une par l'autre, on a

$$(9) \qquad xy = ac+bd, \quad \frac{x}{y} = \frac{ad+bc}{ab+cd},$$

formules qui expriment deux théorèmes connus de Géométrie.

On peut enfin exprimer le rayon R du cercle circonscrit en fonction des quatre côtés. On a, en effet (n° 76),

$$R = \frac{x}{2\sin B},$$

d'où

$$(10) \qquad R = \frac{\sqrt{(ac+bd)(ab+cd)(ad+bc)}}{4\sqrt{(p-a)(p-b)(p-c)(p-d)}}.$$

Opérations sur le terrain.

98. Triangulation. — Lorsqu'on veut exécuter avec quelque précision le plan d'un terrain, d'une ville, etc., il est indispensable d'appuyer le *levé* sur une *triangulation* calculée. On nomme ainsi l'opération par laquelle on détermine les valeurs de tous les éléments d'une suite ou d'un *réseau* de triangles juxtaposés et rattachant les uns aux autres des points choisis à volonté sur le terrain. Toutefois, lorsque le terrain n'est pas parfaitement horizontal, ce qui est le cas le plus ordinaire, il faut imaginer que le réseau soit projeté sur un plan horizontal situé au-dessous; ce sont les éléments de cette projection, ou, comme l'on dit, du réseau *réduit à l'horizon,* qu'il est important de connaître et que l'on détermine.

Tous les angles des triangles sont mesurés par le moyen d'un instrument, le *graphomètre,* ou mieux le *théodolite,* qui donne les angles tout réduits à l'horizon. Mais une seule ligne est mesurée directement à l'aide de la *chaîne d'arpen-*

teur ou d'un *appareil de règles;* on la nomme la *base*. Les autres côtés des triangles sont déterminés par le calcul.

Il est très-important de choisir avec discernement les points qui doivent former le réseau trigonométrique, afin de n'avoir que des triangles *avantageux*, c'est-à-dire des triangles dont aucun angle ne soit trop aigu. Il est aisé de voir, en effet, qu'un point est mal déterminé quand il est donné par l'intersection de deux droites faisant entre elles un très-petit angle, en ce sens que la plus légère erreur sur la valeur de l'angle peut produire une erreur considérable relativement à la situation du point. Voici la marche généralement adoptée pour trianguler.

Après avoir étudié le terrain qu'on se propose de lever, on choisit un point central O (*fig.* 20) qui puisse être aperçu de

Fig. 20.

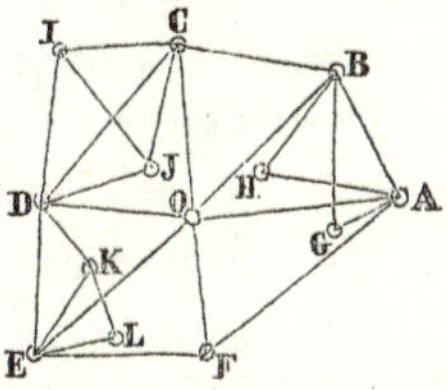

loin, comme la pointe d'un clocher, ou un signal placé sur un bâtiment élevé, ou même un simple jalon muni d'un signal, si le terrain est découvert. On choisit ensuite, en deçà des limites du levé, cinq ou six points ou plus, A, B, C, D, E, F, desquels on puisse voir le point O, et tels, que les triangles ABO, BCO,... soient avantageux. Il importe aussi que l'un des côtés du polygone ABCDEF, AB par exemple, puisse être mesuré directement et pris pour la base.

Le côté AB du polygone étant connu et les sommets ayant été marqués à l'aide d'une perche ou d'un signal quelconque, on stationne successivement en chacun de ces sommets. Au point A on mesure les angles OAF et OAB, au point B les angles OBA et OBC,..., enfin au dernier sommet F les angles OFE et OFA. De ces mesures on conclut facilement chacun des angles en O, qu'il est alors inutile de mesurer directement, pourvu que les angles observés aient été déterminés avec une exactitude suffisante. On s'assurera de cette exactitude en additionnant tous les angles observés et en comparant la somme avec celle des angles du polygone qui est connue d'avance. (Si le polygone a six côtés, comme celui de la figure, la somme des angles est $180^\circ \times 4$ ou 720 degrés.) La différence entre les deux sommes, divisée par le double du nombre des côtés du polygone, sera l'erreur moyenne des observations. Lorsque cette erreur moyenne surpasse celle qu'on doit attendre de l'instrument employé, il faut recommencer l'opération; dans le cas contraire, on peut considérer les observations comme exactes et se dispenser de la mesure directe des angles en O; mais alors on corrige les angles observés en augmentant ou en diminuant chacun d'eux de l'erreur moyenne dont nous venons de parler.

Les mesures une fois prises et corrigées comme il vient d'être dit, il reste à faire le calcul des triangles. Le premier triangle ABO, dans lequel on connaît le côté AB et les angles, fera connaître les côtés AO et BO (premier cas des triangles obliquangles); le deuxième triangle BCO, où l'on connaît maintenant le côté OB et les angles, fera connaître BC et CO; le troisième CD et DO,..., enfin le dernier FA et AO. Ici on a un moyen de vérification des opérations; car la valeur du côté AO, fournie par le dernier triangle, doit être la même que celle qui est donnée par le premier.

Ce premier réseau de triangles constitue ce que l'on nomme le *canevas principal*. Tous ses côtés peuvent servir à leur tour de bases pour relever d'autres points, et, comme ils rayonnent dans des directions diverses, on pourra toujours s'arranger de manière à n'avoir que des triangles avantageux. Ainsi on relèvera les points G et H en les rattachant au côté AB, et en mesurant simplement les angles en A et en B des triangles ABG et ABH; on calculera ensuite les côtés de ces triangles. Pareillement, on relèvera les points I et J en les rattachant au côté CD du polygone principal, et le point K en le rattachant au côté ED. Enfin les côtés de ces triangles secondaires étant connus, on peut les prendre eux-mêmes pour bases; par exemple, on peut relever le point L en le rattachant au côté EK.

Si la nature du terrain ne permettait pas de prendre pour base l'un des côtés du polygone principal, on mesurerait quelque part une base qui pût être rattachée à l'un de ces côtés, AB par exemple, par un ou deux triangles au plus. Le calcul de ces triangles ferait connaître AB, et l'on continuerait l'opération comme si le côté AB avait été mesuré directement.

Souvent on prend pour polygone principal un simple triangle, et, pour la base, l'un des côtés de ce triangle. Dans ce cas, on mesure les trois angles directement; si la somme des angles observés diffère de 180 degrés, on prend le tiers de la différence entre cette somme et 180 degrés : c'est l'erreur moyenne des trois observations. Si cette erreur moyenne est admissible, on corrige les angles observés comme il a été dit plus haut, puis on résout le triangle. Les trois côtés une fois connus, on relève tous les points que l'on veut connaître en les rattachant à l'un des côtés de ce triangle.

Nous allons traiter, en terminant, quelques questions qui se présentent fréquemment dans l'arpentage et dans le levé des plans. Dans toutes ces questions, les données sont une base qu'on peut mesurer avec la chaîne, et des angles pour la mesure desquels on peut employer un simple graphomètre.

Problèmes de Trigonométrie pratique.

99. Problème I. — *Trouver la hauteur d'une tour dont le pied est accessible et dont la base est sur un terrain à peu près horizontal.*

Soient (*fig.* 21) S le sommet de la tour et SA sa hauteur. On emploiera un graphomètre que l'on disposera en un lieu dont la distance à la tour ne soit ni trop grande ni trop petite par rapport à sa hauteur. On placera le *limbe* verticalement, de manière que son plan passe par le sommet de la tour et que son diamètre soit horizontal. On fera tourner l'*alidade* jusqu'à ce qu'on aperçoive, sur le milieu du fil de ses *pinnules* ou de sa lunette, le sommet S de la tour, et l'on évaluera l'arc *ab* du limbe compris entre le diamètre horizontal et l'alidade; ce sera l'angle C du triangle rectangle SCD. On prendra ensuite sur le terrain, à l'aide d'un fil à plomb, la projection B du

Fig. 21.

centre de l'instrument; à partir de ce point B on tracera un *alignement* dans la direction du diamètre Ca, et l'on mesurera avec la chaîne la distance horizontale BA comptée dans cette direction, depuis le point B jusqu'à la tour. Comme CD = BA, on connaîtra, dans le triangle rectangle SCD, le côté CD et l'angle aigu SCD; on pourra donc calculer SD, et en ajoutant AD ou BC, qui est la hauteur du graphomètre, on aura la hauteur cherchée.

100. Problème II. — *Trouver la hauteur d'une tour dont le pied est inaccessible, mais dont la base est sur un terrain à peu près horizontal.*

Soit (*fig.* 22) AS la hauteur de la tour du pied de laquelle on ne

Fig. 22.

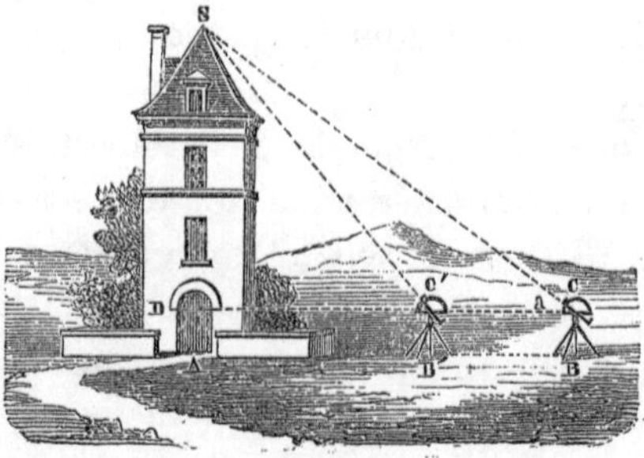

peut approcher. On placera le graphomètre en un certain lieu B et, comme dans le problème précédent, on disposera le limbe verticalement, de manière que son diamètre soit horizontal et que son plan passe par le sommet S. On dirigera l'alidade de l'instrument vers le sommet S, et l'on évaluera l'angle SCD. On tracera ensuite un alignement BB′ dans la direction du diamètre horizontal Ca et l'on transportera le graphomètre parallèlement à lui-même, de manière que son centre se trouve projeté en B′; alors on dirigera de nouveau l'alidade de l'instrument vers le point S, et l'on évaluera l'angle SC′D. Enfin on mesurera avec la chaîne la ligne BB′ = CC′.

Ces mesures prises, le triangle SCC′ donne

$$\frac{\mathrm{SC}}{\mathrm{BB}'} = \frac{\sin \mathrm{SC}'\mathrm{D}}{\sin(\mathrm{SC}'\mathrm{D} - \mathrm{SCD})}, \quad \text{d'où} \quad \mathrm{SC} = \frac{\mathrm{BB}' \sin \mathrm{SC}'\mathrm{D}}{\sin(\mathrm{SC}'\mathrm{D} - \mathrm{SCD})};$$

le triangle rectangle SCD donne aussi

$$\mathrm{SD} = \mathrm{SC} \sin \mathrm{SCD};$$

donc

$$\mathrm{SD} = \frac{\mathrm{BB}' \sin \mathrm{SCD} \sin \mathrm{SC}'\mathrm{D}}{\sin(\mathrm{SC}'\mathrm{D} - \mathrm{SCD})}.$$

On calculera SD par la formule

$$\log \mathrm{SD} = \log \mathrm{BB}' + \log \sin \mathrm{SCD} + \log \mathrm{SC}'\mathrm{D} - \log \sin(\mathrm{SC}'\mathrm{D} - \mathrm{SCD}),$$

et, en ajoutant ensuite au résultat la hauteur du graphomètre, on aura la hauteur demandée.

101. Problème III. — *Trouver la hauteur d'une montagne.*

Soit SH (*fig.* 23) la hauteur qu'il faut mesurer. On prendra deux stations A et B, dont l'une A soit à peu près dans le plan horizontal du pied de la hauteur SH, et telles qu'on puisse mesurer aisément avec la chaîne la distance effective des points A et B. On placera le graphomètre à la première station, de manière que le centre du limbe soit en un point C de la verticale du point A, et l'on plantera en B un jalon muni d'un signal D; on amènera le plan du limbe à passer par le point S et par le signal D; on mesurera alors l'angle SCD en dirigeant successivement l'alidade vers le point S et vers le signal D; puis, sans déplacer le pied de l'instrument, on placera le limbe

Fig. 23.

verticalement, de manière que son diamètre soit horizontal et que son plan passe toujours par le point S; on dirigera l'alidade vers le point S, et l'on évaluera l'angle SCK qu'elle forme avec le diamètre du limbe. Enfin on transportera l'instrument à la seconde station, de manière que son centre occupe le point D projeté en B, et l'on plantera au point A le jalon qui était en B, puis, en opérant comme précédemment, on mesurera l'angle SDC.

La base AB = CD ayant été mesurée avec la chaîne, comme il a été dit plus haut, on connaîtra le côté CD et les angles du triangle SCD : ce triangle donne

$$SC = \frac{AB \sin SDC}{\sin CSD};$$

puis le triangle rectangle CSK donne

$$SK = SC \sin SCK;$$

donc

$$SK = \frac{AB \sin SDC \sin SCK}{\sin CSD}$$

et

$$\log SK = \log AB + \log \sin SDC + \log \sin SCK - \log \sin CSD.$$

On calculera SK par cette formule, et, en ajoutant ensuite au résultat obtenu la hauteur AC = KH du graphomètre, on aura la hauteur cherchée.

102. Problème IV. — *Trouver la distance d'un point à un point inaccessible.*

Soient C (*fig.* 24) le point où l'observateur peut stationner, A le point inaccessible et AC la distance demandée.

Fig. 24.

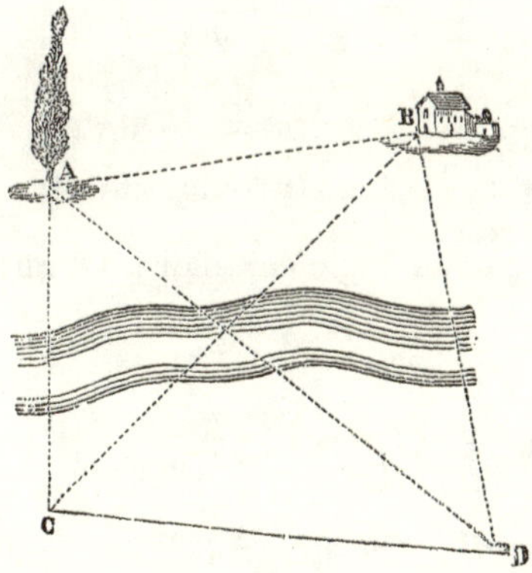

On mesurera, avec la chaîne, une base CD quelconque, à partir du point C; on mesurera ensuite avec le graphomètre les angles ACD et ADC, desquels on déduira la valeur de l'angle CAD; enfin on calculera le côté AC par la formule

$$AC = \frac{CD \sin ADC}{\sin CAD}.$$

103. Problème V. — *Trouver la distance de deux points inaccessibles.*

Soient A et B (*fig.* 24) les deux points inaccessibles dont on veut déterminer la distance.

On mesurera, avec la chaîne, une base CD sur la portion du terrain où l'on peut stationner; on mesurera ensuite avec le graphomètre les cinq angles BDC, ADC, ACD, BCD et ACB. Alors, dans les triangles ACD et BCD, où l'on connaîtra le côté CD et les angles, on pourra calculer les côtés AC et BC. Cela fait, on connaîtra, dans le triangle ACB, l'angle C et les deux côtés qui le comprennent; on pourra donc calculer le côté AB, et la question sera résolue.

Voici le moyen le plus simple de diriger le calcul. Nous désignerons, comme à l'ordinaire, par A, B, C les angles du triangle ABC, et par a, b, c les côtés respectivement opposés; nous ferons de plus $CD = d$. Les triangles BCD et ACD donnent respectivement

$$a = \frac{d \sin BDC}{\sin CBD}, \quad b = \frac{d \sin ADC}{\sin CAD},$$

d'où

$$\log a = \log d + \log \sin BDC - \log \sin CBD,$$
$$\log b = \log d + \log \sin ADC - \log \sin CAD.$$

Si maintenant φ désigne un angle auxiliaire, tel que

$$\tang \varphi = \frac{a}{b},$$

le triangle ABC donnera (87)

$$\tang \frac{1}{2}(A - B) = \tang(\varphi - 45^\circ) \cot \frac{1}{2} C.$$

L'angle φ se calculera d'abord par la formule

$$\log \tang \varphi = \log a - \log b,$$

ou

$$(1) \quad \left\{ \begin{aligned} \log \tang \varphi = {} & \log \sin BDC + \log \sin CAD \\ & - \log \sin CBD - \log \sin ADC, \end{aligned} \right.$$

puis on aura ensuite l'angle $\frac{1}{2}(A - B)$ par la formule

$$(2) \quad \log \tang \frac{1}{2}(A - B) = \log \tang(\varphi - 45^\circ) + \log \cot \frac{1}{2} C.$$

Connaissant $A - B$ et $A + B$, on pourra calculer l'angle A, et l'on aura enfin la distance cherchée au moyen de la formule

$$c = \frac{a \sin C}{\sin A},$$

d'où l'on déduit

$$(3) \quad \left\{ \begin{aligned} \log c = {} & \log d + \log \sin BDC - \log \sin CBD \\ & + \log \sin C - \log \sin A. \end{aligned} \right.$$

Remarque. — Il est nécessaire, comme nous l'avons dit, de mesurer directement l'angle ACB ; car cet angle n'est égal à la différence des angles ACD et BCD que dans le cas très-particulier où les quatre points A, B, C, D sont dans un même plan.

104. Problème VI. — *Par un point accessible sur un terrain uni, tracer une droite parallèle à une droite inaccessible.*

Soient (*fig.* 25) C le point accessible et AB la droite inaccessible ; on opérera comme dans le problème précédent, pour

Fig. 25.

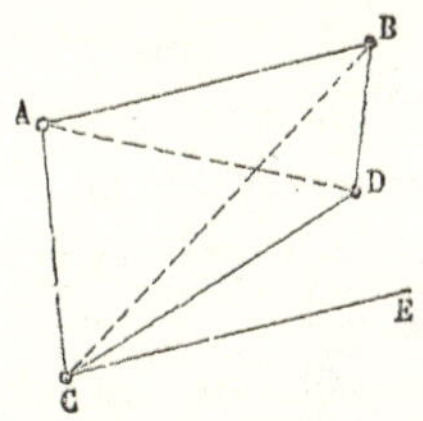

calculer l'angle CAB. Cet angle étant connu, on disposera un graphomètre en C, de manière que le diamètre du limbe soit dirigé vers CA, et l'on fera mouvoir l'alidade jusqu'à ce que l'arc du limbe, compté à partir du diamètre, soit égal au supplément de l'angle CAB ; enfin on tracera un alignement, avec des jalons, dans la direction de l'alidade, et l'on aura la ligne demandée CE.

105. Problème VII. — *Prolonger une ligne sur le terrain au delà d'un obstacle qui empêche de voir la direction de cette ligne.*

Soit (*fig.* 26) AB la droite dont il s'agit de tracer le prolongement au delà de l'obstacle O. On mesurera, avec la chaîne, la longueur AB ; on prendra ensuite une station E, qu'on puisse apercevoir des points A et B, et de laquelle on puisse voir le terrain où doit se trouver le prolongement de AB. Des points A et B on mesurera les angles A et B du triangle ABE, et l'on calculera le côté AE ; à partir du point E, on tracera un alignement EF dirigé vers la partie du terrain qui est au delà de l'obstacle O. On mesurera l'angle AEF, et, si C désigne le point de rencontre de l'alignement EF avec AB prolongée, on

Fig. 26.

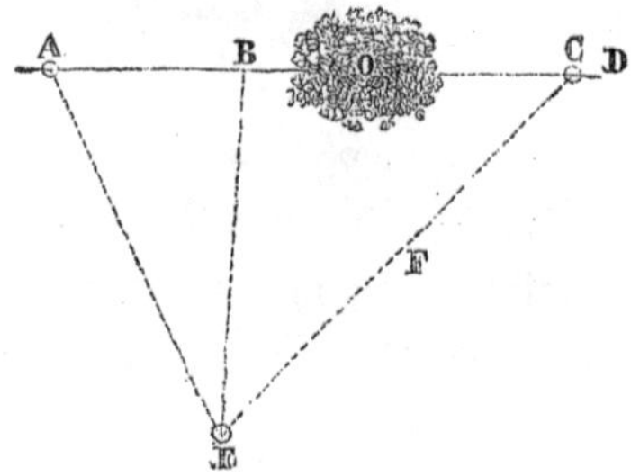

connaîtra, dans le triangle ACE, le côté AE et les angles : on pourra donc calculer EC et l'on aura ensuite, avec la chaîne, le point C sur le terrain ; puis, traçant un alignement CD qui fasse avec EC un angle égal au supplément de ACE, on aura le prolongement cherché.

Si la droite AB était inaccessible, on se servirait d'une base auxiliaire menée par le point E, pour mesurer les éléments du triangle ABE, comme dans le problème V.

106. Problème VIII. — *Trois points* A, B, C (*fig.* 27) *étant situés sur un terrain uni et rapportés sur une carte, déterminer sur cette carte le point* M, *d'où les distances* AB *et* BC *ont été vues sous des angles* α *et* β *que l'on a mesurés.*

Fig. 27.

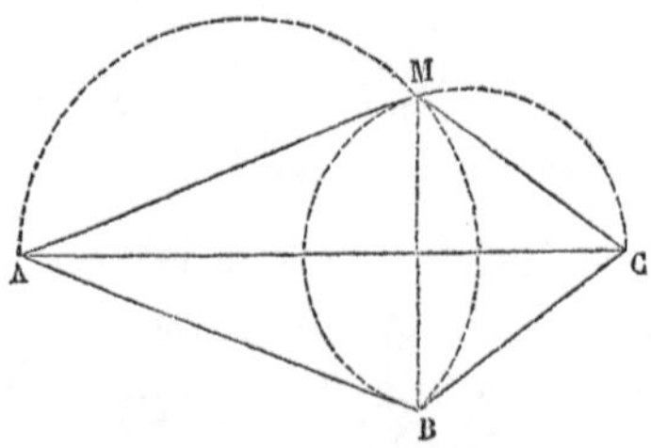

Le point M est à l'intersection des segments capables des angles α et β, construits sur AB et BC respectivement ; mais il s'agit ici de rattacher ce point par des éléments calculés aux points donnés A, B, C.

Soient $AB = a$, $BC = b$, et prenons pour inconnues les angles $MAB = x$ et $MCB = y$. Les triangles AMB et CMB donnent

$$BM = \frac{a \sin x}{\sin \alpha}, \quad BM = \frac{b \sin y}{\sin \beta},$$

d'où

$$\frac{a \sin x}{\sin \alpha} = \frac{b \sin y}{\sin \beta} \quad \text{et} \quad \frac{\sin x}{\sin y} = \frac{b \sin \alpha}{a \sin \beta}.$$

Soit φ un angle auxiliaire, tel que

$$\operatorname{tang} \varphi = \frac{b \sin \alpha}{a \sin \beta};$$

on aura

$$\frac{\sin x}{\sin y} = \operatorname{tang} \varphi,$$

d'où

$$\frac{\sin x - \sin y}{\sin x + \sin y} = \frac{\operatorname{tang} \varphi - 1}{\operatorname{tang} \varphi + 1},$$

ou (18)

$$\frac{\operatorname{tang} \frac{1}{2}(x - y)}{\operatorname{tang} \frac{1}{2}(x + y)} = \frac{\operatorname{tang} \varphi - \operatorname{tang} 45^\circ}{1 + \operatorname{tang} \varphi \operatorname{tang} 45^\circ} = \operatorname{tang}(\varphi - 45^\circ).$$

On a d'ailleurs, en désignant par ω l'angle ABC,

$$\frac{1}{2}(x + y) = 180^\circ - \frac{\alpha + \beta + \omega}{2};$$

donc

$$\operatorname{tang} \frac{1}{2}(x - y) = \operatorname{tang}(\varphi - 45^\circ) \operatorname{tang}\left(180^\circ - \frac{\alpha + \beta + \omega}{2}\right).$$

Au moyen de cette formule, on calculera l'angle $\frac{1}{2}(x - y)$ et, comme $\frac{1}{2}(x + y)$ est connu, on connaîtra aussi les angles x et y qui déterminent la position du point M.

Remarque. — Si l'un des facteurs de l'expression de $\operatorname{tang} \frac{1}{2}(x - y)$ est nul sans que l'autre soit infini, les angles x et y sont égaux entre eux. Mais si le second facteur est infini, le premier est nul et la valeur de $\operatorname{tang}\frac{1}{2}(x-y)$ se présente sous la forme $\frac{0}{0}$. On peut vérifier que, dans ce cas, le problème est effectivement indéterminé. En effet, pour que le facteur

$$\operatorname{tang}\left(180^\circ - \frac{\alpha+\beta+\omega}{2}\right)$$

soit infini, il faut que l'on ait

$$\alpha+\beta+\omega = 180^\circ,$$

ce qui est la condition pour que le quadrilatère ABCM soit inscriptible; par conséquent, dans le cas que nous considérons, les deux segments capables des angles α et β, dont l'intersection détermine le point M, coïncident. Alors le facteur $\operatorname{tang}(\varphi - 45^\circ)$ est nul; en effet, on a $\operatorname{tang}\varphi = \frac{b}{\sin\beta} : \frac{a}{\sin\alpha}$; mais $\frac{b}{\sin\beta}$ et $\frac{a}{\sin\alpha}$ sont les diamètres des cercles circonscrits aux triangles ABM et BCM (76), et, puisque ces deux cercles coïncident, on a $\operatorname{tang}\varphi = 1$; par suite $\varphi = 45^\circ$ et $\operatorname{tang}(\varphi - 45^\circ) = 0$.

QUESTIONS PROPOSÉES.

I. Quel doit être le rayon d'un cercle, pour que la différence entre un arc de 10 mètres et sa corde soit plus petite que 1 millimètre?

II. Résoudre un triangle, connaissant la base, la hauteur et la différence des angles à la base.

III. Résoudre un triangle, connaissant les trois hauteurs.

IV. Résoudre un triangle, connaissant les rayons des cercles exinscrits.

V. Calculer l'aire d'un trapèze dont on connaît les quatre côtés.

VI. Construire un triangle équilatéral dont les sommets reposent sur trois circonférences concentriques, ou sur trois droites parallèles situées ou non dans un même plan.

VII. Par un point O, pris sur le prolongement du diamètre AB d'un cercle ayant C pour centre, on mène une sécante OMM', et l'on demande de démontrer que le produit $\operatorname{tang}\frac{1}{2}\mathrm{MCO}.\operatorname{tang}\frac{1}{2}\mathrm{M'CO}$ est constant, quelle que soit la sécante menée par O.

VIII. Quatre droites OP, OA, OQ, OB, issues d'un même point, sont coupées par une sécante PAQB; démontrer que le rapport $\frac{PA}{PB} : \frac{QA}{QB}$ a une valeur constante.

IX. Quatre plans OP, OA, OQ, OB, menés par une même droite O, sont rencontrés par une sécante PAQB; démontrer que le rapport $\frac{PA}{PB} : \frac{QA}{QB}$ a une valeur constante.

X. Trouver les surfaces des polygones réguliers de n côtés, inscrit et circonscrit au cercle de rayon r en fonction de n et r. Déduire de là les relations connues entre les surfaces des polygones réguliers inscrit et circonscrit de n et de $2n$ côtés.

XI. Si le triangle ABC est rectangle en A (*voir* la figure du n° 68), et que l'on abaisse la perpendiculaire AD sur le côté BC, on a, comme on sait, $\frac{\overline{AB}^2}{\overline{AC}^2} = \frac{BD}{CD}$. On demande si cette relation peut subsister quand l'angle A n'est pas droit.

XII. Démontrer que, si les bissectrices de deux angles d'un triangle sont égales entre elles, ces deux angles sont eux-mêmes égaux.

CHAPITRE IV.

TRIGONOMÉTRIE SPHÉRIQUE.

Objet de la Trigonométrie sphérique.

107. La Trigonométrie sphérique a pour objet la résolution des triangles sphériques.

Les côtés des triangles sphériques sont généralement évalués, de même que les angles, en degrés, minutes et secondes; mais, quand on connaît le nombre des degrés contenus dans l'un des côtés, on trouve facilement, si l'on en a besoin (48) le rapport de ce côté au rayon de la sphère.

Nous ne considérerons que les triangles sphériques dont les côtés sont moindres que 180 degrés, en sorte que, si ABC est un triangle sphérique tracé sur une sphère dont le centre est O, en joignant ce point O aux trois sommets, on formera un angle trièdre dont les angles plans et les angles dièdres seront respectivement égaux aux côtés et aux angles du triangle sphérique.

Nous désignerons toujours par A, B, C les angles d'un triangle, et par a, b, c les côtés respectivement opposés.

Relations entre les angles et les côtés d'un triangle sphérique.

108. Relations entre les trois côtés et un angle. — Soit

Fig. 28.

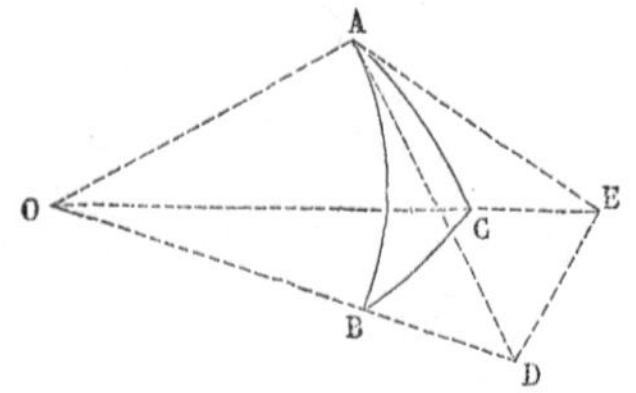

ABC (*fig.* 28) un triangle sphérique tracé sur une sphère

quelconque dont le centre est en O, et dont nous prendrons le rayon pour unité; nous supposerons que les côtés b et c soient moindres chacun que 90 degrés. Joignons le centre O aux trois sommets, et menons aux arcs AB, AC les tangentes AD, AE, qui rencontrent en D et E respectivement les rayons OB et OC prolongés. On a

$$AD = \tang c, \quad OD = \text{séc}\, c, \quad AE = \tang b, \quad OE = \text{séc}\, b,$$

et

$$DAE = A, \quad DOE = a.$$

Cela posé, les triangles rectilignes DAE et DOE donnent

$$\overline{DE}^2 = \overline{AD}^2 + \overline{AE}^2 - 2\,AD.AE \cos DAE,$$
$$\overline{DE}^2 = \overline{OD}^2 + \overline{OE}^2 - 2\,OD.OE \cos DOE;$$

en égalant entre elles ces deux valeurs de $\overline{DE}^2$, il vient

$$2.OD.OE \cos DOE = (\overline{OD}^2 - \overline{AD}^2) + (\overline{OE}^2 - \overline{AE}^2) + 2\,AD.AE \cos DAE,$$

ou

$$\text{séc}\, b\ \text{séc}\, c \cos a = 1 + \tang b \tang c \cos A,$$

ou enfin, en multipliant de part et d'autre par $\cos b \cos c$,

$$\cos a = \cos b \cos c + \sin b \sin c \cos A.$$

Telle est la relation qui existe entre l'angle A et les trois côtés.

109. Nous avons supposé les côtés b et c inférieurs à 90 degrés, mais la formule que nous avons obtenue est générale.

En effet, supposons d'abord $c > 90^\circ$, mais $b < 90^\circ$, et pro-

Fig. 29.

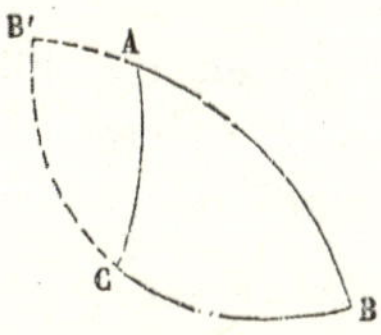

longeons les arcs de grand cercle AB et BC (*fig.* 29) jusqu'à leur rencontre en B'; si l'on fait $AB' = c'$, $CB' = a'$, le triangle AB'C donnera

$$\cos a' = \cos b \cos c' + \sin b \sin c' \cos B'AC,$$

car les côtés c' et b sont moindres que 90 degrés. Remplaçant a', c' et B'AC par leurs valeurs $180° - a$, $180° - c$, $180° - A$, et changeant les signes des deux membres, on a

$$\cos a = \cos b \cos c + \sin b \sin c \cos A,$$

ce qui est la formule obtenue au n° 108.

Supposons maintenant $b > 90°$, $c > 90°$, et prolongeons

Fig. 30.

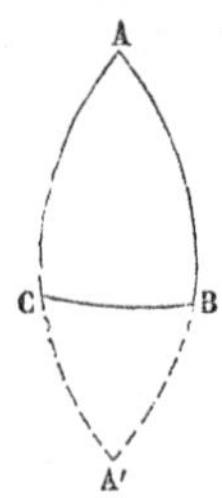

les côtés AB et AC (*fig.* 30) jusqu'à leur rencontre en A'; si l'on fait $A'C = b'$, $A'B = c'$, le triangle A'BC donnera

$$\cos a = \cos b' \cos c' + \sin b' \sin c' \cos A',$$

et, en remplaçant b', c' et A' par leurs valeurs $180° - b$, $180° - c$, A, on retrouve la formule

$$\cos a = \cos b \cos c + \sin b \sin c \cos A.$$

Enfin, comme celle-ci a lieu, quelque petits que soient les compléments de b et de c, à 90 degrés, on peut en conclure qu'elle subsiste encore à la limite, lorsque l'un des côtés b et c, ou tous deux, deviennent égaux à 90 degrés.

De la formule qu'on vient d'établir on déduit deux autres formules semblables par de simples changements de lettres. On a ainsi les trois équations

$$(1) \quad \begin{cases} \cos a = \cos b \cos c + \sin b \sin c \cos A, \\ \cos b = \cos a \cos c + \sin a \sin c \cos B, \\ \cos c = \cos a \cos b + \sin a \sin b \cos C, \end{cases}$$

qu'on doit regarder comme les formules fondamentales de la Trigonométrie sphérique. Il ne saurait exister, en effet, entre les éléments d'un triangle une relation distincte des précédentes; car, autrement, en éliminant les angles A, B, C à l'aide des formules (1), on obtiendrait une relation non identique entre les trois côtés, ce qui est absurde. Mais on peut des relations (1) déduire plusieurs autres formules qu'il est indispensable de connaître, et que nous allons établir.

110. Relations entre deux côtés et les angles opposés. — Pour avoir une relation entre les côtés a, b et les angles A, B, il suffit d'éliminer c entre les deux premières des équations (1); cette élimination se fait d'une manière très-simple, en introduisant dans les équations (1) les sinus des angles A, B, C à la place des cosinus.

La première des équations (1) donne

$$\cos A = \frac{\cos a - \cos b \cos c}{\sin b \sin c},$$

d'où

$$\sin^2 A = 1 - \cos^2 A = \frac{\sin^2 b \sin^2 c - (\cos a - \cos b \cos c)^2}{\sin^2 b \sin^2 c}$$

$$= \frac{(1 - \cos^2 b)(1 - \cos^2 c) - (\cos a - \cos b \cos c)^2}{\sin^2 b \sin^2 c}$$

$$= \frac{1 - \cos^2 a - \cos^2 b - \cos^2 c + 2\cos a \cos b \cos c}{\sin^2 b \sin^2 c},$$

et, par conséquent,

$$\frac{\sin^2 A}{\sin^2 a} = \frac{1 - \cos^2 a - \cos^2 b - \cos^2 c + 2\cos a \cos b \cos c}{\sin^2 a \sin^2 b \sin^2 c}.$$

Cette valeur de $\frac{\sin^2 A}{\sin^2 a}$ ne change pas quand on permute les lettres a, b, c; il en résulte que les équations (1) donneront la même valeur pour $\frac{\sin^2 B}{\sin^2 b}$ et pour $\frac{\sin^2 C}{\sin^2 c}$; par conséquent l'élimination que nous avons en vue se fait d'elle-même. Enfin, comme les angles et les côtés d'un triangle sont moindres que 180 degrés, leurs sinus sont positifs, et l'on a

$$\frac{\sin A}{\sin a} = \frac{\sin B}{\sin b} = \frac{\sin C}{\sin c}, \tag{2}$$

formule qui exprime que, *dans tout triangle sphérique, les sinus des angles sont proportionnels aux sinus des côtés opposés.*

111. Relations entre cinq éléments. — On obtient des relations très-utiles entre cinq éléments en prenant la valeur du cosinus par rapport auquel est résolue l'une quelconque des équations (1), et en substituant cette valeur dans les deux autres équations. Par exemple, si l'on porte, dans la première des formules (1), la valeur de $\cos c$ tirée de la troisième, il vient

$$\cos a = \cos a \cos^2 b + \sin a \sin b \cos b \cos C + \sin b \sin c \cos A;$$

faisant passer dans le premier membre le premier et le deuxième terme du second membre, remplaçant $1 - \cos^2 b$ par $\sin^2 b$ et divisant ensuite par $\sin b$, il vient

$$\cos a \sin b - \sin a \cos b \cos C = \sin c \cos A,$$

et l'on obtient cinq autres formules semblables par des permutations de lettres, de sorte qu'on a le système suivant :

$$(3)\quad \left\{\begin{aligned} \cos a \sin b - \sin a \cos b \cos C &= \sin c \cos A,\\ \cos b \sin a - \sin b \cos a \cos C &= \sin c \cos B,\\ \cos b \sin c - \sin b \cos c \cos A &= \sin a \cos B,\\ \cos c \sin b - \sin c \cos b \cos A &= \sin a \cos C,\\ \cos c \sin a - \sin c \cos a \cos B &= \sin b \cos C,\\ \cos a \sin c - \sin a \cos c \cos B &= \sin b \cos A. \end{aligned}\right.$$

Ces six relations sont homogènes par rapport à $\sin a$, $\sin b$, $\sin c$; on peut donc remplacer ces sinus par les sinus proportionnels $\sin A$, $\sin B$, $\sin C$, et l'on obtient ainsi les six nouvelles formules suivantes :

$$(4)\quad \left\{\begin{aligned} &\cos a \sin B - \cos b \cos C \sin A = \cos A \sin C\\ &\cos b \sin A - \cos a \cos C \sin B = \cos B \sin C,\\ &\cos b \sin C - \cos c \cos A \sin B = \cos B \sin A,\\ &\cos c \sin B - \cos b \cos A \sin C = \cos C \sin A,\\ &\cos c \sin A - \cos a \cos B \sin C = \cos C \sin B,\\ &\cos a \sin C - \cos c \cos B \sin A = \cos A \sin B.\end{aligned}\right.$$

112. Relations entre deux côtés, l'angle compris par ces côtés et l'angle opposé a l'un d'eux. — On obtiendra l'une des relations dont il s'agit en prenant deux des équations (1) et en éliminant entre elles le côté opposé à l'un des angles qui y figurent; mais, comme ces deux équations renferment à la fois le cosinus et le sinus du côté en question, on simplifie le calcul, en faisant usage des formules (2) qui permettent d'éliminer successivement le cosinus et le sinus.

La première partie de cette élimination a été effectuée au n° **111**, et, pour obtenir les relations cherchées, il ne reste plus qu'à éliminer le sinus qui figure dans le second membre de chacune des équations (3) au moyen de celle des formules (2) qui ne contient que les mêmes éléments. Par exemple, si l'on divise la première équation (3) par

$$\sin a = \frac{\sin c \sin A}{\sin C},$$

il vient

$$\cot a \sin b - \cos b \cos C = \cot A \sin C;$$

c'est l'une des équations cherchées, et l'on peut en déduire les cinq autres par des permutations de lettres. On a ainsi le système

$$(5)\quad \left\{\begin{aligned} &\cot a \sin b - \cot A \sin C = \cos b \cos C,\\ &\cot b \sin a - \cot B \sin C = \cos a \cos C,\\ &\cot b \sin c - \cot B \sin A = \cos c \cos A,\\ &\cot c \sin b - \cot C \sin A = \cos b \cos A,\\ &\cot c \sin a - \cot C \sin B = \cos a \cos B,\\ &\cot a \sin c - \cot A \sin B = \cos c \cos B.\end{aligned}\right.$$

113. Relations entre un côté et les trois angles. — On obtiendrait une relation entre a, A, B, C en éliminant b et c entre les formules fondamentales (1); mais on arrive beaucoup plus facilement au même résultat en faisant usage des formules (4). Ainsi, en éliminant $\cos b$ entre les deux premières équations (4), on trouve la formule

$$\cos A = -\cos B \cos C + \sin B \sin C \cos a;$$

on en déduit deux autres formules semblables par la permutation des lettres, et l'on a ce dernier système

$$(6) \quad \left\{ \begin{array}{l} \cos A = -\cos B \cos C + \sin B \sin C \cos a, \\ \cos B = -\cos A \cos C + \sin A \sin C \cos b, \\ \cos C = -\cos A \cos B + \sin A \sin B \cos c. \end{array} \right.$$

Remarque. — Les équations (1), (2), (5), (6) ne renferment chacune que quatre éléments; elles sont au nombre de quinze, nombre qui est celui des combinaisons de six lettres quatre à quatre.

Du triangle supplémentaire.

114. On sait qu'à chaque triangle sphérique correspond un second triangle qu'on nomme triangle *polaire* ou *supplémentaire*. Les sommets de l'un des deux triangles sont respectivement les pôles des côtés du second, et les angles de chacun d'eux sont les suppléments des côtés de l'autre.

La considération du triangle supplémentaire est souvent utile dans la Trigonométrie sphérique. Par exemple, les formules fondamentales (1) du n° 109 ayant été obtenues, si on les applique au triangle supplémentaire du triangle proposé, on obtiendra immédiatement les formules (6) du n° 113. Il suffira effectivement pour cela de remplacer, dans les premières formules, a, b, c, A, B, C respectivement par $180°-A$, $180°-B$, $180°-C$, $180°-a$, $180°-b$, $180°-c$.

Pareillement, on obtient les formules (4) du n° 111 en appliquant les formules (3) au triangle supplémentaire. Quant aux autres systèmes que nous avons obtenus, ils ne conduisent à aucune formule nouvelle.

Nous présenterons encore ici un exemple des avantages qu'on peut tirer de la considération du triangle supplémentaire.

Désignons par k le rapport constant qui existe entre le sinus d'un angle d'un triangle sphérique et le sinus du côté opposé. On a trouvé (110)

$$k^2 = \frac{1 - \cos^2 a - \cos^2 b - \cos^2 c + 2\cos a \cos b \cos c}{\sin^2 a \sin^2 b \sin^2 c},$$

relation que l'on peut écrire comme il suit :

$$\begin{aligned} 2\cos a \cos b \cos c = {} & (k^2 - 1)\sin^2 a \sin^2 b \sin^2 c \\ & + \cos^2 a (1 - \sin^2 b \sin^2 c) + \cos^2 b \cos^2 c ; \end{aligned}$$

tous les termes du second membre de cette formule sont positifs si l'on a

$$k > 1,$$

et il en résulte cette proposition :

THÉORÈME I. — *Si, dans un triangle sphérique, la valeur commune des rapports* $\frac{\sin A}{\sin a}$, $\frac{\sin B}{\sin b}$, $\frac{\sin C}{\sin c}$ *est supérieure ou égale à l'unité, les trois côtés sont inférieurs à* 90 *degrés, ou un seul côté est inférieur à* 90 *degrés.*

Appliquant ce théorème au triangle supplémentaire, on obtient le suivant :

THÉORÈME II. — *Si, dans un triangle sphérique, la valeur commune des rapports* $\frac{\sin A}{\sin a}$, $\frac{\sin B}{\sin b}$, $\frac{\sin C}{\sin c}$ *est inférieure ou égale à* 1, *les trois angles sont supérieurs à* 90 *degrés, ou un seul angle est supérieur à* 90 *degrés.*

Formules relatives aux triangles rectangles.

115. Lorsqu'un triangle sphérique n'a qu'un seul angle droit, le côté opposé s'appelle *hypoténuse*.

En faisant l'hypothèse A = 90 degrés dans celles des formules des nos 109, 110, 112 et 113 qui contiennent l'angle A, on obtient les suivantes, qui sont particulières aux triangles rectangles :

$$(1)\qquad \cos a = \cos b \cos c;$$

$$(2)\qquad \begin{cases} \sin b = \sin a \sin B, \\ \sin c = \sin a \sin C; \end{cases}$$

$$(3)\qquad \begin{cases} \tang b = \tang a \cos C, \\ \tang c = \tang a \cos B, \\ \tang b = \sin c \tang B, \\ \tang c = \sin b \tang C; \end{cases}$$

$$(4)\qquad \begin{cases} \cos a = \cot B \cot C, \\ \cos B = \cos b \sin C, \\ \cos C = \cos c \sin B. \end{cases}$$

Ces dix formules ne contiennent chacune que trois éléments; leur nombre est précisément celui des combinaisons de cinq lettres trois à trois.

L'équation (1) exprime que :

Dans un triangle sphérique rectangle, le cosinus de l'hypoténuse est égal au produit des cosinus des deux autres côtés.

Il en résulte que les cosinus des trois côtés sont positifs, ou que deux d'entre eux sont négatifs ; par conséquent,

Dans tout triangle sphérique rectangle, les trois côtés sont moindres que 90 degrés, ou bien un seul de ces côtés est moindre que 90 degrés.

Les équations (2) expriment que :

Dans tout triangle sphérique, le sinus de l'un des côtés de l'angle droit est égal au sinus de l'hypoténuse multiplié par le sinus de l'angle opposé.

Les deux premières équations (3) expriment que :

Dans tout triangle sphérique rectangle, la tangente de l'un des côtés de l'angle droit est égale à la tangente de l'hypoténuse multipliée par le cosinus de l'angle adjacent.

Les deux dernières équations (3) expriment que :

Dans tout triangle sphérique rectangle, la tangente de l'un des côtés de l'angle droit est égale au sinus de l'autre côté multiplié par la tangente de l'angle opposé au premier côté.

Il en résulte que la tangente d'un angle oblique est de même signe que la tangente du côté opposé; par conséquent, ce côté et cet angle sont tous deux plus grands ou tous deux plus petits que 90 degrés.

La première des équations (4) exprime que :

Dans tout triangle sphérique rectangle, le cosinus de l'hypoténuse est égal au produit des cotangentes des deux angles obliques.

Enfin les deux dernières équations (4) expriment que :

Dans tout triangle sphérique rectangle, le cosinus d'un angle oblique est égal au cosinus du côté opposé multiplié par le sinus du second angle oblique.

116. Les formules précédentes peuvent être transformées en d'autres formules qui sont utiles pour le calcul, et que nous allons établir.

La formule (1) donne $\cos c = \frac{\cos a}{\cos b}$; on a d'ailleurs

$$\operatorname{tang} \frac{1}{2} c = +\sqrt{\frac{1 - \cos c}{1 + \cos c}};$$

donc

$$\operatorname{tang} \frac{1}{2} c = +\sqrt{\frac{\cos b - \cos a}{\cos b + \cos a}} = +\sqrt{\operatorname{tang} \frac{1}{2}(a - b) \operatorname{tang} \frac{1}{2}(a + b)};$$

on peut donc à la formule (1) substituer l'une des deux suivantes :

$$(5) \quad \left\{ \begin{aligned} \operatorname{tang} \frac{1}{2} c &= +\sqrt{\operatorname{tang} \frac{1}{2}(a - b) \operatorname{tang} \frac{1}{2}(a + b)}, \\ \operatorname{tang} \frac{1}{2} b &= +\sqrt{\operatorname{tang} \frac{1}{2}(a - c) \operatorname{tang} \frac{1}{2}(a + c)}. \end{aligned} \right.$$

La première des formules (2) donne $\sin a = \frac{\sin b}{\sin B}$; on a d'ailleurs

$$\operatorname{tang}\left(45^\circ + \frac{1}{2}a\right) = \pm\sqrt{\frac{1+\sin a}{1-\sin a}};$$

donc

$$\operatorname{tang}\left(45^\circ + \frac{1}{2}a\right) = \pm\sqrt{\frac{\sin B + \sin b}{\sin B - \sin b}} = \pm\sqrt{\frac{\operatorname{tang}\frac{1}{2}(B+b)}{\operatorname{tang}\frac{1}{2}(B-b)}};$$

on peut donc aux formules (2) substituer la double formule

$$(6)\quad \operatorname{tang}\left(45^\circ + \frac{1}{2}a\right) = \pm\sqrt{\frac{\operatorname{tang}\frac{1}{2}(B+b)}{\operatorname{tang}\frac{1}{2}(B-b)}} = \pm\sqrt{\frac{\operatorname{tang}\frac{1}{2}(C+c)}{\operatorname{tang}\frac{1}{2}(C-c)}}.$$

Et, comme les formules (2) restent les mêmes, l'une quand on permute les lettres a et B, l'autre quand on permute les lettres a et C, on a aussi

$$(7)\quad \left\{\begin{aligned} &\operatorname{tang}\left(45^\circ + \frac{1}{2}B\right) = \pm\sqrt{\frac{\operatorname{tang}\frac{1}{2}(a+b)}{\operatorname{tang}\frac{1}{2}(a-b)}},\\ &\operatorname{tang}\left(45^\circ + \frac{1}{2}C\right) = \pm\sqrt{\frac{\operatorname{tang}\frac{1}{2}(a+c)}{\operatorname{tang}\frac{1}{2}(a-c)}}.\end{aligned}\right.$$

La première des formules (3) donne $\cos C = \frac{\operatorname{tang} b}{\operatorname{tang} a}$; on a d'ailleurs

$$\operatorname{tang}\frac{1}{2}C = +\sqrt{\frac{1-\cos C}{1+\cos C}};$$

donc

$$\operatorname{tang}\frac{1}{2}C = +\sqrt{\frac{\operatorname{tang} a - \operatorname{tang} b}{\operatorname{tang} a + \operatorname{tang} b}} = +\sqrt{\frac{\sin(a-b)}{\sin(a+b)}};$$

on peut ainsi, aux deux premières formules (3), substituer les deux suivantes :

$$(8)\quad \left\{\begin{aligned} &\operatorname{tang}\frac{1}{2}C = +\sqrt{\frac{\sin(a-b)}{\sin(a+b)}},\\ &\operatorname{tang}\frac{1}{2}B = +\sqrt{\frac{\sin(a-c)}{\sin(a+c)}}.\end{aligned}\right.$$

La troisième des formules (3) donne $\sin c = \frac{\operatorname{tang} b}{\operatorname{tang} B}$; on a d'ailleurs

$$\operatorname{tang}\left(45^\circ + \frac{1}{2}c\right) = \pm\sqrt{\frac{1+\sin c}{1-\sin c}};$$

donc

$$\operatorname{tang}\left(45^\circ + \frac{1}{2}c\right) = \pm\sqrt{\frac{\operatorname{tang} B + \operatorname{tang} b}{\operatorname{tang} B - \operatorname{tang} b}} = \pm\sqrt{\frac{\sin(B+b)}{\sin(B-b)}};$$

on peut donc, aux deux dernières des formules (3), substituer les deux suivantes :

$$(9)\quad \begin{cases} \operatorname{tang}\left(45^\circ + \frac{1}{2}c\right) = \pm\sqrt{\frac{\sin(B+b)}{\sin(B-b)}}, \\ \operatorname{tang}\left(45^\circ + \frac{1}{2}b\right) = \pm\sqrt{\frac{\sin(C+c)}{\sin(C-c)}}. \end{cases}$$

La première formule (4) se transforme dans la suivante :

$$\operatorname{tang}\frac{1}{2}a = +\sqrt{\frac{1-\cos a}{1+\cos a}} = +\sqrt{\frac{\sin B\sin C - \cos B\cos C}{\sin B\sin C + \cos B\cos C}},$$

ou

$$(10)\quad \operatorname{tang}\frac{1}{2}a = +\sqrt{\frac{\cos(180^\circ - B - C)}{\cos(B-C)}}.$$

Enfin les deux dernières formules (4) donnent

$$\cos b = \frac{\cos B}{\cos(90^\circ - C)},\quad \cos c = \frac{\cos C}{\cos(90^\circ - B)},$$

d'où

$$(11)\quad \begin{cases} \operatorname{tang}\frac{1}{2}b = +\sqrt{\operatorname{tang}\left(-45^\circ + \frac{B+C}{2}\right)\operatorname{tang}\left(45^\circ + \frac{B-C}{2}\right)}, \\ \operatorname{tang}\frac{1}{2}c = +\sqrt{\operatorname{tang}\left(-45^\circ + \frac{B+C}{2}\right)\operatorname{tang}\left(45^\circ - \frac{B-C}{2}\right)}. \end{cases}$$

Et, comme les deux dernières formules (4) ne changent pas quand on remplace chacun des éléments b et C ou c et B par le complément de l'autre, on a aussi

$$(12)\quad \begin{cases} \operatorname{tang}\left(45^\circ + \frac{1}{2}C\right) = \pm\sqrt{\cot\frac{1}{2}(B+b)\cot\frac{1}{2}(B-b)}, \\ \operatorname{tang}\left(45^\circ + \frac{1}{2}B\right) = \pm\sqrt{\cot\frac{1}{2}(C+c)\cot\frac{1}{2}(C-c)}. \end{cases}$$

Formules relatives aux triangles rectilatères.

117. Un triangle sphérique est dit *rectilatère* lorsque l'un de ses côtés est égal à 90 degrés. Le triangle supplémentaire d'un pareil triangle est évidemment rectangle, et par conséquent les formules relatives aux triangles rectilatères peuvent se déduire de celles qui se rapportent aux triangles rectangles; mais ces formules s'obtiennent non moins facilement en faisant $a = 90$ degrés dans celles des formules générales qui contiennent le côté a. On trouve, en suivant l'une ou l'autre marche, les dix formules :

$$(1) \qquad \cos A = -\cos B \cos C;$$

$$(2) \qquad \left\{ \begin{array}{l} \sin B = \sin A \sin b, \\ \sin C = \sin A \sin c; \end{array} \right.$$

$$(3) \qquad \left\{ \begin{array}{l} \operatorname{tang} B = -\operatorname{tang} A \cos c, \\ \operatorname{tang} C = -\operatorname{tang} A \cos b, \\ \operatorname{tang} B = \sin C \operatorname{tang} b, \\ \operatorname{tang} C = \sin B \operatorname{tang} c; \end{array} \right.$$

$$(4) \qquad \left\{ \begin{array}{l} \cos A = -\cot b \cot c, \\ \cos b = \cos B \sin c, \\ \cos c = \cos C \sin b. \end{array} \right.$$

On peut faire subir à ces formules des transformations analogues à celles que nous avons exécutées au n° **116**, à l'occasion des triangles rectangles; nous reviendrons sur ces transformations en traitant de la résolution des triangles rectilatères.

Usage des angles auxiliaires dans la Trigonométrie sphérique.

118. Les formules générales des n^{os} **110**, **112** et **113** ne sont pas calculables par logarithmes; mais on peut les rendre telles en faisant usage d'un angle auxiliaire. Effectivement chacune de ces formules est de la forme

$$(1) \qquad P = M\cos\alpha + N\sin\alpha,$$

α étant un des six éléments, et M, N, P désignant des fonctions *monômes* des lignes trigonométriques de trois éléments autres que α. Si l'on désigne par φ un angle auxiliaire tel que

$$(2) \qquad \tang\varphi = \frac{N}{M},$$

et si l'on remplace N par $M\tang\varphi$ dans la formule (1), celle-ci deviendra

$$(3) \qquad P\cos\varphi = M\cos(\alpha - \varphi).$$

Il résulte de là qu'en introduisant le nouvel élément φ la formule (1) peut être remplacée par le système des formules (2) et (3), qui sont l'une et l'autre calculables par logarithmes.

On verra plus loin que l'introduction de cet angle auxiliaire φ équivaut à la décomposition du triangle proposé en deux triangles rectangles ou en deux triangles rectilatères, par le moyen d'un arc de grand cercle mené d'un sommet au côté opposé.

Formules générales calculables par logarithmes.

119. En transformant et en combinant entre elles les formules générales des n°s 109 et suivants, on obtient des formules nouvelles calculables par logarithmes, et qui sont d'un grand usage dans la solution des problèmes de la Trigonométrie sphérique. Nous allons nous occuper ici de cette transformation.

La formule fondamentale

$$\cos a = \cos b\cos c + \sin b\sin c\cos A$$

donne

$$\cos A = \frac{\cos a - \cos b\cos c}{\sin b\sin c};$$

en portant cette valeur de cos A dans les formules

$$\sin\frac{1}{2}A = \sqrt{\frac{1-\cos A}{2}}, \quad \cos\frac{1}{2}A = \sqrt{\frac{1+\cos A}{2}},$$

il vient

$$\sin\frac{1}{2}A = \sqrt{\frac{\sin b \sin c + \cos b \cos c - \cos a}{2\sin b \sin c}} = \sqrt{\frac{\cos(b-c) - \cos a}{2\sin b \sin c}}$$

$$= \sqrt{\frac{\sin\frac{a-b+c}{2}\sin\frac{a+b-c}{2}}{\sin b \sin c}},$$

$$\cos\frac{1}{2}A = \sqrt{\frac{\cos a - \cos b \cos c + \sin b \sin c}{2\sin b \sin c}} = \sqrt{\frac{\cos a - \cos(b+c)}{2\sin b \sin c}}$$

$$= \sqrt{\frac{\sin\frac{a+b+c}{2}\sin\frac{-a+b+c}{2}}{\sin b \sin c}}.$$

Par de simples changements de lettres, on obtiendra des expressions analogues pour les sinus et pour les cosinus des angles $\frac{1}{2}B$ et $\frac{1}{2}C$. En sorte que, si, pour abréger, on désigne par $2p$ le périmètre $a+b+c$, on aura

$$(1)\quad \begin{cases} \sin\frac{1}{2}A = \sqrt{\frac{\sin(p-b)\sin(p-c)}{\sin b \sin c}}, \\ \sin\frac{1}{2}B = \sqrt{\frac{\sin(p-a)\sin(p-c)}{\sin a \sin c}}, \\ \sin\frac{1}{2}C = \sqrt{\frac{\sin(p-a)\sin(p-b)}{\sin a \sin b}}; \end{cases}$$

et

$$(2)\quad \begin{cases} \cos\frac{1}{2}A = \sqrt{\frac{\sin p \sin(p-a)}{\sin b \sin c}}, \\ \cos\frac{1}{2}B = \sqrt{\frac{\sin p \sin(p-b)}{\sin a \sin c}}, \\ \cos\frac{1}{2}C = \sqrt{\frac{\sin p \sin(p-c)}{\sin a \sin b}}. \end{cases}$$

Enfin, en divisant respectivement les formules (1) par les formules (2), il vient

$$(3)\quad \left\{\begin{aligned} \operatorname{tang}\frac{1}{2}A &= \sqrt{\frac{\sin(p-b)\sin(p-c)}{\sin p\sin(p-a)}},\\ \operatorname{tang}\frac{1}{2}B &= \sqrt{\frac{\sin(p-a)\sin(p-c)}{\sin p\sin(p-b)}},\\ \operatorname{tang}\frac{1}{2}C &= \sqrt{\frac{\sin(p-a)\sin(p-b)}{\sin p\sin(p-c)}}.\end{aligned}\right.$$

Dans toutes ces formules, le radical doit être pris positivement, parce que les lignes trigonométriques des angles aigus $\frac{1}{2}A$, $\frac{1}{2}B$, $\frac{1}{2}C$ sont positives.

120. Désignons par ε l'*excès sphérique* du triangle ABC, c'est-à-dire l'angle $A+B+C-180^\circ$; les angles du triangle supplémentaire de ABC seront $180^\circ-a$, $180^\circ-b$, $180^\circ-c$, tandis que les côtés du même triangle seront $180^\circ-A$, $180^\circ-B$, $180^\circ-C$; la demi-somme de ces trois côtés sera $180^\circ-\frac{1}{2}\varepsilon$. Il résulte de là que, si l'on veut appliquer les formules (1), (2), (3) au triangle supplémentaire de ABC, il suffira de remplacer A, B, C, a, b, c et p par les suppléments de a, b, c, A, B, C et $\frac{1}{2}\varepsilon$. On obtient ainsi les neuf formules suivantes :

$$(4)\quad \left\{\begin{aligned} \sin\frac{1}{2}a &= \sqrt{\frac{\sin\frac{1}{2}\varepsilon\sin(A-\frac{1}{2}\varepsilon)}{\sin B\sin C}},\\ \sin\frac{1}{2}b &= \sqrt{\frac{\sin\frac{1}{2}\varepsilon\sin(B-\frac{1}{2}\varepsilon)}{\sin A\sin C}},\\ \sin\frac{1}{2}c &= \sqrt{\frac{\sin\frac{1}{2}\varepsilon\sin(C-\frac{1}{2}\varepsilon)}{\sin A\sin B}};\end{aligned}\right.$$

$$(5)\quad \left\{\begin{aligned} \cos\frac{1}{2}a &= \sqrt{\frac{\sin(B-\frac{1}{2}\varepsilon)\sin(C-\frac{1}{2}\varepsilon)}{\sin B\sin C}},\\ \cos\frac{1}{2}b &= \sqrt{\frac{\sin(A-\frac{1}{2}\varepsilon)\sin(C-\frac{1}{2}\varepsilon)}{\sin A\sin C}},\\ \cos\frac{1}{2}c &= \sqrt{\frac{\sin(A-\frac{1}{2}\varepsilon)\sin(B-\frac{1}{2}\varepsilon)}{\sin A\sin B}};\end{aligned}\right.$$

et

$$(6)\quad\begin{cases}\tang\frac{1}{2}a=\sqrt{\dfrac{\sin\frac{1}{2}\varepsilon\sin(A-\frac{1}{2}\varepsilon)}{\sin(B-\frac{1}{2}\varepsilon)\sin(C-\frac{1}{2}\varepsilon)}},\\ \tang\frac{1}{2}b=\sqrt{\dfrac{\sin\frac{1}{2}\varepsilon\sin(B-\frac{1}{2}\varepsilon)}{\sin(A-\frac{1}{2}\varepsilon)\sin(C-\frac{1}{2}\varepsilon)}},\\ \tang\frac{1}{2}c=\sqrt{\dfrac{\sin\frac{1}{2}\varepsilon\sin(C-\frac{1}{2}\varepsilon)}{\sin(A-\frac{1}{2}\varepsilon)\sin(B-\frac{1}{2}\varepsilon)}}.\end{cases}$$

121. Formules de Delambre. — Des formules (1) et (2) on tire

$$\sin\frac{1}{2}A\cos\frac{1}{2}B=\frac{\sin(p-b)}{\sin c}\sqrt{\frac{\sin p\sin(p-c)}{\sin a\sin b}}=\frac{\sin(p-b)}{\sin c}\cos\frac{1}{2}C,$$

$$\cos\frac{1}{2}A\sin\frac{1}{2}B=\frac{\sin(p-a)}{\sin c}\sqrt{\frac{\sin p\sin(p-c)}{\sin a\sin b}}=\frac{\sin(p-a)}{\sin c}\cos\frac{1}{2}C,$$

$$\cos\frac{1}{2}A\cos\frac{1}{2}B=\frac{\sin p}{\sin c}\sqrt{\frac{\sin(p-a)\sin(p-b)}{\sin a\sin b}}=\frac{\sin p}{\sin c}\sin\frac{1}{2}C,$$

$$\sin\frac{1}{2}A\sin\frac{1}{2}B=\frac{\sin(p-c)}{\sin c}\sqrt{\frac{\sin(p-a)\sin(p-b)}{\sin a\sin b}}=\frac{\sin(p-c)}{\sin c}\sin\frac{1}{2}C;$$

on déduit de là

$$\frac{\sin\frac{1}{2}A\cos\frac{1}{2}B\pm\cos\frac{1}{2}A\sin\frac{1}{2}B}{\cos\frac{1}{2}C}=\frac{\sin(p-b)\pm\sin(p-a)}{\sin c},$$

$$\frac{\cos\frac{1}{2}A\cos\frac{1}{2}B\mp\sin\frac{1}{2}A\sin\frac{1}{2}B}{\sin\frac{1}{2}C}=\frac{\sin p\mp\sin(p-c)}{\sin c};$$

or, on a d'ailleurs

$$\sin(p-b)+\sin(p-a)=2\sin\frac{1}{2}c\cos\frac{1}{2}(a-b),$$

$$\sin(p-b)-\sin(p-a)=2\cos\frac{1}{2}c\sin\frac{1}{2}(a-b),$$

$$\sin p+\sin(p-c)=2\cos\frac{1}{2}c\sin\frac{1}{2}(a+b),$$

$$\sin p-\sin(p-c)=2\sin\frac{1}{2}c\cos\frac{1}{2}(a+b),$$

$$\sin c=2\sin\frac{1}{2}c\cos\frac{1}{2}c,$$

et, par conséquent,

$$(7)\quad \left\{\begin{aligned} \frac{\sin\frac{1}{2}(A+B)}{\cos\frac{1}{2}C} &= \frac{\cos\frac{1}{2}(a-b)}{\cos\frac{1}{2}c},\\ \frac{\sin\frac{1}{2}(A-B)}{\cos\frac{1}{2}C} &= \frac{\sin\frac{1}{2}(a-b)}{\sin\frac{1}{2}c},\\ \frac{\cos\frac{1}{2}(A+B)}{\sin\frac{1}{2}C} &= \frac{\cos\frac{1}{2}(a+b)}{\cos\frac{1}{2}c},\\ \frac{\cos\frac{1}{2}(A-B)}{\sin\frac{1}{2}C} &= \frac{\sin\frac{1}{2}(a+b)}{\sin\frac{1}{2}c}. \end{aligned}\right.$$

Ces formules renferment les six éléments du triangle : elles ont été découvertes par Delambre, qui les a fait connaître en 1807, dans la *Connaissance des Temps* pour 1809 (p. 443). Gauss, à qui elles sont quelquefois attribuées, ne les a données que deux ans plus tard, dans l'ouvrage intitulé : *Theoria motus corporum cœlestium in sectionibus conicis Solem ambientium*.

122. Formules de Néper. — Si l'on divise la première des équations (7) par la troisième, la deuxième par la quatrième, puis la quatrième par la troisième et la deuxième par la première, on obtient les quatre suivantes :

$$(8)\quad \left\{\begin{aligned} \operatorname{tang}\frac{1}{2}(A+B) &= \cot\frac{1}{2}C\,\frac{\cos\frac{1}{2}(a-b)}{\cos\frac{1}{2}(a+b)},\\ \operatorname{tang}\frac{1}{2}(A-B) &= \cot\frac{1}{2}C\,\frac{\sin\frac{1}{2}(a-b)}{\sin\frac{1}{2}(a+b)},\\ \operatorname{tang}\frac{1}{2}(a+b) &= \operatorname{tang}\frac{1}{2}c\,\frac{\cos\frac{1}{2}(A-B)}{\cos\frac{1}{2}(A+B)},\\ \operatorname{tang}\frac{1}{2}(a-b) &= \operatorname{tang}\frac{1}{2}c\,\frac{\sin\frac{1}{2}(A-B)}{\sin\frac{1}{2}(A+B)}. \end{aligned}\right.$$

Ces équations (8) sont connues sous le nom de *formules de Néper ;* chacune d'elles exprime une relation entre cinq éléments d'un triangle sphérique.

123. Des formules (7) on tire

$$\frac{\cos\frac{1}{2}c - \cos\frac{1}{2}C}{\cos\frac{1}{2}c + \cos\frac{1}{2}C} = \frac{\cos\frac{1}{2}(a-b) - \sin\frac{1}{2}(A+B)}{\cos\frac{1}{2}(a-b) + \sin\frac{1}{2}(A+B)},$$

$$\frac{\sin\frac{1}{2}C - \sin\frac{1}{2}c}{\sin\frac{1}{2}C + \sin\frac{1}{2}c} = \frac{\cos\frac{1}{2}(A-B) - \sin\frac{1}{2}(a+b)}{\cos\frac{1}{2}(A-B) + \sin\frac{1}{2}(a+b)},$$

$$\frac{\cos\frac{1}{2}C - \sin\frac{1}{2}c}{\cos\frac{1}{2}C + \sin\frac{1}{2}c} = \frac{\sin\frac{1}{2}(A-B) - \sin\frac{1}{2}(a-b)}{\sin\frac{1}{2}(A-B) + \sin\frac{1}{2}(a-b)},$$

$$\frac{-\sin\frac{1}{2}C + \cos\frac{1}{2}c}{\sin\frac{1}{2}C + \cos\frac{1}{2}c} = \frac{-\cos\frac{1}{2}(A+B) + \cos\frac{1}{2}(a+b)}{\cos\frac{1}{2}(A+B) + \cos\frac{1}{2}(a+b)}.$$

Si l'on fait, pour abréger,

$$A + B = S + 180^\circ, \quad A - B = D,$$
$$a + b = s + 180^\circ, \quad a - b \pm d,$$

et qu'on transforme les formules précédentes par le procédé du n° 18, il viendra

$$(9) \quad \begin{cases} \operatorname{tang}\dfrac{C-c}{4}\operatorname{tang}\dfrac{C+c}{4} = \operatorname{tang}\dfrac{S+d}{4}\operatorname{tang}\dfrac{S-d}{4}, \\ \operatorname{tang}\dfrac{C-c}{4}\cot\dfrac{C+c}{4} = \operatorname{tang}\dfrac{s+D}{4}\operatorname{tang}\dfrac{s-D}{4}, \end{cases}$$

et

$$(10) \quad \begin{cases} \operatorname{tang}\left(45^\circ + \dfrac{C-c}{4}\right)\cot\left(45^\circ + \dfrac{C+c}{4}\right) = \operatorname{tang}\dfrac{D-d}{4}\cot\dfrac{D+d}{4}, \\ \operatorname{tang}\left(45^\circ + \dfrac{C-c}{4}\right)\operatorname{tang}\left(45^\circ + \dfrac{C+c}{4}\right) = -\cot\dfrac{S-s}{4}\operatorname{tang}\dfrac{S+s}{4}; \end{cases}$$

de ces formules (9) et (10) on tire

$$(11) \quad \begin{cases} \operatorname{tang}\dfrac{C-c}{4} = \pm\sqrt{\operatorname{tang}\dfrac{S+d}{4}\operatorname{tang}\dfrac{S-d}{4}\operatorname{tang}\dfrac{s+D}{4}\operatorname{tang}\dfrac{s-D}{4}}, \\ \operatorname{tang}\dfrac{C+c}{4} = +\sqrt{\operatorname{tang}\dfrac{S+d}{4}\operatorname{tang}\dfrac{S-d}{4}\cot\dfrac{s+D}{4}\cot\dfrac{s-D}{4}}, \end{cases}$$

et

$$(12) \quad \begin{cases} \operatorname{tang}\left(45^\circ + \dfrac{C-c}{4}\right) = +\sqrt{-\operatorname{tang}\dfrac{D-d}{4}\cot\dfrac{D+d}{4}\cot\dfrac{S-s}{4}\operatorname{tang}\dfrac{S+s}{4}}, \\ \operatorname{tang}\left(45^\circ + \dfrac{C+c}{4}\right) = \pm\sqrt{-\cot\dfrac{D-d}{4}\operatorname{tang}\dfrac{D+d}{4}\cot\dfrac{S-s}{4}\operatorname{tang}\dfrac{S+s}{4}}, \end{cases}$$

Dans la seconde formule (11) et dans la première (12) le radical doit être pris avec le signe +, parce que les arcs $\frac{C+c}{4}$ et $45^\circ + \frac{C-c}{4}$ sont compris entre 0 et 90 degrés, et qu'ainsi leurs tangentes sont positives. Dans les deux autres formules le signe du radical se détermine facilement; en effet, $\operatorname{tang}\frac{C-c}{4}$ a le même signe que les seconds membres des formules (9); pareillement, $\operatorname{tang}\left(45^\circ + \frac{C+c}{4}\right)$ a le même signe que les seconds membres des formules (10).

Expressions diverses de l'excès sphérique. Formules nouvelles.

124. L'excès sphérique qui mesure, comme on sait, la surface du triangle, est un élément d'une grande importance dans les applications de la Trigonométrie à la Géodésie. Nous allons faire connaître ici diverses formules nouvelles où figure cet élément, et qui pourront servir à le calculer dans les différents cas que l'on peut avoir à considérer.

Si l'on multiplie entre elles les deux premières équations du système (4) du nº **120**, ainsi que les deux premières du système (5), puis que l'on divise les équations résultantes par la troisième équation (5), il viendra

$$(1)\quad \left\{\begin{aligned} \frac{\sin\frac{1}{2}a\sin\frac{1}{2}b}{\cos\frac{1}{2}c} &= \frac{\sin\frac{1}{2}\varepsilon}{\sin C},\\ \frac{\cos\frac{1}{2}a\cos\frac{1}{2}b}{\cos\frac{1}{2}c} &= \frac{\sin(C-\frac{1}{2}\varepsilon)}{\sin C};\end{aligned}\right.$$

ajoutant ces deux équations après les avoir multipliées respectivement d'abord par $\cos C$ et 1, puis par 1 et $\cos C$, il vient

$$(2)\quad \left\{\begin{aligned} \frac{\cos\frac{1}{2}a\cos\frac{1}{2}b+\sin\frac{1}{2}a\sin\frac{1}{2}b\cos C}{\cos\frac{1}{2}c} &= \cos\frac{1}{2}\varepsilon,\\ \frac{\sin\frac{1}{2}a\sin\frac{1}{2}b+\cos\frac{1}{2}a\cos\frac{1}{2}b\cos C}{\cos\frac{1}{2}c} &= \cos\left(C-\frac{1}{2}\varepsilon\right),\end{aligned}\right.$$

et, si l'on divise respectivement la première et la deuxième formule (1) par la première et la deuxième formule (2), on aura

$$(3)\qquad \left\{\begin{aligned} \operatorname{tang}\frac{1}{2}\varepsilon &= \frac{\operatorname{tang}\frac{1}{2}a\operatorname{tang}\frac{1}{2}b\sin C}{1+\operatorname{tang}\frac{1}{2}a\operatorname{tang}\frac{1}{2}b\cos C},\\ \operatorname{tang}\left(C-\frac{1}{2}\varepsilon\right) &= \frac{\cot\frac{1}{2}a\cot\frac{1}{2}b\sin C}{1+\cot\frac{1}{2}a\cot\frac{1}{2}b\cos C}.\end{aligned}\right.$$

La première des formules (3) donne l'excès sphérique en fonction de deux côtés et de l'angle compris ; la première formule de l'un des systèmes (1) et (2) fournit aussi une expression de l'excès sphérique ; mais cette expression dépend de quatre éléments. Il faut remarquer que les deux formules (3) ne sont autre chose que des transformées de la première des formules de Néper, savoir

$$\operatorname{tang}\frac{1}{2}(A+B) = \cot\frac{1}{2}C\frac{\cos\frac{1}{2}(a-b)}{\cos\frac{1}{2}(a+b)};$$

si, en effet, on remplace $\frac{1}{2}(A+B)$ par $90^\circ-\frac{1}{2}(C-\varepsilon)$, il vient

$$(4)\qquad \operatorname{tang}\frac{1}{2}(C-\varepsilon) = \operatorname{tang}\frac{1}{2}C\frac{\cos\frac{1}{2}(a+b)}{\cos\frac{1}{2}(a-b)},$$

formule de laquelle on déduit sans difficulté les deux formules (3).

On peut éliminer l'angle C des formules (1) et (2) au moyen des équations

$$\sin C = 2\sin\frac{1}{2}C\cos\frac{1}{2}C = \frac{2\sqrt{\sin p\sin(p-a)\sin(p-b)\sin(p-c)}}{\sin a\sin b},$$

$$\cos C = \frac{\cos c-\cos a\cos b}{\sin a\sin b};$$

on obtient ainsi

$$(5)\qquad \left\{\begin{aligned} \sin\frac{1}{2}\varepsilon &= \frac{\sqrt{\sin p\sin(p-a)\sin(p-b)\sin(p-c)}}{2\cos\frac{1}{2}a\cos\frac{1}{2}b\cos\frac{1}{2}c},\\ \sin\left(C-\frac{1}{2}\varepsilon\right) &= \frac{\sqrt{\sin p\sin(p-a)\sin(p-b)\sin(p-c)}}{2\sin\frac{1}{2}a\sin\frac{1}{2}b\cos\frac{1}{2}c},\end{aligned}\right.$$

et

$$(6)\quad \left\{\begin{aligned} \cos\frac{1}{2}\varepsilon &= \frac{\cos^2\frac{1}{2}a + \cos^2\frac{1}{2}b + \cos^2\frac{1}{2}c - 1}{2\cos\frac{1}{2}a\cos\frac{1}{2}b\cos\frac{1}{2}c},\\ \cos\left(C - \frac{1}{2}\varepsilon\right) &= \frac{\sin^2\frac{1}{2}a + \sin^2\frac{1}{2}b + \cos^2\frac{1}{2}c - 1}{2\sin\frac{1}{2}a\sin\frac{1}{2}b\cos\frac{1}{2}c}.\end{aligned}\right.$$

Les formules (5) et (6) donnent des expressions de $\frac{1}{2}\varepsilon$ et de $C - \frac{1}{2}\varepsilon$ en fonction des trois côtés, mais on peut en obtenir d'autres beaucoup plus simples.

Au moyen des formules (6) et des relations

$$\sin\frac{1}{2}x = \sqrt{\frac{1-\cos x}{2}},\quad \cos\frac{1}{2}x = \sqrt{\frac{1+\cos x}{2}},$$

on peut calculer les sinus et les cosinus des angles $\frac{1}{4}\varepsilon$ et $\frac{1}{2}C - \frac{1}{4}\varepsilon$; on obtient ainsi, pour l'angle $\frac{1}{4}\varepsilon$,

$$\sin\frac{1}{4}\varepsilon = \sqrt{\frac{\sin^2\frac{1}{2}a\sin^2\frac{1}{2}b - (\cos\frac{1}{2}c - \cos\frac{1}{2}a\cos\frac{1}{2}b)^2}{4\cos\frac{1}{2}a\cos\frac{1}{2}b\cos\frac{1}{2}c}},$$

$$\cos\frac{1}{4}\varepsilon = \sqrt{\frac{(\cos\frac{1}{2}c + \cos\frac{1}{2}a\cos\frac{1}{2}b)^2 - \sin^2\frac{1}{2}a\sin^2\frac{1}{2}b}{4\cos\frac{1}{2}a\cos\frac{1}{2}b\cos\frac{1}{2}c}}.$$

Les numérateurs des fractions qui figurent sous les radicaux sont immédiatement décomposables en facteurs, et l'on obtient les valeurs suivantes :

$$(7)\quad \left\{\begin{aligned} \sin\frac{1}{4}\varepsilon &= \sqrt{\frac{\sin\frac{p}{2}\sin\frac{p-a}{2}\sin\frac{p-b}{2}\sin\frac{p-c}{2}}{\cos\frac{1}{2}a\cos\frac{1}{2}b\cos\frac{1}{2}c}},\\ \cos\frac{1}{4}\varepsilon &= \sqrt{\frac{\cos\frac{p}{2}\cos\frac{p-a}{2}\cos\frac{p-b}{2}\cos\frac{p-c}{2}}{\cos\frac{1}{2}a\cos\frac{1}{2}b\cos\frac{1}{2}c}}.\end{aligned}\right.$$

On retrouvera la première formule (5) en multipliant les équations (7) l'une par l'autre; en divisant, au contraire, la première par la seconde, il vient

$$(8)\quad \operatorname{tang}\frac{1}{4}\varepsilon = \sqrt{\operatorname{tang}\frac{p}{2}\operatorname{tang}\frac{p-a}{2}\operatorname{tang}\frac{p-b}{2}\operatorname{tang}\frac{p-c}{2}},$$

formule remarquable, qui est due à Simon l'Huillier, de Genève.

La deuxième formule (6) se déduit de la première en remplaçant dans celle-ci a et b par leurs suppléments $180^\circ - a$, $180^\circ - b$, et ε par $2C - \varepsilon$; on peut donc faire ces mêmes changements dans les équations (7) et (8), qui feront connaître alors le sinus, le cosinus et la tangente de l'angle $\frac{1}{2}C - \frac{1}{4}\varepsilon$. Or, par le changement de a et b en $180^\circ - a$ et $180^\circ - b$, les quantités $\frac{p-a}{2}$ et $\frac{p-b}{2}$ se changent l'une dans l'autre, tandis que chacune des quantités $\frac{p}{2}$ et $\frac{p-c}{2}$ se change dans le complément de l'autre; on peut donc écrire immédiatement les valeurs des lignes trigonométriques de l'angle $\frac{1}{2}C - \frac{1}{4}\varepsilon$, et par une simple permutation de lettres on aura également les lignes trigonométriques des angles $\frac{1}{2}A - \frac{1}{4}\varepsilon$, $\frac{1}{2}B - \frac{1}{4}\varepsilon$. On trouve, par exemple, en faisant subir à la formule (8) les changements que nous venons d'indiquer,

$$(9)\quad \left\{\begin{aligned}
\operatorname{tang}\left(\frac{1}{2}A - \frac{1}{4}\varepsilon\right) &= \sqrt{\frac{\operatorname{tang}\frac{p-b}{2}\operatorname{tang}\frac{p-c}{2}}{\operatorname{tang}\frac{p}{2}\operatorname{tang}\frac{p-a}{2}}},\\
\operatorname{tang}\left(\frac{1}{2}B - \frac{1}{4}\varepsilon\right) &= \sqrt{\frac{\operatorname{tang}\frac{p-c}{2}\operatorname{tang}\frac{p-a}{2}}{\operatorname{tang}\frac{p}{2}\operatorname{tang}\frac{p-b}{2}}},\\
\operatorname{tang}\left(\frac{1}{2}C - \frac{1}{4}\varepsilon\right) &= \sqrt{\frac{\operatorname{tang}\frac{p-a}{2}\operatorname{tang}\frac{p-b}{2}}{\operatorname{tang}\frac{p}{2}\operatorname{tang}\frac{p-c}{2}}}.
\end{aligned}\right.$$

On peut résoudre les quatre équations (8) et (9) par rapport aux quantités $\operatorname{tang}\frac{p}{2}$, $\operatorname{tang}\frac{p-a}{2}$, $\operatorname{tang}\frac{p-b}{2}$, $\operatorname{tang}\frac{p-c}{2}$, et l'on obtient ainsi

$$(10)\left\{\begin{aligned}
\operatorname{tang}\frac{p}{2} &= \sqrt{\frac{\operatorname{tang}\frac{1}{4}\varepsilon}{\operatorname{tang}(\frac{1}{2}A-\frac{1}{4}\varepsilon)\operatorname{tang}(\frac{1}{2}B-\frac{1}{4}\varepsilon)\operatorname{tang}(\frac{1}{2}C-\frac{1}{4}\varepsilon)}},\\
\operatorname{tang}\frac{p-a}{2} &= \sqrt{\frac{\operatorname{tang}\frac{1}{4}\varepsilon\operatorname{tang}(\frac{1}{2}B-\frac{1}{4}\varepsilon)\operatorname{tang}(\frac{1}{2}C-\frac{1}{4}\varepsilon)}{\operatorname{tang}(\frac{1}{2}A-\frac{1}{4}\varepsilon)}},\\
\operatorname{tang}\frac{p-b}{2} &= \sqrt{\frac{\operatorname{tang}\frac{1}{4}\varepsilon\operatorname{tang}(\frac{1}{2}C-\frac{1}{4}\varepsilon)\operatorname{tang}(\frac{1}{2}A-\frac{1}{4}\varepsilon)}{\operatorname{tang}(\frac{1}{2}B-\frac{1}{4}\varepsilon)}},\\
\operatorname{tang}\frac{p-c}{2} &= \sqrt{\frac{\operatorname{tang}\frac{1}{4}\varepsilon\operatorname{tang}(\frac{1}{2}A-\frac{1}{4}\varepsilon)\operatorname{tang}(\frac{1}{2}B-\frac{1}{4}\varepsilon)}{\operatorname{tang}(\frac{1}{2}C-\frac{1}{4}\varepsilon)}}.
\end{aligned}\right.$$

Expressions du rayon du cercle circonscrit et des rayons des cercles inscrit et exinscrits.

125. Si l'on joint les trois sommets d'un triangle sphérique au pôle du cercle circonscrit, on déterminera trois triangles isoscèles qui auront respectivement pour bases les côtés a, b, c. Désignons par x chacun des angles égaux dans celui de ces triangles qui a a pour base, par y et z chacun des angles égaux dans les triangles isoscèles qui ont respectivement pour bases b et c. Si le pôle tombe à l'intérieur du triangle, on aura

$$y+z=A,\quad z+x=B,\quad x+y=C,$$

d'où

$$x+y+z=\frac{1}{2}(A+B+C)=90^\circ+\frac{1}{2}\varepsilon,$$

et, par conséquent,

$$x=90^\circ-\left(A-\frac{1}{2}\varepsilon\right),$$

$$y=90^\circ-\left(B-\frac{1}{2}\varepsilon\right),$$

$$z=90^\circ-\left(C-\frac{1}{2}\varepsilon\right).$$

Il est aisé de s'assurer que les mêmes formules conviennent

au cas où le pôle n'est pas situé dans l'intérieur du triangle, pourvu qu'alors on considère comme négative celle des quantités x, y, z qui se rapporte au triangle isoscèle situé tout entier au dehors du triangle donné.

Cela posé, désignons par R le rayon sphérique du cercle circonscrit au triangle, joignons le pôle de ce cercle au sommet A, et abaissons du même pôle un arc de grand cercle perpendiculaire sur le côté c; on formera ainsi un triangle rectangle dans lequel on aura

$$\operatorname{tang} R \cos z = \operatorname{tang} \frac{1}{2} c,$$

d'où, en remplaçant z par sa valeur $90^\circ - \left(C - \frac{1}{2}\varepsilon\right)$,

$$(1) \qquad \operatorname{tang} R = \frac{\operatorname{tang} \frac{1}{2} c}{\sin\left(C - \frac{1}{2}\varepsilon\right)},$$

formule qui donne R en fonction d'un côté, de l'angle opposé et de l'excès sphérique.

Si l'on remplace $\sin\left(C - \frac{1}{2}\varepsilon\right)$ par sa valeur tirée de la deuxième des formules (5) du n° **124**, il viendra

$$(2) \qquad \operatorname{tang} R = \frac{2 \sin \frac{1}{2} a \sin \frac{1}{2} b \sin \frac{1}{2} c}{\sqrt{\sin p \sin(p-a) \sin(p-b) \sin(p-c)}}.$$

Enfin, si l'on substitue à $\operatorname{tang} \frac{1}{2} c$, dans la formule (1), la valeur tirée des équations (6) du n° **120**, on obtiendra la formule

$$(3) \qquad \operatorname{tang} R = \frac{\sqrt{\sin \frac{1}{2}\varepsilon}}{\sqrt{\sin\left(A - \frac{1}{2}\varepsilon\right) \sin\left(B - \frac{1}{2}\varepsilon\right) \sin\left(C - \frac{1}{2}\varepsilon\right)}},$$

qui donne l'expression de R en fonction des angles.

La formule (1) contient la démonstration du théorème suivant, dû à Lexell :

Le lieu géométrique des sommets de tous les triangles sphériques de même base et de même surface est une circonfé-

rence qui passe par les deux points diamétralement opposés aux extrémités de la base.

Car soient A'B' la base donnée et A'B'C l'un des triangles pour lesquels l'excès sphérique a une valeur donnée ε'. Soient A et B les points diamétralement opposés à A' et B', et ε l'excès sphérique du triangle ABC. Par un théorème connu en Géométrie, la somme des surfaces des deux triangles ABC et A'B'C est égale à la surface du fuseau dont l'angle est C; on a donc

$$\varepsilon + \varepsilon' = 2C, \quad \text{d'où} \quad \frac{1}{2}\varepsilon' = C - \frac{1}{2}\varepsilon.$$

Maintenant, si R désigne le rayon du cercle circonscrit au triangle ABC, on a, par la formule (1),

$$\operatorname{tang} R = \frac{\operatorname{tang}\frac{1}{2}c}{\sin\frac{1}{2}\varepsilon'},$$

et, comme c et ε' sont constants, R est lui-même constant, ce qui démontre le théorème énoncé.

126. Désignons par r le rayon du cercle inscrit dans un triangle sphérique. Si l'on joint le pôle de ce cercle au sommet A, et que l'on abaisse une perpendiculaire sur le côté b, on formera un triangle sphérique rectangle, dans lequel l'un des côtés de l'angle droit sera r; l'autre sera $\frac{b+c-a}{2}$ ou $p-a$, et l'angle adjacent sera $\frac{1}{2}$ A; on aura donc

$$\operatorname{tang} r = \sin(p-a)\operatorname{tang}\frac{1}{2}A,$$

ou, en remplaçant $\operatorname{tang}\frac{1}{2}$ A par sa valeur en fonction des côtés,

$$(4) \qquad \operatorname{tang} r = \sqrt{\frac{\sin(p-a)\sin(p-b)\sin(p-c)}{\sin p}}.$$

Si l'on désigne par α, β, γ les rayons des cercles exinscrits qui touchent respectivement les côtés a, b, c et les prolongements des deux autres, on trouvera de la même manière

$$(5)\quad \begin{cases} \tan\alpha = \sqrt{\dfrac{\sin p \sin(p-b)\sin(p-c)}{\sin(p-a)}}, \\ \tan\beta = \sqrt{\dfrac{\sin p \sin(p-a)\sin(p-c)}{\sin(p-b)}}, \\ \tan\gamma = \sqrt{\dfrac{\sin p \sin(p-a)\sin(p-b)}{\sin(p-c)}}. \end{cases}$$

Résolution des triangles sphériques rectangles.

127. Un triangle sphérique peut être birectangle ou même trirectangle. Dans le premier cas, deux côtés sont égaux à 90 degrés, et le troisième côté est égal à l'angle opposé. Dans le second cas, les trois côtés sont égaux à 90 degrés. Les triangles de cette espèce ne peuvent donc donner lieu à aucun problème.

La résolution des triangles qui ont un seul angle droit présente six cas distincts que nous allons traiter, mais nous devons rappeler d'abord une remarque que nous avons faite dans le Chapitre précédent à l'occasion des triangles rectilignes.

Lorsqu'un côté ou un angle d'un triangle sphérique est donné par son cosinus, par sa tangente ou par sa cotangente, sa valeur est déterminée, car ce côté ou cet angle est compris entre zéro et 180 degrés; mais, s'il est donné par son sinus, il n'est pas entièrement déterminé; car à un sinus donné correspondent deux arcs ou deux angles supplémentaires.

Rappelons encore que, si l'angle ou le côté qu'on veut calculer est donné par son cosinus ou par sa tangente, et que la valeur de ce cosinus ou de cette tangente soit négative, il faut calculer à sa place l'angle supplémentaire qui a, au signe près, même cosinus et même tangente.

128. Premier cas. — *Étant donnés l'hypoténuse a et un côté b de l'angle droit, calculer le troisième côté c et les deux angles obliques* B *et* C.

On peut calculer les éléments inconnus par les formules suivantes du n° 115 :

$$\cos c = \frac{\cos a}{\cos b}, \quad \sin B = \frac{\sin b}{\sin a}, \quad \cos C = \frac{\operatorname{tang} b}{\operatorname{tang} a}.$$

Mais il vaut mieux faire usage des formules du n° 116, savoir :

$$\operatorname{tang}\frac{1}{2}c = +\sqrt{\operatorname{tang}\frac{1}{2}(a-b)\operatorname{tang}\frac{1}{2}(a+b)},$$

$$\operatorname{tang}\left(45^\circ + \frac{1}{2}B\right) = \pm\sqrt{\frac{\operatorname{tang}\frac{1}{2}(a+b)}{\operatorname{tang}\frac{1}{2}(a-b)}},$$

$$\operatorname{tang}\frac{1}{2}C = +\sqrt{\frac{\sin(a-b)}{\sin(a+b)}}.$$

Ces dernières formules exigent seulement, comme les précédentes, la recherche de quatre logarithmes pour la détermination des trois éléments inconnus; mais elles ont sur celles-ci l'avantage de donner les inconnues par des tangentes.

Remarque. — Pour que le problème soit possible, il faut et il suffit que l'on ait $\sin b < \sin a$; car, si cela a lieu, la valeur de $\sin B$ sera inférieure à 1, et les valeurs de $\cos c$ et de $\cos C$ seront comprises entre -1 et $+1$. L'inégalité dont il s'agit exige que l'on ait $b < a$ ou $b > 180^\circ - a$ si a est $< 90^\circ$; et $b > a$ ou $b < 180^\circ - a$ si a est $> 90^\circ$; si $a = 90^\circ$, l'inégalité $\sin b < \sin a$ a lieu nécessairement. Lorsque la condition de possibilité est satisfaite, le problème admet une solution unique, bien que l'angle B soit donné par son sinus; car cet angle doit être inférieur ou supérieur à 90 degrés, suivant que le côté donné b est lui-même inférieur ou supérieur à 90 degrés. La même considération permet de fixer le signe avec lequel il faut prendre le radical qui exprime la valeur de $\operatorname{tang}\left(45^\circ + \frac{1}{2}B\right)$.

129. Deuxième cas. — *Étant donnés les deux côtés b et c de l'angle droit, calculer l'hypoténuse et les deux angles obliques* B *et* C.

On emploiera les formules

$$\cos a = \cos b \cos c, \quad \operatorname{tang} B = \frac{\operatorname{tang} b}{\sin c}, \quad \operatorname{tang} C = \frac{\operatorname{tang} c}{\sin b}.$$

Si le côté a est mal déterminé par son cosinus, il faudra commencer par calculer B ou C, et l'on obtiendra ensuite a par l'une des formules

$$\operatorname{tang} a = \frac{\operatorname{tang} c}{\cos B}, \quad \operatorname{tang} a = \frac{\operatorname{tang} b}{\cos C}.$$

REMARQUE. — Le problème admet toujours une solution unique.

130. TROISIÈME CAS. — *Étant donnés l'hypoténuse a et l'angle oblique* B, *calculer le deuxième angle* C *et les deux côtés b et c de l'angle droit.*

On emploiera les formules

$$\sin b = \sin a \sin B, \quad \operatorname{tang} c = \operatorname{tang} a \cos B, \quad \operatorname{tang} C = \frac{\cot B}{\cos a}.$$

Si le côté b est mal déterminé par son sinus, il faudra commencer par calculer c ou C, et l'on aura ensuite b par l'une des formules

$$\operatorname{tang} b = \sin c \operatorname{tang} B, \quad \operatorname{tang} b = \operatorname{tang} a \cos C.$$

REMARQUE. — Le problème est toujours possible et il n'admet qu'une solution, car l'inconnue b et l'angle donné B sont en même temps inférieurs ou supérieurs à 90 degrés.

131. QUATRIÈME CAS. — *Étant donnés un côté b de l'angle droit et l'angle opposé* B, *calculer les côtés a et c, ainsi que l'angle* C.

On peut employer les formules du n° 115

$$\sin a = \frac{\sin b}{\sin B}, \quad \sin c = \frac{\operatorname{tang} b}{\operatorname{tang} B}, \quad \sin C = \frac{\cos B}{\cos b}.$$

Mais il vaut mieux se servir des formules suivantes du n° 116 :

$$\text{tang}\left(45^\circ + \frac{1}{2}a\right) = \pm\sqrt{\frac{\text{tang}\frac{1}{2}(B+b)}{\text{tang}\frac{1}{2}(B-b)}},$$

$$\text{tang}\left(45^\circ + \frac{1}{2}c\right) = \pm\sqrt{\frac{\sin(B+b)}{\sin(B-b)}},$$

$$\text{tang}\left(45^\circ + \frac{1}{2}C\right) = \pm\sqrt{\cot\frac{1}{2}(B+b)\cot\frac{1}{2}(B-b)},$$

qui donnent les trois inconnues par leurs tangentes.

Remarque. — Chacun des deux précédents systèmes de formules peut donner pour chaque inconnue deux valeurs supplémentaires. Il importe donc de savoir déterminer quelles sont les valeurs qu'il faut prendre ensemble.

D'abord, si $b = B$, on a

$$\sin a = \sin c = \sin C = 1, \quad a = c = C = 90^\circ,$$

et le triangle est birectangle. Supposons donc b différent de B.

1° Si b est $< 90^\circ$, il faut, pour la possibilité du problème, que B soit aussi $< 90^\circ$, et que l'on ait en outre $b < B$. Supposons cette condition remplie; $\cos b$ étant positif, l'équation $\cos a = \cos b \cos c$ montre que a et c sont en même temps inférieurs ou supérieurs à 90 degrés; la même chose a lieu d'ailleurs à l'égard de c et de C. Si donc on désigne par a', c' et C' les valeurs inférieures à 90 degrés que les Tables font connaître pour a, c et C, on aura les deux solutions

$$a = a', \qquad c = c', \qquad C = C',$$
$$a = 180^\circ - a', \quad c = 180^\circ - c', \quad C = 180^\circ - C'.$$

2° Si b est $> 90^\circ$, les conditions de possibilité du problème sont $B > 90^\circ$ et $b > B$. Supposons qu'elles soient remplies; $\cos b$ étant négatif, l'équation $\cos a = \cos b \cos c$ montre que a et c sont l'un supérieur et l'autre inférieur à 90 degrés; et, comme c et C sont tous deux supérieurs à 90 degrés, si l'on désigne toujours par a', c' et C' les valeurs de a, c et C que les

Tables font connaître, on aura ces deux solutions :

$$a = a', \quad c = 180° - c', \quad C = 180° - C',$$
$$a = 180° - a', \quad c = c', \quad C = C'.$$

Il est facile de voir, *a priori*, qu'en exceptant le cas de $b = B$ le problème admet deux solutions lorsqu'il est possible. Supposons, en effet, que le triangle ABC, rectangle en A, satisfasse à la question (*voir* la figure du n° 109, p. 139), et prolongeons les côtés AB et BC jusqu'à leur rencontre en B'; on formera un second triangle rectangle AB'C qui répondra aussi à la question.

132. Cinquième cas. — *Étant donnés le côté b et l'angle adjacent* C, *calculer l'angle* B *et les deux côtés a et c.*

On emploiera les formules

$$\cos B = \cos b \sin C, \quad \operatorname{tang} a = \frac{\operatorname{tang} b}{\cos C}, \quad \operatorname{tang} c = \sin b \operatorname{tang} C.$$

Si l'angle B est mal déterminé par son cosinus, il faudra commencer par calculer a ou c, et l'on aura ensuite B par l'une des formules

$$\cot B = \cos a \operatorname{tang} C, \quad \cot B = \sin c \cot b.$$

Remarque. — Le problème est toujours possible et il n'admet qu'une seule solution.

133. Sixième cas. — *Étant donnés les deux angles obliques* B *et* C, *calculer les trois côtés a, b, c.*

On emploiera les formules

$$\cos a = \cot B \cot C, \quad \cos b = \frac{\cos B}{\sin C}, \quad \cos c = \frac{\cos C}{\sin B}$$

du n° 115, ou plutôt les suivantes du n° 116 :

$$\operatorname{tang} \frac{1}{2} a = + \sqrt{\frac{\cos(180° - B - C)}{\cos(B - C)}},$$
$$\operatorname{tang} \frac{1}{2} b = + \sqrt{\operatorname{tang}\left(\frac{B + C}{2} - 45°\right) \operatorname{tang}\left(\frac{B - C}{2} + 45°\right)},$$
$$\operatorname{tang} \frac{1}{2} c = + \sqrt{\operatorname{tang}\left(\frac{B + C}{2} - 45°\right) \operatorname{tang}\left(\frac{C - B}{2} + 45°\right)},$$

qui donnent les inconnues par leurs tangentes.

Remarque. — Pour que le problème soit possible, il faut et il suffit : 1° que la somme $B + C$ soit comprise entre 90 et 270 degrés ; 2° que la différence $B - C$ soit comprise entre $-90°$ et $+90°$. Lorsque ces conditions sont remplies, les seconds membres des formules précédentes sont réels et le problème admet une solution unique.

Résolution des triangles sphériques rectilatères.

134. Bien que la résolution d'un triangle rectilatère puisse se ramener à celle d'un triangle rectangle, par la considération du triangle supplémentaire, il n'est pas inutile de présenter le tableau des formules qui conviennent à chacun des six cas qu'on peut rencontrer. Nous nous bornerons au surplus à cette simple indication, les remarques et les discussions auxquelles donnent lieu les formules étant exactement les mêmes que celles qui ont été développées à l'occasion des triangles rectangles. L'angle opposé au côté égal à 90 degrés sera toujours désigné par A.

135. Premier cas. — *Étant donnés les angles* A *et* B, *calculer l'angle* C *et les côtés* b *et* c.

Les formules à employer sont (**117**)

$$\cos C = -\frac{\cos A}{\cos B}, \quad \sin b = \frac{\sin B}{\sin A}, \quad \cos c = -\frac{\tang B}{\tang A};$$

mais on peut leur donner la forme suivante, qui est préférable :

$$\tang \frac{1}{2} C = + \sqrt{\cot \frac{1}{2}(A - B) \cot \frac{1}{2}(A + B)},$$

$$\tang \left(45° + \frac{1}{2} b\right) = \pm \sqrt{\frac{\tang \frac{1}{2}(A + B)}{\tang \frac{1}{2}(A - B)}},$$

$$\tang \frac{1}{2} c = + \sqrt{\frac{\sin(A + B)}{\sin(A - B)}};$$

le signe ambigu $\pm$ de la deuxième formule se déterminera par cette considération que b et B sont en même temps inférieurs ou supérieurs à 90 degrés.

136. Deuxième cas. — *Étant donnés les deux angles* B *et* C, *calculer l'angle* A *et les côtés b et c.*

Les formules à employer sont

$$\cos A = -\cos B \cos C, \quad \operatorname{tang} b = \frac{\operatorname{tang} B}{\sin C}, \quad \operatorname{tang} c = \frac{\operatorname{tang} C}{\sin B}.$$

Si l'angle A est mal déterminé par son cosinus, il faudra d'abord calculer b ou c; on pourra ensuite obtenir A par l'une des formules

$$\operatorname{tang} A = -\frac{\operatorname{tang} C}{\cos b}, \quad \operatorname{tang} A = -\frac{\operatorname{tang} B}{\cos c}.$$

137. Troisième cas. — *Étant donnés l'angle* A *et le côté b, calculer le côté c et les deux angles* B *et* C.

Les formules à employer sont

$$\sin B = \sin A \sin b, \quad \operatorname{tang} C = -\operatorname{tang} A \cos b, \quad \operatorname{tang} c = -\frac{\cot b}{\cos A}.$$

Si l'on veut déterminer B par sa tangente, il faudra commencer par calculer c ou C, et l'on aura ensuite pour calculer B l'une des formules

$$\operatorname{tang} B = \sin C \operatorname{tang} b, \quad \operatorname{tang} B = -\operatorname{tang} A \cos c.$$

138. Quatrième cas. — *Étant donnés le côté b et l'angle opposé* B, *calculer le côté c et les angles* A *et* C.

Les formules à employer sont

$$\sin A = \frac{\sin B}{\sin b}, \quad \sin C = \frac{\operatorname{tang} B}{\operatorname{tang} b}, \quad \sin c = \frac{\cos b}{\cos B};$$

on peut les transformer dans les suivantes :

$$\operatorname{tang}\left(45^\circ + \frac{1}{2} A\right) = \pm\sqrt{\frac{\operatorname{tang}\frac{1}{2}(b+B)}{\operatorname{tang}\frac{1}{2}(b-B)}},$$

$$\operatorname{tang}\left(45^\circ + \frac{1}{2} C\right) = \pm\sqrt{\frac{\sin(b+B)}{\sin(b-B)}},$$

$$\operatorname{tang}\left(45^\circ + \frac{1}{2} c\right) = \pm\sqrt{\cot\frac{1}{2}(b+B)\cot\frac{1}{2}(b-B)};$$

les deux solutions se déterminent par les considérations dont nous avons fait usage au n° 131.

139. Cinquième cas. — *Étant donnés l'angle* B *et le côté* c, *calculer le côté* b *et les deux angles* A *et* C.

Les formules à employer sont

$$\cos b = \cos B \sin c, \quad \tang A = -\frac{\tang B}{\cos c}, \quad \tang C = \sin B \tang c.$$

Si l'on veut déterminer b par sa tangente, il faudra commencer par calculer A ou C, et l'on aura ensuite b par l'une des formules

$$\cot b = -\cos A \tang c, \quad \cot b = \sin C \cot B.$$

140. Sixième cas. — *Étant donnés les deux côtés* b *et* c, *calculer les trois angles* A, B, C.

Les formules relatives à ce cas sont

$$\cos A = -\cot b \cot c, \quad \cos B = \frac{\cos b}{\sin c}, \quad \cos C = \frac{\cos c}{\sin b};$$

mais il convient de les transformer dans les suivantes :

$$\tang \frac{1}{2} A = +\sqrt{\frac{\cos(b-c)}{\cos(180^\circ - b - c)}},$$

$$\tang \frac{1}{2} B = +\sqrt{\tang\left(-45^\circ + \frac{b+c}{2}\right) \tang\left(45^\circ + \frac{b-c}{2}\right)},$$

$$\tang \frac{1}{2} C = +\sqrt{\tang\left(-45^\circ + \frac{b+c}{2}\right) \tang\left(45^\circ - \frac{b-c}{2}\right)}.$$

Remarque sur la résolution des triangles sphériques quelconques.

141. Les triangles rectilatères ne sont pas les seuls dont la résolution se ramène à celle des triangles rectangles ; la même chose a lieu encore dans les deux cas suivants :

1° Si parmi les éléments donnés se trouvent deux côtés

égaux a et b, ou deux angles égaux A et B, la perpendiculaire abaissée du sommet C sur le côté AB partagera le triangle ABC en deux triangles rectangles égaux dans toutes leurs parties. On résoudra l'un de ces triangles rectangles où l'on connaît deux éléments outre l'angle droit, et l'on aura immédiatement les éléments inconnus du triangle proposé.

2° Si parmi les éléments donnés se trouvent deux côtés a et b ou deux angles A et B, dont la somme soit égale à 180 degrés, en prolongeant les côtés a et c jusqu'à leur rencontre en B', on formera un triangle AB'C dans lequel deux côtés ou deux angles seront égaux. La résolution du triangle AB'C se ramène, comme on l'a vu, à celle d'un triangle rectangle; elle entraîne d'ailleurs celle du proposé.

La résolution des triangles sphériques en général présente six cas; mais trois de ces cas peuvent se ramener aux trois autres par la considération du triangle supplémentaire, et les solutions de deux cas correspondants s'obtiennent par des formules analogues. Il n'y a donc en réalité que trois problèmes distincts.

Résolution d'un triangle sphérique dans lequel on connaît les trois côtés ou les trois angles.

142. Première méthode. — Si les trois côtés sont donnés, on peut calculer les angles par les formules (1), (2) ou (3) du n° 119; on doit préférer les formules (3), savoir :

$$\operatorname{tang}\frac{1}{2}A = \sqrt{\frac{\sin(p-b)\sin(p-c)}{\sin p\sin(p-a)}},$$

$$\operatorname{tang}\frac{1}{2}B = \sqrt{\frac{\sin(p-a)\sin(p-c)}{\sin p\sin(p-b)}},$$

$$\operatorname{tang}\frac{1}{2}C = \sqrt{\frac{\sin(p-a)\sin(p-b)}{\sin p\sin(p-c)}},$$

où il faut se rappeler que p désigne le demi-périmètre $\frac{a+b+c}{2}$.

Si ce sont les angles qui sont donnés, on pourra calculer les côtés par les formules (4), (5) ou (6) du n° 120; on doit préférer l'emploi des formules (6), savoir :

$$\tang \frac{1}{2} a = \sqrt{\frac{\sin \frac{1}{2}\varepsilon \sin(A - \frac{1}{2}\varepsilon)}{\sin(B - \frac{1}{2}\varepsilon)\sin(C - \frac{1}{2}\varepsilon)}},$$

$$\tang \frac{1}{2} b = \sqrt{\frac{\sin \frac{1}{2}\varepsilon \sin(B - \frac{1}{2}\varepsilon)}{\sin(A - \frac{1}{2}\varepsilon)\sin(C - \frac{1}{2}\varepsilon)}},$$

$$\tang \frac{1}{2} c = \sqrt{\frac{\sin \frac{1}{2}\varepsilon \sin(C - \frac{1}{2}\varepsilon)}{\sin(A - \frac{1}{2}\varepsilon)\sin(B - \frac{1}{2}\varepsilon)}},$$

où ε désigne l'excès sphérique $A + B + C - 180°$.

Remarque. — Pour qu'un triangle soit possible avec trois côtés donnés, il faut et il suffit : 1° que la somme de ces trois côtés soit inférieure à 360 degrés; 2° que chacun des côtés soit inférieur à la somme des deux autres. De même, pour qu'un triangle soit possible avec trois angles donnés, il faut et il suffit : 1° que l'excès sphérique qui résulte des angles donnés soit compris entre zéro et 360 degrés; 2° que chacun des angles donnés soit supérieur à la moitié de l'excès sphérique. Ces résultats de Géométrie sphérique se déduisent immédiatement de nos formules.

Lorsque les conditions dont il vient d'être question ne sont pas toutes remplies, les expressions des tangentes des demi-angles inconnus ou des demi-côtés inconnus deviennent imaginaires.

143. Deuxième méthode. — Lorsqu'on a besoin de calculer les trois éléments inconnus, on peut substituer aux formules précédentes les formules (8), (9) et (10) du n° 124.

L'emploi de ces nouvelles formules n'exige, comme dans la solution précédente, que la recherche de quatre logarithmes; et l'on y trouve cet avantage qu'ayant calculé séparément les quatre quantités $A - \frac{1}{2}\varepsilon$, $B - \frac{1}{2}\varepsilon$, $C - \frac{1}{2}\varepsilon$ et $\frac{1}{2}\varepsilon$, ou p, $p - a$, $p - b$, $p - c$, on a un moyen de vérifier l'exactitude des résultats obtenus.

144. Exemple. — *On donne les trois côtés*

$$a = 113^\circ 2' 56'', 64,$$
$$b = 82^\circ 39' 28'', 40,$$
$$c = 74^\circ 54' 31'', 06,$$

et l'on demande de calculer les angles A, B, C.

PREMIÈRE MÉTHODE.

TYPE DU CALCUL.

$p = \frac{1}{2}(a+b+c)$.	$135^\circ 18' 28'', 05$
$p - a$..........	$22^\circ 15' 31'', 41$
$p - b$..........	$52^\circ 38' 59'', 65$
$p - c$..........	$60^\circ 23' 56'', 99$
$\log \sin p$...........	$\bar{1},8471394$
$\log \sin (p-a)$......	$\bar{1},5783980$
$\log \sin (p-b)$......	$\bar{1},9003361$
$\log \sin (p-c)$......	$\bar{1},9392635$

Calcul de l'angle A.

$$\tang \tfrac{1}{2} A = \sqrt{\frac{\sin(p-b)\sin(p-c)}{\sin p \sin(p-a)}}.$$

$\log \sin (p-b)$....	$\bar{1},9003361$
$\log \sin (p-c)$....	$\bar{1},9392635$
$-\log \sin (p-a)$....	$0,4216020$
$-\log \sin p$.........	$0,1528606$
	$0,4140622$
$\log \tang \frac{1}{2} A$.........	$0,2070311$
$\frac{1}{2} A$...............	$58^\circ 10' 1'', 10$
A.................	$116^\circ 20' 2'', 20$

Calcul de l'angle B.

$$\tang \tfrac{1}{2} B = \sqrt{\frac{\sin(p-a)\sin(p-c)}{\sin p \sin(p-b)}}.$$

$\log \sin (p-a)$....	$\bar{1},5783980$
$\log \sin (p-c)$....	$\bar{1},9392635$
$-\log \sin (p-b)$....	$0,0996639$
$-\log \sin p$.........	$0,1528606$
	$\bar{1},7701860$
$\log \tang \frac{1}{2} B$.........	$\bar{1},8850930$
$\frac{1}{2} B$...............	$37^\circ 30' 25'', 80$
B................	$75^\circ 0' 51'', 60$

Calcul de l'angle C.

$$\tang \tfrac{1}{2} C = \sqrt{\frac{\sin(p-a)\sin(p-b)}{\sin p \sin(p-c)}}.$$

$\log \sin (p-a)$....	$\bar{1},5783980$
$\log \sin (p-b)$....	$\bar{1},9003361$
$-\log \sin (p-c)$....	$0,0607365$
$-\log \sin p$.........	$0,1528606$
	$\bar{1},6923312$
$\log \tang \frac{1}{2} C$.........	$\bar{1},8461656$
$\frac{1}{2} C$...............	$35^\circ 3' 29'', 58$
C................	$70^\circ 6' 59'', 16$

DEUXIÈME MÉTHODE.

[Emploi des formules (8) et (9) du n° 124.]

TYPE DU CALCUL.

$\frac{1}{2}p$	67°39'14",025	$\log\tang\frac{1}{2}p$	0,3860840
$\frac{1}{2}(p-a)$	11° 7'45",705	$\log\tang\frac{1}{2}(p-a)$	$\bar{1}$,2938583
$\frac{1}{2}(p-b)$	26°19'29",825	$\log\tang\frac{1}{2}(p-b)$	$\bar{1}$,6944058
$\frac{1}{2}(p-c)$	30°11'58",495	$\log\tang\frac{1}{2}(p-c)$	$\bar{1}$,7649261

Calcul de l'excès sphérique ε.

$\log\tang\frac{1}{2}p$	0,3860840
$\log\tang\frac{1}{2}(p-a)$	$\bar{1}$,2938583
$\log\tang\frac{1}{2}(p-b)$	$\bar{1}$,6944058
$\log\tang\frac{1}{2}(p-c)$	$\bar{1}$,7649261
	$\bar{1}$,1392742
$\log\tang\frac{1}{4}\varepsilon$	$\bar{1}$,5696371
$\frac{1}{4}\varepsilon$	20°21'58",25
ε	81°27'53",00

Calcul de l'angle A.

$\log\tang\frac{1}{2}(p-b)$	$\bar{1}$,6944058
$\log\tang\frac{1}{2}(p-c)$	$\bar{1}$,7649261
$\log\cot\frac{1}{2}(p-a)$	0,7061417
$\log\cot\frac{1}{2}p$	$\bar{1}$,6139160
	$\bar{1}$,7793896
$\log\tang(\frac{1}{2}A-\frac{1}{4}\varepsilon)$	$\bar{1}$,8896948
$\frac{1}{2}A-\frac{1}{4}\varepsilon$	37°48'2",87
$\frac{1}{2}A$	58°10'1",12
A	116°20'2",24

Calcul de l'angle B.

$\log\tang\frac{1}{2}(p-a)$	$\bar{1}$,2938583
$\log\tang\frac{1}{2}(p-c)$	$\bar{1}$,7649261
$\log\cot\frac{1}{2}(p-b)$	0,3055942
$\log\cot\frac{1}{2}p$	$\bar{1}$,6139160
	$\bar{2}$,9782946
$\log\tang(\frac{1}{2}B-\frac{1}{4}\varepsilon)$	$\bar{1}$,4891473
$\frac{1}{2}B-\frac{1}{4}\varepsilon$	17° 8'27",55
$\frac{1}{2}B$	37°30'25",80
B	75° 0'51",60

Calcul de l'angle C.

$\log\tang\frac{1}{2}(p-a)$	$\bar{1}$,2938583
$\log\tang\frac{1}{2}(p-b)$	$\bar{1}$,6944058
$\log\cot\frac{1}{2}(p-c)$	0,2350739
$\log\cot\frac{1}{2}p$	$\bar{1}$,6139160
	$\bar{2}$,8372540
$\log\tang(\frac{1}{2}C-\frac{1}{4}\varepsilon)$	$\bar{1}$,4186270
$\frac{1}{2}C-\frac{1}{4}\varepsilon$	14°41'31",34
$\frac{1}{2}C$	35° 3'29",59
C	70° 6'59",18

Vérification :

$$\tfrac{1}{4}\varepsilon+(\tfrac{1}{2}A-\tfrac{1}{4}\varepsilon)+(\tfrac{1}{2}B-\tfrac{1}{4}\varepsilon)+(\tfrac{1}{2}C-\tfrac{1}{4}\varepsilon)=90^\circ 0' 0'',01\,;$$

erreur sur l'ensemble : 0",01.

Résolution d'un triangle sphérique dans lequel on connaît deux côtés avec l'angle compris, ou deux angles avec le côté compris.

145. Première méthode. — Lorsqu'on a besoin de calculer les trois éléments inconnus, on obtient la solution la plus simple du problème au moyen des formules de Néper, savoir :

$$\tan\frac{1}{2}(A+B) = \cot\frac{1}{2}C\,\frac{\cos\frac{1}{2}(a-b)}{\cos\frac{1}{2}(a+b)}, \tag{1}$$

$$\tan\frac{1}{2}(A-B) = \cot\frac{1}{2}C\,\frac{\sin\frac{1}{2}(a-b)}{\sin\frac{1}{2}(a+b)}, \tag{2}$$

$$\tan\frac{1}{2}(a+b) = \tan\frac{1}{2}c\,\frac{\cos\frac{1}{2}(A-B)}{\cos\frac{1}{2}(A+B)}, \tag{3}$$

$$\tan\frac{1}{2}(a-b) = \tan\frac{1}{2}c\,\frac{\sin\frac{1}{2}(A-B)}{\sin\frac{1}{2}(A+B)}. \tag{4}$$

Si les éléments donnés sont a, b et C, on calculera d'abord A et B au moyen des formules (1) et (2); on calculera ensuite c au moyen de l'une quelconque des formules (3) et (4).

Si, au contraire, les éléments donnés sont A, B et c, on calculera a et b par les formules (3) et (4), et ensuite C par l'une quelconque des formules (1) et (2).

Remarque I. — Le calcul des éléments inconnus A et B ou a et b exige la recherche de cinq logarithmes; il faut ensuite deux nouveaux logarithmes pour obtenir l'inconnue c ou C.

Remarque II. — Les données étant supposées comprises entre zéro et 180 degrés, le problème admet toujours une solution unique.

146. Deuxième méthode. — On peut encore résoudre le problème proposé en faisant usage des formules établies aux nos 109 et suivants, et qui permettent de calculer directement chaque inconnue indépendamment des deux autres.

Si les éléments donnés sont a, b, C, les formules qui déterminent les inconnues sont

$$(1)\qquad \begin{cases} \cot a \sin b - \cot A \sin C = \cos b \cos C, \\ \cot b \sin a - \cot B \sin C = \cos a \cos C, \\ \cos c = \cos a \cos b + \sin a \sin b \cos C. \end{cases}$$

On calculera, comme il a été dit au n° **118**, deux angles auxiliaires φ et ψ compris entre zéro et 180 degrés, et tels que

$$(2)\qquad \operatorname{tang}\varphi = \operatorname{tang} a \cos C, \quad \operatorname{tang}\psi = \operatorname{tang} b \cos C;$$

les deux premières formules (1) deviendront alors

$$(3)\qquad \operatorname{tang} A = \frac{\sin\varphi \operatorname{tang} C}{\sin(b-\varphi)}, \quad \operatorname{tang} B = \frac{\sin\psi \operatorname{tang} C}{\sin(a-\psi)}.$$

L'un quelconque des angles auxiliaires φ et ψ peut servir pour le calcul de c; car la troisième équation (1) donne, en se servant des formules (2),

$$(4)\qquad \cos c = \frac{\cos a \cos(b-\varphi)}{\cos\varphi}, \quad \cos c = \frac{\cos b \cos(a-\psi)}{\cos\psi}.$$

Il peut arriver que le côté c soit mal déterminé par son cosinus; dans ce cas, on calculera d'abord A ou B et l'on pourra obtenir ensuite c au moyen de sa tangente; effectivement, si l'on divise respectivement par les équations (4) les deux formules

$$\sin c = \frac{\sin a \sin C}{\sin A} \quad \text{et} \quad \sin c = \frac{\sin b \sin C}{\sin B},$$

il viendra, en ayant égard aux formules (2) et (3),

$$(5)\qquad \operatorname{tang} c = \frac{\operatorname{tang}(b-\varphi)}{\cos A}, \quad \operatorname{tang} c = \frac{\operatorname{tang}(a-\psi)}{\cos B}.$$

Si les éléments donnés sont A, B, c, les formules qui déterminent les inconnues sont

$$(1\ bis)\qquad \begin{cases} \cot a \sin c - \cot A \sin B = \cos c \cos B, \\ \cot b \sin c - \cot B \sin A = \cos c \cos A, \\ \cos C = -\cos A \cos B + \sin A \sin B \cos c; \end{cases}$$

on calculera deux angles auxiliaires φ et ψ compris entre zéro et 180 degrés et tels que

$$(2\ bis)\quad \operatorname{tang}\varphi = -\operatorname{tang}A\cos c,\quad \operatorname{tang}\psi = -\operatorname{tang}B\cos c,$$

et les deux premières équations (1 *bis*) donneront

$$(3\ bis)\quad \operatorname{tang}a = -\frac{\sin\varphi\operatorname{tang}c}{\sin(B-\varphi)},\quad \operatorname{tang}b = -\frac{\sin\psi\operatorname{tang}c}{\sin(A-\psi)}.$$

La troisième équation (1 *bis*) donne aussi

$$(4\ bis)\quad \cos C = -\frac{\cos A\cos(B-\varphi)}{\cos\varphi},\quad \cos C = -\frac{\cos B\cos(A-\psi)}{\cos\psi},$$

et en combinant ces équations avec les formules

$$\sin C = \frac{\sin c\sin A}{\sin a},\quad \sin C = \frac{\sin c\sin B}{\sin b},$$

il vient enfin

$$(5\ bis)\quad \operatorname{tang}C = -\frac{\operatorname{tang}(B-\varphi)}{\cos a},\quad \operatorname{tang}C = -\frac{\operatorname{tang}(A-\psi)}{\cos b}.$$

Il faut remarquer que les formules (1 *bis*), (2 *bis*), (3 *bis*), (4 *bis*), (5 *bis*) se déduisent des formules (1), (2), (3), (4), (5), en remplaçant dans celles-ci A, B, C, a, b, c par les suppléments de a, b, c, A, B, C et φ, ψ par leurs suppléments. Les deux triangles que nous venons de considérer sont effectivement supplémentaires.

Remarque. — Quand les éléments donnés sont a, b, C, le calcul du seul angle A ou B exige la recherche de cinq logarithmes, comme l'emploi de la première méthode. Le calcul du côté c par l'une des formules (4) exige également cinq logarithmes; mais, lorsqu'on n'a besoin que de ce seul côté, la deuxième méthode doit être préférée à la première. Il en est de même quand les éléments donnés sont A, B, c; l'emploi de la méthode précédente n'offre d'avantages qu'à l'égard de l'angle C, dans le cas où l'on ne doit calculer que ce seul élément.

147. Troisième méthode. — La méthode dont nous allons parler se rapporte exclusivement au cas où l'on ne veut calculer que la seule inconnue c ou C. Dans la solution précédente, on a recours, pour cet objet, à l'une des formules (4) ou (4 *bis*), qui déterminent l'élément inconnu par son cosinus. Il peut arriver que cet élément ne puisse être obtenu de cette manière avec précision, et alors il convient d'opérer comme il suit :

Si l'inconnue est c, l'équation qui la détermine peut s'écrire ainsi :

$$\cos c = \cos(a - b) - 2 \sin a \sin b \sin^2 \frac{1}{2} C,$$

ou

$$\sin^2 \frac{1}{2} c = \sin^2 \frac{1}{2} (a - b) + \sin a \sin b \sin^2 \frac{1}{2} C;$$

si donc on calcule un angle auxiliaire ω tel que

$$\operatorname{tang} \omega = \frac{\sin \frac{1}{2} C}{\sin \frac{1}{2} (a - b)} \sqrt{\sin a \sin b},$$

on obtiendra ensuite c par la formule

$$\sin \frac{1}{2} c = \frac{\sin \frac{1}{2} (a - b)}{\cos \omega}.$$

Si l'inconnue est C, on a

$$\cos C = - \cos(A + B) - 2 \sin A \sin B \sin^2 \frac{1}{2} c$$

ou

$$\sin^2 \frac{1}{2} C = \cos^2 \frac{1}{2} (A + B) + \sin A \sin B \sin^2 \frac{1}{2} c;$$

on calculera donc l'angle auxiliaire ω par la formule

$$\operatorname{tang} \omega = \frac{\sin \frac{1}{2} c}{\cos \frac{1}{2} (A + B)} \sqrt{\sin A \sin B},$$

et l'on aura ensuite C par la formule

$$\sin \frac{1}{2} C = \frac{\cos \frac{1}{2} (A + B)}{\cos \omega}.$$

Remarque. — Cette troisième méthode n'exige, comme la précédente, que cinq logarithmes pour le calcul de c ou de C.

148. Exemple. — *On donne les côtés a, b et l'angle compris* C, *savoir :*

$$a = 113^\circ 2' 56'',64,\qquad b = 82^\circ 39' 28'',40,\qquad C = 138^\circ 50' 13'',69,$$

et l'on demande de calculer les angles A, B *et le côté c.*

TYPE DU CALCUL.

$\frac{1}{2}(a-b)$	$15^\circ 11' 44'',12$
$\frac{1}{2}(a+b)$	$97^\circ 51' 12'',52$
$\frac{1}{2}$C	$69^\circ 25' 6'',845$

$\log\sin\frac{1}{2}(a-b)$	$\bar{1},4184917$
$\log\cos\frac{1}{2}(a-b)$	$\bar{1},9845439$
$\log\sin\frac{1}{2}(a+b)$	$\bar{1},9959074$
$\log-\cos\frac{1}{2}(a+b)$ ...	$\bar{1},1355787$
$\log\cot\frac{1}{2}C$	$\bar{1},5746163$

Calcul de $\frac{1}{2}(A+B)$.

$$\tang\tfrac{1}{2}(A+B) = \cot\tfrac{1}{2}C\,\frac{\cos\frac{1}{2}(a-b)}{\cos\frac{1}{2}(a+b)}.$$

$\log\cot\frac{1}{2}C$	$\bar{1},5746163$
$\log\cos\frac{1}{2}(a-b)$	$\bar{1},9845439$
$-\log-\cos\frac{1}{2}(a+b)$.	$0,8644213$
$\log-\tang\frac{1}{2}(A+B)$..	$0,4235815$
$\frac{1}{2}(A+B)$	$110^\circ 39' 35'',29$

Calcul de $\frac{1}{2}(A-B)$.

$$\tang\tfrac{1}{2}(A-B) = \cot\tfrac{1}{2}C\,\frac{\sin\frac{1}{2}(a-b)}{\sin\frac{1}{2}(a+b)}.$$

$\log\cot\frac{1}{2}C$	$\bar{1},5746163$
$\log\sin\frac{1}{2}(a-b)$	$\bar{1},4184917$
$-\log\sin\frac{1}{2}(a+b)$...	$0,0040926$
$\log\tang\frac{1}{2}(A-B)$ ...	$\bar{2},9972006$
$\frac{1}{2}(A-B)$	$5^\circ 40' 26'',91$

Calcul des angles A *et* B.

$\frac{1}{2}(A+B)$	$110^\circ 39' 35'',29$
$\frac{1}{2}(A-B)$	$5^\circ 40' 26'',91$
A	$116^\circ 20' 2'',20$
B	$104^\circ 59' 8'',38$
$\log-\cos\frac{1}{2}(A+B)$.	$\bar{1},5475513$
$\log\cos\frac{1}{2}(A-B)$...	$\bar{1},9978668$

Calcul du côté c.

$$\tang\tfrac{1}{2}c = \tang\tfrac{1}{2}(a+b)\,\frac{\cos\frac{1}{2}(A+B)}{\cos\frac{1}{2}(A-B)}.$$

$\log\sin\frac{1}{2}(a+b)$	$\bar{1},9959074$
$-\log-\cos\frac{1}{2}(a+b)$.	$0,8644213$
$\log-\cos\frac{1}{2}(A+B)$ ..	$\bar{1},5475513$
$-\log\cos\frac{1}{2}(A-B)$ ..	$0,0021332$
$\log\tang\frac{1}{2}c$	$0,4100132$
$\frac{1}{2}c$	$68^\circ 44' 32'',30$
c	$137^\circ 29' 4'',60$

Résolution d'un triangle sphérique dans lequel on connaît deux côtés et l'angle opposé à l'un d'eux, ou deux angles et le côté opposé à l'un d'eux.

149. Première méthode. — Soient a, b et A ou A, B, a les éléments donnés. On calculera d'abord l'inconnue B ou b par

la formule

$$\frac{\sin B}{\sin A} = \frac{\sin b}{\sin a},$$

et l'on pourra obtenir ensuite la valeur correspondante de C ou de c par le moyen des formules de Néper, savoir :

$$\tang\frac{1}{2}C = \frac{\cot\frac{1}{2}(A+B)\cos\frac{1}{2}(a-b)}{\cos\frac{1}{2}(a+b)} = \frac{\cot\frac{1}{2}(A-B)\sin\frac{1}{2}(a-b)}{\sin\frac{1}{2}(a+b)},$$

$$\tang\frac{1}{2}c = \frac{\tang\frac{1}{2}(a+b)\cos\frac{1}{2}(A+B)}{\cos\frac{1}{2}(A-B)} = \frac{\tang\frac{1}{2}(a-b)\sin\frac{1}{2}(A+B)}{\sin\frac{1}{2}(A-B)}.$$

Pour que le problème soit possible, il faut d'abord que le sinus de l'élément inconnu B ou b soit compris entre zéro et 1; lorsque cette condition est remplie, il existe pour B ou b deux valeurs supplémentaires l'une de l'autre; mais, pour que l'une de ces valeurs convienne au problème, il est nécessaire que les valeurs correspondantes de $\tang\frac{1}{2}C$ et de $\tang\frac{1}{2}c$ soient positives, ce qui exige que les différences $A - B$ et $a - b$ soient de même signe. Si cette condition n'est satisfaite par aucune des deux valeurs de B ou de b, le problème n'admet aucune solution; mais, si elle est satisfaite pour l'une de ces valeurs, il y a nécessairement une solution correspondante. En effet, $A - B$ et $a - b$ étant de même signe, on obtiendra pour C et pour c des valeurs comprises entre zéro et 180 degrés, par le moyen de deux des formules de Néper; ces valeurs de C et de c seront les mêmes que celles qui seraient données par les deux autres formules de Néper, car celles-ci se déduisent immédiatement des deux premières en faisant usage de la relation

$$\frac{\sin B}{\sin A} = \frac{\sin b}{\sin a} \quad \text{ou} \quad \frac{\tang\frac{1}{2}(A+B)}{\tang\frac{1}{2}(A-B)} = \frac{\tang\frac{1}{2}(a+b)}{\tang\frac{1}{2}(a-b)}.$$

Il suit de là que les valeurs trouvées pour B ou b, pour C et pour c, satisfont aux quatre formules de Néper. Si donc on se propose de résoudre un triangle avec les données a, b, C, problème qui est toujours possible, on retrouvera nécessairement pour les éléments cherchés les valeurs A, B, c.

Les deux cas dont il s'agit ici sont nommés *cas douteux des triangles sphériques*, parce qu'il peut y avoir incertitude à l'égard de celle des valeurs de B ou de b qui convient au triangle que l'on doit considérer. Mais, dans les applications, cette incertitude disparaît toujours par un examen attentif des circonstances du problème à résoudre.

150. DEUXIÈME MÉTHODE. — La méthode précédente ne doit être employée que dans le cas où il s'agit de déterminer l'élément B ou b avec l'un des deux éléments C et c seulement. Trois logarithmes sont nécessaires pour le calcul de B ou b, et l'espèce de cet élément étant supposée connue, il faut trois nouveaux logarithmes pour obtenir C ou c.

Lorsqu'on a besoin de calculer les trois inconnues, on déterminera l'élément B ou b comme précédemment, et si l'espèce de cet élément est connue, on pourra obtenir C et c par les formules (11) et (12) du nº 123, qui exigent seulement la recherche de quatre logarithmes.

Faisant donc

$$A + B = S + 180^\circ, \quad A - B = D,$$
$$a + b = s + 180^\circ, \quad a - b = d,$$

puis

$$M = \operatorname{tang}\frac{S+d}{4}\operatorname{tang}\frac{S-d}{4}, \quad N = \operatorname{tang}\frac{s+D}{4}\operatorname{tang}\frac{s-D}{4},$$

on aura, par les formules (11) du nº 123,

$$\operatorname{tang}\frac{C-c}{4} = \pm\sqrt{MN}, \quad \operatorname{tang}\frac{C+c}{4} = +\sqrt{\frac{M}{N}},$$

le radical devant être pris, dans la première formule, avec le signe des quantités M et N.

On peut employer les formules (12) du nº 123 au lieu des formules (11); il n'y a aucune raison de préférer les unes aux autres. Lorsque le problème proposé admet deux solutions, si l'on a employé les formules (11), comme nous venons de le faire, pour le calcul de l'un des triangles, les formules (12) permettront de calculer les éléments du deuxième triangle, sans qu'il y ait besoin, pour cette opération, d'aucun logarithme nouveau.

Effectivement, désignons par C' et c' les valeurs de C et c qui se rapportent au deuxième triangle; il faudra remplacer, dans les formules (12) du n° 123, B par $180° - B$, ou b par $180° - b$, ce qui revient à permuter entre elles les lettres S et D, ou s et d, suivant que les données du problème sont a, b, A, ou A, B, a. Alors si l'on fait, pour abréger,

$$M' = \tang \frac{s+D}{4} \cot \frac{s-D}{4}, \quad N' = \cot \frac{S+d}{4} \tang \frac{S-d}{4},$$

on aura

$$\tang\left(\frac{C'-c'}{4} \pm 45°\right) = \pm\sqrt{M'N'}, \quad \tang\left(\frac{C'+c'}{4} + 45°\right) = \pm\sqrt{\frac{M'}{N'}}.$$

Lorsque les données sont a, b, A, il faut prendre les signes supérieurs dans l'un et l'autre membre de la première formule, et le signe du radical de la deuxième formule est celui des quantités M' et N'. Si, au contraire, les données sont A, B, a, il faut prendre les signes inférieurs dans les deux membres de la première formule, et le radical de la seconde formule doit être pris avec un signe contraire à celui des quantités M' et N'.

Remarque. — On voit que la solution complète du problème, même dans le cas où elle conduit à deux triangles qu'on veut calculer l'un et l'autre, exige seulement l'emploi de sept logarithmes.

151. Troisième méthode. — La solution la plus simple du problème qui nous occupe s'obtient par le moyen des trois formules dans chacune desquelles figurent les données avec l'une des inconnues. Cette méthode, qui exige le calcul de deux angles auxiliaires, est celle qu'il convient d'employer dans la plupart des cas.

Supposons que les données soient a, b, A; les formules qui déterminent les inconnues sont

$$(1)\quad \left\{\begin{array}{l} \sin B = \dfrac{\sin b \sin A}{\sin a}, \\ \cos a = \cos b \cos c + \sin b \sin c \cos A, \\ \cot a \sin b - \cot A \sin C = \cos b \cos C. \end{array}\right.$$

Chacune d'elles permet de calculer directement l'une des inconnues, et elle fournit en même temps un critérium pour reconnaître si un triangle est possible avec les données. En effet, ainsi qu'on l'a vu au n° 149, si l'on peut tirer de la première formule une valeur de B telle, que $A - B$ soit de même signe que $a - b$, il y aura une solution du problème correspondant à cette valeur de B. Pareillement, si la deuxième formule fournit une valeur de c comprise entre zéro et 180 degrés, il est évident qu'il y aura une solution du problème correspondant à cette valeur, car le triangle formé avec les côtés b, c et l'angle A satisfera aux conditions de l'énoncé. De même, enfin, si l'on peut tirer de la troisième formule une valeur de C comprise entre zéro et 180 degrés, il y aura nécessairement une solution du problème correspondant à cette valeur, car on pourra toujours construire un triangle avec les éléments a, b, C.

La première formule du système (1) est calculable par logarithmes; pour obtenir c et C, on déterminera deux angles auxiliaires φ et ψ compris entre zéro et 180 degrés, et tels que l'on ait

$$(2) \qquad \tang\varphi = \tang b \cos A, \quad \tang\psi = \frac{\cot A}{\cos b};$$

les deux dernières formules (1) donneront alors

$$(3) \quad \cos(c - \varphi) = \frac{\cos a \cos\varphi}{\cos b}, \quad \cos(C - \psi) = \cot a \tang b \cos\psi.$$

Pour que le problème proposé soit possible, il faut que la valeur de $\sin B$ soit inférieure à 1, et que les valeurs de $\cos(c - \varphi)$, $\cos(C - \psi)$ soient comprises entre -1 et $+1$; il est facile de s'assurer que ces conditions sont exprimées par la seule inégalité

$$\frac{\sin b \sin A}{\sin a} < 1.$$

Si cette inégalité est satisfaite, on pourra calculer, par la première formule (1), une valeur M de B comprise entre zéro et 90 degrés, et, par les formules (3), des valeurs N et P de $c - \varphi$ et $C - \psi$, comprises entre zéro et 180 degrés. Mais on satisfera aussi aux équations en prenant $B = 180^\circ - M$, $c - \varphi = -N$, $C - \psi = -P$; il est aisé de déterminer, dans chaque cas, les valeurs de B, C, c qu'il faut associer pour obtenir un triangle répondant à la question. Effectivement, si l'on introduit les angles auxiliaires φ et ψ dans les formules

$$\cot b \sin c - \cot B \sin A = \cos c \cos A,$$
$$\cos B = -\cos A \cos C + \sin A \sin C \cos b,$$

celles-ci deviennent

$$(4) \qquad \sin(c - \varphi) = \sin\varphi \frac{\operatorname{tang} A}{\operatorname{tang} B}, \quad \sin(C - \psi) = \sin\psi \frac{\cos B}{\cos A},$$

ce qui montre que les différences $c - \varphi$ et $C - \psi$ sont de même signe. On voit aussi, par les formules (4), que, si ces différences sont positives, les angles A et B sont tous deux inférieurs ou tous deux supérieurs à 90 degrés, tandis que, si $c - \varphi$ et $C - \psi$ sont négatives, les angles A et B sont, l'un inférieur, l'autre supérieur à 90 degrés. D'après cela, les valeurs de B, C, c qui doivent être associées seront

$$\left.\begin{array}{lll} B = M & c = \varphi + N, & C = \psi + P, \\ B = 180^\circ - M, & c = \varphi - N, & C = \psi - P, \end{array}\right\} \text{si } A < 90^\circ,$$

$$\left.\begin{array}{lll} B = 180^\circ - M, & c = \varphi + N, & C = \psi + P, \\ B = M, & c = \varphi - N, & C = \psi - P, \end{array}\right\} \text{si } A > 90^\circ,$$

et chacune de ces deux combinaisons répondra certainement à un triangle, à moins que la valeur de c ou de C qui y figure ne soit pas comprise entre zéro et 180 degrés.

Si l'on divise la première et la deuxième équation (4) respectivement par la première et la deuxième équation (3), on trouvera, en ayant égard aux équations (2) et à la première équation (1),

$$(5) \qquad \operatorname{tang}(c - \varphi) = \operatorname{tang} a \cos B, \quad \operatorname{tang}(C - \psi) = \frac{\cot B}{\cos a},$$

d'où

$$(6) \qquad \operatorname{tang}(c - \varphi) = \sin b \sin A \operatorname{tang}(C - \psi).$$

Lorsqu'on a besoin de calculer les trois éléments inconnus,

et que l'on a obtenu B par la première formule (1), on peut employer avec avantage les formules (5) et (6) pour achever la résolution du triangle; celles-ci exigent effectivement un logarithme de moins que les formules (3), et elles déterminent les différences $c-\varphi$, $C-\psi$ par leurs tangentes. Pour le calcul, il est permis de regarder ces différences comme positives, c'est-à-dire comme égales à $+N$ et à $+P$ respectivement; mais alors, si l'on prend pour B la valeur M, il faut avoir soin de changer les signes des seconds membres des formules (5), quand l'angle A est supérieur à 90 degrés.

152. On procédera exactement de la même manière, si les données sont A, B, a. Les formules qui déterminent les inconnues sont ici

$$(1)\qquad \left\{\begin{aligned} \sin b &= \frac{\sin B \sin a}{\sin A}, \\ \cos A &= -\cos B \cos C + \sin B \sin C \cos a, \\ \cot a \sin c - \cot A \sin B &= \cos c \cos B. \end{aligned}\right.$$

La première formule est calculable par logarithmes; pour trouver C et c, on calculera deux angles auxiliaires ψ, φ compris entre zéro et 180 degrés, et tels que l'on ait

$$(2)\qquad \tang\psi = -\tang B \cos a, \quad \tang\varphi = -\frac{\cot a}{\cos B};$$

les deux dernières formules (1) deviendront alors

$$(3)\quad \cos(C-\psi) = -\frac{\cos A \cos\psi}{\cos B}, \quad \cos(c-\varphi) = -\cot A \tang B \cos\varphi.$$

Si la condition

$$\frac{\sin B \sin a}{\sin A} < 1$$

est satisfaite, la valeur précédente de $\sin b$ sera inférieure à 1; pareillement, les valeurs de $\cos(C-\psi)$ et de $\cos(c-\varphi)$ seront comprises entre -1 et $+1$; les Tables feront donc connaître une valeur M de b comprise entre zéro et 90 degrés, ainsi que des valeurs N et P de $c-\varphi$ et $C-\psi$, comprises entre zéro et 180 degrés; mais on satisfera aussi aux équations en prenant $b = 180^\circ - M$, $C - \psi = -P$, $c - \varphi = -M$. L'introduction des angles ψ et φ dans les formules

$$\cot b \sin a - \cot B \sin C = \cos a \cos C,$$

$$\cos b = \cos a \cos c + \sin a \sin c \cos B$$

donne

$$(4)\quad \sin(C - \psi) = -\sin\psi \frac{\tang a}{\tang b},\quad \sin(c - \varphi) = -\sin\varphi \frac{\cos b}{\cos a};$$

il s'ensuit que les différences $C - \psi$ et $c - \varphi$ sont de même signe; on voit aussi que, si ces différences sont négatives, les côtés a et b sont l'un et l'autre inférieurs à 90 degrés ou supérieurs à 90 degrés; tandis que, si $c - \varphi$ et $C - \psi$ sont positives, les côtés a et b sont l'un inférieur, l'autre supérieur à 90 degrés. D'après cela, les valeurs de b, C, c qui doivent être associées seront

$$\left.\begin{array}{lll} b = M, & C = \psi + P, & c = \varphi + N, \\ b = 180^\circ - M, & C = \psi - P, & c = \varphi - N, \end{array}\right\} \text{ si } a > 90^\circ,$$

et

$$\left.\begin{array}{lll} b = 180^\circ - M, & C = \psi + P, & c = \varphi + N, \\ b = M, & C = \psi - P, & c = \varphi - N; \end{array}\right\} \text{ si } a < 90^\circ.$$

Chacune de ces deux solutions cesse d'exister, si la valeur de C ou de c qui lui correspond n'est pas comprise entre zéro et 180 degrés.

Des formules (3) et (4) on tire

$$(5)\quad \tang(C - \psi) = -\tang A \cos b,\quad \tang(c - \varphi) = -\frac{\cot b}{\cos A}$$

et

$$(6)\qquad \tang(C - \psi) = \sin a \sin B \tang(c - \varphi),$$

formules qui faciliteront la résolution du triangle quand le côté b aura été déterminé.

Toutes ces formules sont semblables à celles que nous avons obtenues au numéro précédent. On passe des unes aux autres en remplaçant a, b, c, A, B, C, φ, ψ par les suppléments de

A, B, C, a, b, c, ψ, φ; et, en effet, nous n'avons fait autre chose ici que résoudre le triangle supplémentaire de celui dont nous nous sommes occupé au n° 151.

153. Quatrième méthode. — L'introduction des angles auxiliaires φ et ψ, dont nous avons fait usage dans la méthode précédente, équivaut à la décomposition du triangle ABC en deux triangles rectangles ou en deux triangles rectilatères par le moyen d'un arc de grand cercle CD (*fig.* 31), mené du

Fig. 31.

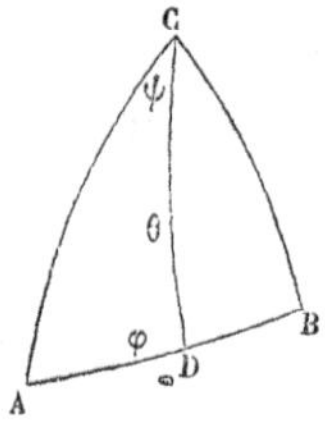

sommet C au côté opposé AB. En effet, si l'arc CD fait un angle droit avec le côté AB, le triangle rectangle ACD donne

$$\tang \mathrm{AD} = \tang b \cos \mathrm{A}, \quad \cot \mathrm{ACD} = \cos b \tang \mathrm{A};$$

si, au contraire, l'arc CD est mené de manière que sa longueur soit égale à un quadrant, le triangle BCD sera rectilatère, et il donnera

$$\tang \mathrm{BD} = -\frac{\cot a}{\cos \mathrm{B}}, \quad \tang \mathrm{BCD} = -\tang \mathrm{B} \cos a,$$

d'où il suit que les angles désignés par φ et ψ au n° 151 sont respectivement égaux à AD et ACD, tandis que les angles désignés par les mêmes lettres φ et ψ au n° 152 sont respectivement BD et BCD.

La méthode fondée sur la décomposition du triangle proposé en deux triangles rectangles ou rectilatères, et dont nous voulons nous occuper ici, ne diffère donc pas au fond de celle que nous venons de développer; mais il convient de remarquer qu'on peut éviter l'emploi des sinus et des cosinus dans le calcul des éléments inconnus.

Supposons, en effet, le cas où les éléments donnés sont a,

b, A. Désignons par θ la perpendiculaire CD abaissée de C sur AB, on résoudra le triangle rectangle ACD par le moyen des formules

$$(1)\quad \begin{cases} \operatorname{tang}\varphi = \operatorname{tang} b \cos A, \quad \cot\psi = \cos b \operatorname{tang} A, \\ \operatorname{tang}\theta = \sin\varphi \operatorname{tang} A = \cos\psi \operatorname{tang} b, \end{cases}$$

après quoi le triangle rectangle BCD, dans lequel on connaît l'hypoténuse a et le côté θ, fera connaître les trois éléments

$$\text{CBD} = \text{B ou } 180^\circ - \text{B}, \quad \text{BD} = \pm(c - \varphi), \quad \text{BCD} = \pm(\text{C} - \psi);$$

on peut appliquer à la résolution du triangle BCD le deuxième système de formules qui conviennent au premier cas des triangles rectangles, et l'on aura ainsi, à cause de l'indétermination du signe des différences $c - \varphi$, $\text{C} - \psi$.

$$(2)\quad \begin{cases} \operatorname{tang}\left(45^\circ + \frac{1}{2}\text{B}\right) = \pm\sqrt{\dfrac{\operatorname{tang}\frac{1}{2}(a+\theta)}{\operatorname{tang}\frac{1}{2}(a-\theta)}}, \\ \operatorname{tang}\frac{1}{2}(c-\varphi) = \pm\sqrt{\operatorname{tang}\frac{1}{2}(a-\theta)\operatorname{tang}\frac{1}{2}(a+\theta)}, \\ \operatorname{tang}\frac{1}{2}(\text{C}-\psi) = \pm\sqrt{\dfrac{\sin(a-\theta)}{\sin(a+\theta)}}. \end{cases}$$

Pour avoir les formules analogues qui conviennent au cas où les données sont A, B, a, il suffit de remplacer, dans les formules (1) et (2), A, B, C, a, b, c, φ, ψ, θ par les suppléments de a, b, c, A, B, C, ψ, φ, θ respectivement.

La solution fournie par cette dernière méthode est évidemment moins simple que la précédente.

154. Exemple. — *On donne les côtés a, b et l'angle* A, *opposé au premier côté, savoir :*

$$a = 113^\circ\ 2'56'',64,$$
$$b = 82^\circ 39' 28'',40,$$
$$\text{A} = 116^\circ 20'\ 2'',20,$$

et l'on demande de calculer les angles B, C *et le côté c.*

TYPE DU CALCUL.

Calcul de l'angle B.

$$\sin B = \frac{\sin b \sin A}{\sin a}.$$

$\log \sin b$	$\bar{1},9964245$
$-\log \sin a$	$0,0361320$
$\log \sin A$	$\bar{1},9524164$
$\log \sin B$	$\bar{1},9849729$

B .... $\begin{cases} 75^\circ\ 0'51'',60 = M \\ 104^\circ 59'\ 8'',40 = 180^\circ - M \end{cases}$

Calcul de l'angle C.

$$\tang \psi = \frac{\cot A}{\cos b}, \quad \tang P = -\frac{\cot M}{\cos a},$$

$$C = \psi \pm P.$$

$\log - \cot A$	$\bar{1},6945773$
$-\log \cos b$	$0,8934910$
$\log - \tang \psi$	$0,5880683$
ψ	$104^\circ 28'36'',44$
$\log \cot M$	$\bar{1},4276177$
$-\log - \cos a$	$0,4072468$
$\log \tang P$	$\bar{1},8348645$
P	$34^\circ 21'37'',25$

$C = \psi \pm P$ ...... $\begin{cases} 70^\circ\ 6'59'',19 \\ 138^\circ 50'13'',69 \end{cases}$

Calcul du côté c.

$$\tang \varphi = \tang b \cos A = \sin b \sin A \tang \psi,$$
$$\tang N = \sin b \sin A \tang P,$$

$$c = \varphi \pm N.$$

$\log \sin b$	$\bar{1},9964245$
$\log \sin A$	$\bar{1},9524164$
$\log - \tang \psi$	$0,5880683$
$\log - \tang \varphi$	$0,5369092$
φ	$106^\circ 11'47'',85$
$\log \sin b$	$\bar{1},9964245$
$\log \sin A$	$\bar{1},9524164$
$\log \tang P$	$\bar{1},8348645$
$\log \tang N$	$\bar{1},7837054$
N	$31^\circ 17'16'',79$

$c = \varphi \pm N$ .... $\begin{cases} 74^\circ 54'31'',06 \\ 137^\circ 29'\ 4'',64 \end{cases}$

Première solution :

$B = 75^\circ\ 0'51'',60, \quad C = 70^\circ\ 6'59'',19, \quad c = 74^\circ 54'31'',06.$

Deuxième solution :

$B = 104^\circ 59'\ 8'',40, \quad C = 138^\circ 50'13'',69, \quad c = 137^\circ 29'\ 4'',64.$

Discussion des cas qui peuvent admettre deux solutions.

155. Les deux derniers cas des triangles sphériques sont les seuls qui puissent admettre deux solutions, et encore ils ne les admettent pas toujours. Les formules qui se rapportent à ces deux cas font connaître le nombre des solutions et elles déterminent sans ambiguïté les éléments de chacune d'elles; il n'est pas cependant sans intérêt d'étudier les diverses circonstances de ces deux problèmes; mais, parce qu'ils se ramènent immédiatement l'un à l'autre, ainsi que nous l'avons déjà dit, nous nous bornerons à présenter ici la discussion du cas où l'on donne deux côtés a, b, et l'angle opposé à l'un d'eux.

Si $a = b$, on a aussi $A = B$, et les formules de Néper donnent

$$\cot \frac{1}{2} C = \operatorname{tang} A \cos a, \quad \operatorname{tang} \frac{1}{2} c = \operatorname{tang} a \cos A.$$

Pour que le problème soit possible, il faut et il suffit que $\operatorname{tang} A$ et $\cos a$, $\cos A$ et $\operatorname{tang} a$ aient le même signe, c'est-à-dire que A et a soient tous deux inférieurs ou tous deux supérieurs à 90 degrés. Il n'y a qu'une seule solution.

Passons au cas général. Il faut, pour que le problème soit possible, que $\frac{\sin b \sin A}{\sin a}$ soit moindre que 1; si cette condition est remplie, il y a deux valeurs de B qui satisfont à l'équation $\sin B = \frac{\sin b \sin A}{\sin a}$: l'une M est plus petite que 90 degrés, l'autre M' est égale à $180° - M$.

Pour que l'une de ces valeurs de B réponde à la question, il faut et il suffit (nº **149**) que $A - B$ et $a - b$ aient le même signe. Ainsi la condition pour que M réponde à la question est que $A - M$ soit de même signe que $a - b$; de même, la condition pour que M' y réponde est que $A - M'$ soit de même signe que $a - b$.

1° Supposons $A < 90°$ et $b < 90°$.

Si a est $< b$, la formule $\sin B = \frac{\sin b \sin A}{\sin a}$ donne $M > A$, et, à plus forte raison, $M' > A$; il y a donc deux solutions.

Si a est $> b$, on peut avoir

$$a + b < 180^\circ, \quad a + b = 180^\circ, \quad a + b > 180^\circ.$$

Dans le premier cas, on a $b < 180^\circ - a$, $\sin b < \sin a$; alors M est $<$ A; mais, M' étant $>$ A, il n'y a qu'une seule solution. Dans le cas de $a + b = 180^\circ$, on a $b = 180^\circ - a$, $\sin b = \sin a$; alors $M = A$ et $M' > A$; il n'y a donc aucune solution. Dans le cas de $a + b > 180^\circ$, on a $b > 180^\circ - a$, $\sin b > \sin a$; alors M est $>$ A, et, à plus forte raison, $M' > A$; il n'y a donc aucune solution.

2° Supposons $A < 90^\circ$ et $b = 90^\circ$.

La formule $B = \frac{\sin b \sin A}{\sin a}$ donne encore $M > A$, et, par suite, $M' > A$, à moins que l'on n'ait $a = 90^\circ$, auquel cas on a $M = A$. Il y a donc deux solutions si a est $< 90^\circ$, et il n'y en a aucune si $a =$ ou $> 90^\circ$.

3° Supposons $A < 90^\circ$ et $b > 90^\circ$.

Si a est $< b$, on peut avoir

$$a + b < 180^\circ, \quad a + b = 180^\circ, \quad a + b > 180^\circ.$$

Dans le premier cas, on a $b < 180^\circ - a$, $\sin b > \sin a$: alors M est $>$ A, et, à plus forte raison, M' est $>$ A; il y a donc deux solutions. Dans le cas de $a + b = 180^\circ$, on a $b = 180 - a$, $\sin b = \sin a$: alors $M = A$, $M' > A$; il n'y a donc qu'une solution. Dans le cas de $a + b > 180^\circ$, on a $b > 180^\circ - a$, $\sin b < \sin a$: alors M est $<$ A; mais comme M' est $>$ A, il y a encore une solution.

Si a est $> b$, on a $\sin < \sin b$, puisque a et b sont obtus : alors on a $M > A$, et, à plus forte raison, $M' > A$; il n'y a donc aucune solution.

Les hypothèses $A = 90^\circ$ et $A > 90^\circ$ se discutent de la même manière; on peut comprendre tous les résultats dans le tableau suivant :

$A < 90^\circ$	$b < 90^\circ$	$a < b$	deux solutions,
		$a = b$	une solution,
		$a < b$ et $a + b < 180^\circ$	une solution,
		$a > b$ et $a + b =$ ou $> 180^\circ$	aucune solution;
	$b = 90^\circ$	$a < b$	deux solutions,
		$a =$ ou $> b$	aucune solution;
	$b > 90^\circ$	$a < b$ et $a + b < 180^\circ$	deux solutions,
		$a < b$ et $a + b =$ ou $> 180^\circ$	une solution,
		$a =$ ou $> b$	aucune solution;
$A = 90^\circ$	$b < 90^\circ$	$a = b$ ou $< b$	aucune solution,
		$a > b$ et $a + b < 180^\circ$	une solution,
		$a > b$ et $a + b =$ ou $> 180^\circ$	aucune solution;
	$b = 90^\circ$	$a = b$	une infinité de solutions,
		$a < b$ ou $> b$	aucune solution;
	$b > 90^\circ$	$a < b$ et $a + b =$ ou $< 180^\circ$	aucune solution,
		$a < b$ et $a + b > 180^\circ$	une solution,
		$a =$ ou $> b$	aucune solution;
$A > 90^\circ$	$b < 90^\circ$	$a =$ ou $< b$	aucune solution,
		$a > b$ et $a + b =$ ou $< 180^\circ$	une solution,
		$a > b$ et $a + b > 180^\circ$	deux solutions;
	$b = 90^\circ$	$a =$ ou $< b$	aucune solution,
		$a > b$	deux solutions;
	$b > 90^\circ$	$a < b$ et $a + b =$ ou $< 180^\circ$	aucune solution,
		$a < b$ et $a + b > 180^\circ$	une solution,
		$a = b$	une solution,
		$a > b$	deux solutions.

Problèmes de Trigonométrie sphérique.

156. Problème I. — *Calculer le volume d'un parallélépipède oblique, connaissant les longueurs des arêtes et les angles que ces arêtes font entre elles.*

Soient α, 6, γ les trois arêtes qui aboutissent à l'un des sommets du parallélépipède. De ce sommet comme centre, avec un rayon égal à l'unité, décrivons une sphère, qui coupera les faces déterminées par les arêtes β et γ, γ et α, α et β suivant un triangle sphérique. Les côtés a, b, c de ce triangle seront précisément les angles plans donnés de l'angle trièdre, qui a pour sommet le centre de la sphère, et les angles A, B, C seront égaux aux angles dièdres du même angle trièdre.

La base du parallélépipède a pour mesure $\alpha\beta\sin c$; si donc H désigne sa hauteur, le volume demandé V sera

$$V = \alpha\beta \sin c \times H.$$

Mais si, par le sommet d'où la hauteur H est abaissée, on mène une perpendiculaire H′ sur l'arête α et que l'on joigne le pied de H′ à celui de H, cette dernière droite fera avec H′ un angle égal à A, et l'on aura, par des triangles rectangles,

$$H' = \gamma \sin b, \quad H = H' \sin A = \gamma \sin b \sin A;$$

par conséquent,

$$V = \alpha\beta\gamma \sin b \sin c \sin A.$$

Or, si l'on fait $a + b + c = 2p$, on a (119)

$$\sin\frac{1}{2}A = \sqrt{\frac{\sin(p-b)\sin(p-c)}{\sin b \sin c}},$$

$$\cos\frac{1}{2}A = \sqrt{\frac{\sin p \sin(p-a)}{\sin b \sin c}},$$

et, par conséquent,

$$\sin A = \frac{2}{\sin b \sin c}\sqrt{\sin p \sin(p-a)\sin(p-b)\sin(p-c)};$$

donc

$$V = 2\alpha\beta\gamma\sqrt{\sin p \sin(p-a)\sin(p-b)\sin(p-c)};$$

on peut écrire aussi (110)

$$V = \alpha\beta\gamma\sqrt{1 - \cos^2 a - \cos^2 b - \cos^2 c + 2\cos a \cos b \cos c}.$$

Remarque. — Si l'on prend le sixième de cette expression, on aura le volume d'un tétraèdre en fonction de trois arêtes contiguës α, β, γ et des angles a, b, c, que ces arêtes font entre elles. De là on peut déduire très-aisément l'expression du volume d'un tétraèdre en fonction de ses six arêtes.

157. Problème II. — *Réduire un angle à l'horizon.*

Supposons qu'un observateur placé au point O (*fig.* 32) ait mesuré les angles formés avec la verticale OO′ par les rayons

Fig. 32.

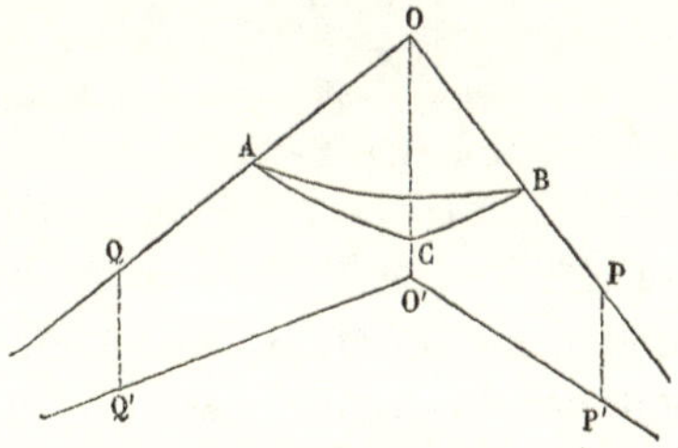

visuels OP et OQ dirigés vers deux points fixes P et Q, et qu'il ait mesuré aussi l'angle POQ formé par ces rayons visuels; on demande de trouver l'angle P′O′Q′ qui est la projection de POQ sur le plan horizontal.

Si l'on imagine une sphère décrite du point O comme centre, avec l'unité pour rayon, elle sera coupée par les trois faces de l'angle trièdre en O, suivant un triangle sphérique ABC, dont les côtés seront précisément les angles observés; tandis que l'angle P′O′Q′ qu'il faut trouver est égal à l'angle C de ce triangle sphérique. On est ainsi ramené à l'un des cas des triangles sphériques dont nous avons donné la solution au n° 142.

158. Problème III. — *Étant données les latitudes et les longitudes de deux points de la surface de la Terre, trouver la distance de ces deux points.*

Soient (*fig.* 33) P le pôle boréal, P′ le pôle austral, EGE′ l'équateur et G le point de ce cercle à partir duquel se comptent les longitudes. Supposons que GE soit le sens des longitudes orientales, et GE′ celui des longitudes occidentales. Soient PACP′ et PBDP′ les méridiens qui passent par les deux points donnés, dont on connaît les latitudes AC, BD, et les longitudes GC, GD; soit enfin AB l'arc de grand cercle qui joint les points A et B. Dans le triangle sphérique PAB, on connaît l'angle P et les deux côtés qui comprennent cet angle.

Fig. 33.

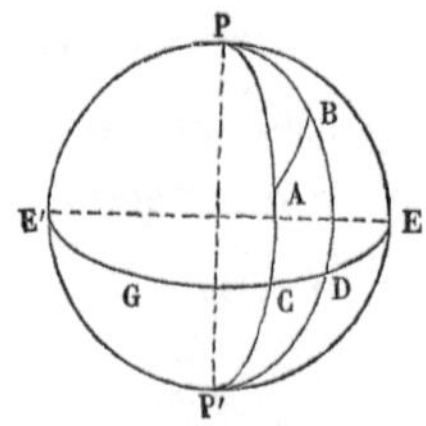

En effet, l'angle P est égal à la différence des longitudes données, lorsque celles-ci sont toutes deux orientales ou occidentales; et le même angle P est égal à la somme des longitudes données ou au complément de cette somme à 360 degrés, lorsque l'une des longitudes est orientale et que l'autre est occidentale. En outre, le côté PA est égal à 90°— ou + la latitude du point A, suivant que cette dernière est boréale ou australe; et, de même, le côté PB est égal à 90°— ou + la latitude du point B.

Convenons que les longitudes soient positives ou négatives suivant qu'elles seront orientales ou occidentales, et pareillement que les latitudes soient positives ou négatives suivant qu'elles seront boréales ou australes. Si l'on désigne par L et L' les longitudes des points A et B, par λ et λ' les latitudes des mêmes points, on pourra (146 et 147) calculer le côté $AB = x$ par l'une ou l'autre des deux formules

$$\cos x = \frac{\sin\lambda \sin(\lambda' + \varphi)}{\cos\varphi}, \quad \sin\frac{1}{2}x = \pm \frac{\sin\frac{1}{2}(\lambda - \lambda')}{\cos\omega}.$$

Quand on fait usage de la première formule, il faut calculer préalablement l'angle auxiliaire φ par la formule

$$\operatorname{tang}\varphi = \cot\lambda \cos(L' - L);$$

si l'on veut au contraire employer l'angle ω, on le calculera par la formule

$$\operatorname{tang}\omega = \pm \frac{\sin\frac{1}{2}(L - L')}{\sin\frac{1}{2}(\lambda - \lambda')} \sqrt{\cos\lambda \cos\lambda'}.$$

Supposons l'angle x évalué en degrés, la demi-circonférence d'un méridien terrestre étant égale à 20000 kilomètres; on aura, pour la longueur de AB en kilomètres,

$$AB = \frac{x}{9} \times 1000.$$

159. Exemple. — *On demande la distance de Saint-Pétersbourg à Valparaiso, sachant que l'on a :*

Pour Saint-Pétersbourg (Observatoire),

lat. sept. $= \lambda = 59^\circ 56' 30''$, long. orient. $= L = 27^\circ 58' 13''$;

Pour Valparaiso (F. S. Ant.),

lat. aust. $= \lambda' = -33^\circ 1' 55''$, long. occid. $= L' = -73^\circ 57' 22''$.

Calcul de l'angle auxiliaire φ.

$$\tang\varphi = \cot\lambda \cos(L' - L).$$

$\log\cot\lambda$	$\bar{1},7624599$
$\log - \cos(L' - L)$	$\bar{1},3152455$
$\log - \tang\varphi$	$\bar{1},0777054$
$180^\circ - \varphi$	$6^\circ 49' 11''$

Calcul de la distance x.

$$\cos x = \frac{\sin\lambda \sin(\lambda' + \varphi)}{\cos\varphi}.$$

$\log\sin\lambda$	$\bar{1},9372751$
$\log\sin(\lambda' + \varphi)$	$\bar{1},8067240$
$-\log - \cos\varphi$	$0,0030837$
$\log - \cos x$	$\bar{1},7470828$
x	$123^\circ 57' 27''$ 13773 kilom.

QUESTIONS PROPOSÉES.

I. Démontrer que, si l'on joint les sommets d'un triangle sphérique avec les milieux des côtés opposés par des arcs de grand cercle, ces arcs se couperont en un même point O. Si α désigne l'arc qui joint le sommet A au milieu du côté a et que α' et α'' soient les parties de α comprises, la première entre le sommet A et le point O, la deuxième entre le point O et le côté a, on a

$$\cos\alpha = \frac{\cos\frac{1}{2}(b+c)\cos\frac{1}{2}(b-c)}{\cos\frac{1}{2}a}, \quad \frac{\sin\alpha'}{\sin\alpha''} = 2\cos\tfrac{1}{2}a.$$

II. Démontrer que les grands cercles menés par les sommets d'un triangle sphérique perpendiculairement aux côtés opposés se coupent aux deux mêmes points. Trouver les longueurs des arcs compris entre un de leurs points d'intersection et les sommets, ou entre les sommets et les côtés opposés.

III. Résoudre un triangle sphérique rectangle, connaissant l'hypoténuse et le rayon du cercle inscrit.

IV. Résoudre un triangle sphérique, connaissant un angle, le côté opposé et la somme ou la différence des deux autres côtés.

V. Résoudre un triangle sphérique, connaissant un angle, l'un des côtés qui comprennent cet angle et la somme ou la différence des deux autres côtés.

VI. Si, dans un triangle sphérique, on a

$$\frac{\sin A}{\sin a} = \frac{\sin B}{\sin b} = \frac{\sin C}{\sin c} = 1,$$

deux des trois côtés sont respectivement égaux aux angles opposés, tandis que le troisième côté est le supplément de l'angle opposé; en outre, la tangente de l'un des arcs $45° + \frac{1}{2}a$, $45° + \frac{1}{2}b$, $45° + \frac{1}{2}c$ est égale au produit des tangentes des deux autres arcs. On propose de démontrer ces résultats et de résoudre le triangle lorsqu'on connaît deux côtés, ou un côté et la somme des deux autres, ou enfin un côté et la différence des deux autres côtés.

VII. Résoudre un triangle sphérique, connaissant les sommes obtenues en ajoutant chaque angle avec le côté qui lui est opposé. Si l'on fait, pour abréger,

$$A + a = 180° + 2\alpha, \quad B + b = 180° + 2\beta, \quad C + c = 180° + 2\gamma$$

et

$$\alpha + \beta + \gamma = 2\varpi,$$

puis que l'on détermine un angle auxiliaire φ compris entre zéro et 180 degrés par la formule

$$\operatorname{tang}\varphi = \frac{+2\sqrt{\cos\varpi\cos(\varpi-\alpha)\cos(\varpi-\beta)\cos(\varpi-\gamma)}}{\sin\alpha\sin\beta\sin\gamma},$$

on pourra calculer ensuite les différences $A - a$, $B - b$, $C - c$ par les formules

$$\operatorname{tang}\tfrac{1}{2}(A - a) = \cot\alpha\cos\varphi,$$
$$\operatorname{tang}\tfrac{1}{2}(B - b) = \cot\beta\cos\varphi,$$
$$\operatorname{tang}\tfrac{1}{2}(C - c) = \cot\gamma\cos\varphi.$$

CHAPITRE V.

COMPLÉMENT DE LA THÉORIE DES FONCTIONS CIRCULAIRES.

Des expressions imaginaires.

160. Conformément à l'usage adopté, nous représenterons par i l'imaginaire $\sqrt{-1}$, et nous appellerons *expression imaginaire* toute expression de la forme

$$A + Bi,$$

où A et B sont des quantités réelles, positives, nulles ou négatives.

Quand nous saurons d'avance que deux quantités réelles A' et B' sont respectivement égales à deux autres A et B, nous dirons que les expressions $A + Bi$ et $A' + B'i$ sont égales.

Il est évident que si l'on a plusieurs égalités de la forme

$$A + Bi = A' + B'i,$$

et qu'on les multiplie membre à membre, en opérant comme si i était une quantité réelle, on obtiendra une égalité dans laquelle les coefficients des mêmes puissances de i seront égaux; l'égalité subsistera donc quand on rabaissera les exposants de i au-dessous de 2, en faisant usage de l'équation $i^2 = -1$.

Quelle que soit l'expression imaginaire $A + Bi$, on peut toujours trouver une quantité *positive* ρ et un arc a tels, que l'on ait

$$A = \rho \cos a, \quad B = \rho \sin a.$$

En effet, il suffit de prendre

$$\rho = +\sqrt{A^2 + B^2},$$

puis

$$\cos a = \frac{A}{+\sqrt{A^2 + B^2}}, \quad \sin a = \frac{B}{+\sqrt{A^2 + B^2}};$$

par conséquent, on peut écrire

$$A + Bi = \rho \cos a + i\rho \sin a$$

ou, si l'on veut,

$$A + Bi = \rho(\cos a + i \sin a).$$

Quand une expression imaginaire est ainsi ramenée à la forme $\rho(\cos a + i \sin a)$, la quantité positive ρ est dite son *module;* l'arc a est son *argument.*

Le module d'une expression imaginaire donnée est déterminé, mais l'argument ne l'est pas entièrement; car une expression imaginaire ne change pas quand on ajoute à son argument ou qu'on en retranche un nombre quelconque de circonférences.

Les quantités positives et négatives peuvent être considérées comme des expressions imaginaires dont le module est égal à leur valeur absolue et dont l'argument est un nombre pair ou impair de demi-circonférences; car, soit A un nombre positif, on a, quel que soit l'entier k,

$$+A = A(\cos 2k\pi + i \sin 2k\pi),$$
$$-A = A[\cos(2k+1)\pi + i \sin(2k+1)\pi].$$

Pour que deux expressions imaginaires soient égales, il faut et il suffit que leurs modules soient égaux, et que leurs arguments diffèrent d'un multiple de la circonférence. Supposons, en effet, que les expressions $\rho(\cos a + i \sin a)$ et $\rho'(\cos a' + i \sin a')$ soient égales; on a

$$\rho \cos a = \rho' \cos a', \quad \rho \sin a = \rho' \sin a',$$

et, si l'on ajoute ces équations après les avoir élevées au carré, il viendra

$$\rho^2 = \rho'^2, \quad \text{d'où} \quad \rho = \rho';$$

les modules étant égaux, les arcs a et a' ont même sinus et même cosinus : donc ils ne peuvent différer, s'ils sont inégaux, que par un multiple de la circonférence.

Les arguments de deux expressions imaginaires *conjuguées,* telles que $A + Bi$ et $A - Bi$, ont même cosinus, tandis que leurs sinus sont égaux et de signe contraire; la somme de ces arguments est donc égale à un multiple de la circonférence.

Opérations sur les expressions imaginaires. — Formule de Moivre pour un exposant entier et positif.

161. Théorème. — *Le produit de deux expressions imaginaires est une expression imaginaire dont le module et l'argument sont respectivement le produit des modules et la somme des arguments des facteurs.*

Considérons d'abord deux expressions imaginaires

$$\cos a + i \sin a \quad \text{et} \quad \cos b + i \sin b$$

ayant l'unité pour module. Si l'on effectue leur produit, il viendra

$$\begin{aligned}&(\cos a + i \sin a)(\cos b + i \sin b)\\&\quad = \cos a \cos b + i(\sin a \cos b + \cos a \sin b) + i^2 \sin a \sin b,\end{aligned}$$

ou, à cause de $i^2 = -1$,

$$\begin{aligned}&(\cos a + i \sin a)(\cos b + i \sin b)\\&\quad = (\cos a \cos b - \sin a \sin b) + i(\sin a \cos b + \cos a \sin b).\end{aligned}$$

Or nous savons que l'on a

$$\begin{aligned}\cos a \cos b - \sin a \sin b &= \cos(a + b),\\ \sin a \cos b + \cos a \sin b &= \sin(a + b);\end{aligned}$$

on peut donc écrire

$$(\cos a + i \sin a)(\cos b + i \sin b) = \cos(a + b) + i \sin(a + b).$$

Soient maintenant $\rho(\cos a + i \sin a)$, $\rho'(\cos b + i \sin b)$ deux expressions imaginaires ayant respectivement pour modules ρ et ρ'; on a

$$\begin{aligned}&\rho(\cos a + i \sin a) \times \rho'(\cos b + i \sin b)\\&\quad = \rho\rho' \times (\cos a + i \sin a)(\cos b + i \sin b),\end{aligned}$$

et, par conséquent,

$$\rho(\cos a + i\sin a) \times \rho'(\cos b + i\sin b)$$
$$= \rho\rho'[\cos(a+b) + i\sin(a+b)].$$

COROLLAIRE I. — *Le quotient de deux expressions imaginaires est une expression imaginaire dont le module et l'argument sont respectivement le quotient des modules et la différence des arguments du dividende et du diviseur.*

Car, soient les deux expressions

$$\rho(\cos a + i\sin a) \quad \text{et} \quad \rho'(\cos b + i\sin b);$$

on a

$$\frac{\rho}{\rho'}[\cos(a-b) + i\sin(a-b)] \times \rho'(\cos b + i\sin b) = \rho(\cos a + i\sin a),$$

d'où

$$\frac{\rho(\cos a + i\sin a)}{\rho'(\cos b + i\sin b)} = \frac{\rho}{\rho'}[\cos(a-b) + i\sin(a-b)].$$

COROLLAIRE II. — *Le module et l'argument du produit de tant d'expressions imaginaires que l'on voudra sont égaux respectivement au produit des modules et à la somme des arguments des facteurs.*

En effet, pour multiplier les deux premiers facteurs, on multiplie leurs modules et l'on ajoute leurs arguments. Pour multiplier ce produit par le troisième facteur, il faut multiplier son module par celui du troisième facteur, et ajouter à son argument celui de ce troisième facteur, et ainsi de suite.

COROLLAIRE III. — *Pour élever une expression imaginaire à une puissance entière et positive de degré m, il faut élever le module à la puissance m, et multiplier l'argument par m.*

Cela résulte immédiatement du corollaire II, en supposant égales entre elles toutes les expressions imaginaires que l'on y considère.

Soit, en particulier, $\cos a + i\sin a$ une expression imaginaire de module 1; on a

$$(\cos a + i\sin a)^m = \cos ma + i\sin ma.$$

C'est dans cette égalité que consiste la formule de Moivre.

162. Théorème. — *Le module de la somme de deux expressions imaginaires est compris entre la somme et la différence des modules de ces expressions.*

En effet, soient les deux expressions imaginaires

$$\rho(\cos a + i\sin a), \quad \rho'(\cos a' + i\sin a'),$$

et posons

$$R(\cos A + i\sin A) = \rho(\cos a + i\sin a) + \rho'(\cos a' + i\sin a');$$

on aura

$$R\cos A = \rho\cos a + \rho'\cos a',$$
$$R\sin A = \rho\sin a + \rho'\sin a'.$$

Si l'on ajoute ces égalités après les avoir élevées au carré, et que l'on extraie la racine carrée des deux membres de l'égalité résultante, il viendra

$$R = \sqrt{\rho^2 + 2\rho\rho'\cos(a - a') + \rho'^2};$$

on a donc

$$R \overset{=}{<} \sqrt{(\rho + \rho')^2} \quad \text{ou} \quad \overset{=}{<} \rho + \rho',$$
$$R \underset{=}{>} \sqrt{(\rho - \rho')^2} \quad \text{ou} \quad \underset{=}{>} \pm(\rho - \rho').$$

On déduit de là cette proposition plus générale :

Corollaire. — *Le module de la somme d'un nombre quelconque d'expressions imaginaires ne peut surpasser la somme des modules de ces expressions.*

Multiplication des arcs.

163. La formule de Moivre donne immédiatement les valeurs de $\cos ma$ et de $\sin ma$, en fonction de $\cos a$ et de $\sin a$. Si, en effet, on développe le second membre de l'égalité

$$\cos ma + i\sin ma = (\cos a + i\sin a)^m,$$

en ayant soin de rabaisser les exposants de i au-dessous de 2, au moyen de l'équation $i^2 = -1$, il viendra

$$\begin{aligned}
&\cos ma + i \sin ma \\
&= \left[\cos^m a - \frac{m(m-1)}{1.2}\cos^{m-2} a \sin^2 a \right.\\
&\qquad \left. + \frac{m(m-1)(m-2)(m-3)}{1.2.3.4}\cos^{m-4} a \sin^4 a - \ldots\right]\\
&\quad + i\left[\frac{m}{1}\cos^{m-1} a \sin a - \frac{m(m-1)(m-2)}{1.2.3}\cos^{m-3} a \sin^3 a \right.\\
&\qquad \left. + \frac{m\ldots(m-4)}{1.2.3.4.5}\cos^{m-5} a \sin^5 a - \ldots\right];
\end{aligned}$$

on a donc

$$(1)\quad \left\{\begin{aligned}
\cos ma &= \cos^m a - \frac{m(m-1)}{1.2}\cos^{m-2} a \sin^2 a \\
&\quad + \frac{m(m-1)(m-2)(m-3)}{1.2.3.4}\cos^{m-4} a \sin^4 a - \ldots,\\
\sin ma &= m \cos^{m-1} a \sin a - \frac{m(m-1)(m-2)}{1.2.3}\cos^{m-3} a \sin^3 a \\
&\quad + \frac{m(m-1)\ldots(m-4)}{1.2.3.4.5}\cos^{m-5} a \sin^5 a - \ldots.
\end{aligned}\right.$$

Ces formules donnent les valeurs de $\cos ma$ et de $\sin ma$ en fonction de $\cos a$ et de $\sin a$. En remplaçant successivement $\sin a$ par $\sqrt{1-\cos^2 a}$ et $\cos a$ par $\sqrt{1-\sin^2 a}$, on obtiendrait les expressions de $\cos ma$ et $\sin ma$ en fonction de $\cos a$ ou de $\sin a$ seulement; nous ferons connaître plus loin ces expressions, et nous nous bornerons ici à une remarque essentielle.

Les termes des seconds membres des équations (1) sont tous du degré m par rapport à $\sin a$ et $\cos a$; la première de ces équations ne contient que des puissances paires de $\sin a$ et que des puissances paires ou impaires de $\cos a$, suivant que m est pair ou impair. La seconde équation, au contraire, ne contient que des puissances impaires de $\sin a$, et que des puissances impaires ou paires de $\cos a$, suivant que m est pair ou impair. On peut conclure de là :

1° Que $\cos ma$ et $\dfrac{\sin ma}{\sin a}$ sont exprimables, en fonction de

$\cos a$, par des polynômes entiers et rationnels, le premier du degré m, le second du degré $m-1$, et dont tous les termes ont des degrés de même parité;

2° Que $\cos ma$ et $\frac{\sin ma}{\cos a}$, si m est pair, ou $\sin ma$ et $\frac{\cos ma}{\cos a}$, si m est impair, sont exprimables, en fonction de $\sin a$, par des polynômes entiers et rationnels, le premier du degré m, le second du degré $m-1$, et dont tous les termes ont des degrés de même parité.

Si, dans la formule

$$\cos ma + i\sin ma = (\cos a + i\sin a)^m,$$

on change a en $-a$, il vient

$$\cos ma - i\sin ma = (\cos a - i\sin a)^m;$$

et l'on tire des deux équations précédentes

$$(2)\quad \begin{cases} \cos ma = \dfrac{(\cos a + i\sin a)^m + (\cos a - i\sin a)^m}{2}, \\[2ex] \sin ma = \dfrac{(\cos a + i\sin a)^m - (\cos a - i\sin a)^m}{2i}; \end{cases}$$

il est souvent utile de prendre sous cette forme les valeurs de $\cos ma$ et de $\sin ma$.

En divisant la seconde des équations (1) par la première, il vient

$$\frac{\sin ma}{\cos ma} = \frac{m\cos^{m-1}a\sin a - \dfrac{m(m-1)(m-2)}{1.2.3}\cos^{m-3}\sin^3 a + \ldots}{\cos^m a - \dfrac{m(m-1)}{1.2}\cos^{m-2}a\sin^2 a + \ldots}$$

$$= \frac{m\dfrac{\sin a}{\cos a} - \dfrac{m(m-1)(m-2)}{1.2.3}\dfrac{\sin^3 a}{\cos^3 a} + \ldots}{1 - \dfrac{m(m-1)}{1.2}\dfrac{\sin^2 a}{\cos^2 a} + \ldots},$$

ou

$$(3)\quad \tan\mathrm{g}\, ma = \frac{m\,\mathrm{tang}\,a - \dfrac{m(m-1)(m-2)}{1.2.3}\mathrm{tang}^3 a + \ldots}{1 - \dfrac{m(m-1)}{1.2}\mathrm{tang}^2 a + \dfrac{m(m-1)(m-2)(m-3)}{1.2.3.4}\mathrm{tang}^4 a - \ldots},$$

formule qui fait connaître $\tang ma$ en fonction rationnelle de $\tang a$.

Division des arcs.

164. Supposons d'abord que l'on demande de trouver $\cos\frac{a}{m}=x$, connaissant $\cos a = A$.

Si dans la première des équations (1) du n° 163 on change a en $\frac{a}{m}$, et que l'on remplace ensuite $\cos\frac{a}{m}$, $\sin\frac{a}{m}$, et $\cos a$ par x, $\sqrt{1-x^2}$ et A, on obtiendra une équation de la forme

$$(1) \qquad f(x) - A = 0,$$

où $f(x)$ désigne un polynôme du degré m dont tous les termes ont des degrés de même parité. Le problème dépend donc d'une équation de degré m; c'est ce qu'on peut établir *a priori*. Soit α l'un quelconque des arcs qui ont A pour cosinus; les valeurs de a seront comprises dans la formule $2k\pi \pm \alpha$, et l'on satisfera à l'équation (1) en prenant pour x le cosinus de l'un quelconque des arcs

$$\frac{2k\pi}{m}+\frac{\alpha}{m}, \quad \frac{2k\pi}{m}-\frac{\alpha}{m},$$

où k désigne toujours un entier indéterminé. Si l'on donne à k, dans l'une de ces formules, deux valeurs qui diffèrent d'un multiple de m, on obtient deux arcs qui diffèrent d'un multiple de la circonférence et qui ont par conséquent le même cosinus; il suffit donc de donner à k, m valeurs consécutives quelconques $0, 1, 2, \ldots, m-1$ par exemple. Il est même inutile de considérer les deux formules, car si l'on donne à k une certaine valeur k' dans la première formule, et la valeur $m-k'$ dans la seconde, on obtient deux arcs dont la somme est égale à 2π, et qui ont, par suite, le même cosinus. D'après cela, l'inconnue x n'est susceptible que de m valeurs qui sont généralement distinctes; ces valeurs sont celles des cosinus des m arcs

$$\frac{\alpha}{m}, \quad \frac{2\pi}{m}+\frac{\alpha}{m}, \quad \frac{4\pi}{m}+\frac{\alpha}{m}, \ldots, \quad \frac{2(m-1)\pi}{m}+\frac{\alpha}{m}.$$

Il convient de remarquer que, si m est un nombre composé np, la résolution de l'équation (1), qui est du degré m, se ramène immédiatement à la résolution de deux équations, l'une du degré n et l'autre du degré p. Si, en effet, on pose $\cos\frac{a}{n} = y$, on aura, pour déterminer x, une équation de degré p telle que

$$\psi(x) - y = 0,$$

y étant donné par une équation de degré n,

$$\varpi(y) - \text{A} = 0.$$

L'équation (1) résulterait d'ailleurs de l'élimination de y entre ces deux dernières. De même, si n était un nombre composé qr, la résolution de l'équation $\varpi(y) - \text{A} = 0$ se ramènerait à celle de deux équations des degrés q et r; et ainsi de suite.

165. Supposons, en deuxième lieu, que l'on demande de trouver $\sin\frac{a}{m} = x$, connaissant $\sin a = \text{A}$.

Si dans la deuxième des équations (1) du n° 163 on change a en $\frac{a}{m}$, et que l'on remplace ensuite $\sin\frac{a}{m}$, $\cos\frac{a}{m}$ et $\sin a$ par x, $\sqrt{1-x^2}$ et A, on obtiendra, si m est impair, une équation de la forme

$$f(x) - \text{A} = 0,$$

$f(x)$ désignant un polynôme entier et rationnel du degré m dont tous les termes sont de degrés impairs; on voit que le problème dépend d'une équation de degré m. Mais si m est pair, on obtient une équation de la forme

$$\sqrt{1-x^2}\,f(x) = \text{A},$$

où $f(x)$ désigne un polynôme de degré $m-1$ dont tous les termes sont de degrés impairs. En élevant au carré les deux membres, il vient

$$(1-x^2)\,[f(x)]^2 - \text{A}^2 = 0;$$

on voit que le problème dépend d'une équation de degré $2m$. A la vérité, cette équation peut être abaissée au degré m en posant $x^2 = \xi$, parce qu'elle ne contient que des puissances paires de x.

On arrive aux mêmes conséquences par les considérations dont nous avons déjà fait usage. Si l'on désigne par α le plus petit arc positif ayant A pour sinus, et par k un entier indéterminé, les valeurs des x seront les sinus des arcs

$$\frac{2k\pi}{m} + \frac{\alpha}{m}, \quad \frac{(2k+1)\pi}{m} - \frac{\alpha}{m}.$$

Il suffit de donner à k, m valeurs consécutives, $0, 1, 2, \ldots, m-1$ par exemple; car à deux valeurs de k qui diffèrent d'un multiple de m répondent, dans chaque formule, deux arcs qui ont le même sinus. Deux arcs d'une même formule ne peuvent avoir le même sinus tant que α reste indéterminé, car la différence de ces arcs est inférieure à 2π, et leur somme, qui dépend de a, ne peut se réduire en général à un nombre impair de demi-circonférences. Voyons si deux arcs, tels que

$$\frac{2k\pi}{m} + \frac{\alpha}{m}, \quad \frac{(2k'+1)\pi}{m} - \frac{\alpha}{m},$$

peuvent avoir le même sinus. La différence de ces arcs dépend de α, et elle ne sera pas en général un multiple de la circonférence; leur somme est égale à

$$\frac{2k+2k'+1}{m}\pi,$$

et elle ne peut être un multiple de la demi-circonférence si m est pair : donc, dans ce cas, x est susceptible de $2m$ valeurs distinctes. Mais, si m est impair, on peut toujours, quel que soit le nombre k compris entre zéro et m, trouver un entier k' compris entre les mêmes limites, et tel qu'on ait

$$2k + 2k' + 1 = m \quad \text{ou} \quad 3m,$$

c'est-à-dire

$$k' = \frac{m-1}{2} - k \quad \text{ou} \quad = \frac{3m-1}{2} - k;$$

donc, si m est impair, x n'est susceptible que de m valeurs. On reconnaît aisément que les m arcs de chaque formule ont, dans le cas de m pair, leurs sinus égaux deux à deux et de signes contraires.

Le problème dont nous venons de nous occuper donne lieu aux mêmes remarques que le précédent; il suffit de les avoir faites une fois.

166. On verrait de même que, si l'on donne $\cos a$, la détermination de $\sin \frac{a}{m}$ dépend d'une équation du degré $2m$, et que, si l'on donne $\sin a$, celle de $\cos \frac{a}{m}$ dépend d'une équation du degré m ou du degré $2m$, suivant que m est impair ou pair. Enfin, quand on donne $\operatorname{tang} a$, la détermination de $\operatorname{tang} \frac{a}{m}$ dépend dans tous les cas d'une équation de degré m.

Résolution de l'équation binôme $z^m = 1$.

167. Proposons-nous de trouver les racines de l'équation binôme

$$z^m = 1. \tag{1}$$

Si l'équation proposée admet une racine imaginaire, cette racine aura pour module l'unité (161, *Corollaire III*), et elle sera en conséquence de la forme $\cos\varphi + i\sin\varphi$. Pour que cette expression soit effectivement racine, il faut et il suffit que l'on ait

$$\cos m\varphi + i\sin m\varphi = 1,$$

c'est-à-dire

$$\cos m\varphi = 1, \quad \sin m\varphi = 0,$$

ou

$$m\varphi = 2k\pi \quad \text{et} \quad \varphi = \frac{2k\pi}{m},$$

k désignant un entier arbitraire. L'équation (1) est donc satisfaite par toutes les valeurs de z comprises dans la formule

$$(2) \qquad z = \cos\frac{2k\pi}{m} + i\sin\frac{2k\pi}{m}.$$

Pour que deux valeurs k' et k'' de k correspondent à deux valeurs égales de z, il faut et il suffit (160) que la différence des arguments $\frac{2k'\pi}{m}$, $\frac{2k''\pi}{m}$ soit un multiple de 2π, ou, en d'autres termes, que $k'-k''$ soit un multiple de m. La formule (2) donne donc m valeurs distinctes de z, et elle n'en donne pas plus de m; on obtiendra ces valeurs en donnant à k, m valeurs consécutives quelconques entre $-\infty$ et $+\infty$,

$$0,\ 1,\ 2,\ldots,\ m-1,$$

par exemple.

L'équation (1) a une ou deux racines réelles, suivant que m est impair ou pair; les racines imaginaires sont conjuguées deux à deux. Dans tous les cas, on obtient deux racines conjuguées en donnant à k deux valeurs complémentaires à m dans la formule (2); car, en changeant k en $m-k$, cette formule devient

$$z = \cos\frac{2k\pi}{m} - i\sin\frac{2k\pi}{m}.$$

Il résulte de là que les m racines de l'équation (1) sont aussi comprises dans la formule

$$z = \cos\frac{2k\pi}{m} \pm i\sin\frac{2k\pi}{m},$$

où il suffit de donner à k les valeurs $0, 1, 2, \ldots, \frac{m}{2}$ si m est pair, et les valeurs $0, 1, 2, \ldots, \frac{m-1}{2}$ si m est impair. Dans le premier cas, les deux racines réelles correspondent à $k=0$ et $k=\frac{m}{2}$; dans le second cas, la racine réelle correspond à $k=0$.

168. Supposons que m soit un nombre impair $2n+1$; l'équation $z^m-1=0$ peut être abaissée au degré n. En effet, si l'on divise cette équation par $z^n(z-1)$, il viendra

$$\left(z^n+\frac{1}{z^n}\right)+\left(z^{n-1}+\frac{1}{z^{n-1}}\right)+\ldots+\left(z+\frac{1}{z}\right)+1=0;$$

et si l'on pose

$$z+\frac{1}{z}=x \quad \text{et} \quad z^n+\frac{1}{z^n}=V_n,$$

on trouvera aisément

$$V_n=xV_{n-1}-V_{n-2}.$$

Comme on a $V_0=2$ et $V_1=x$, on pourra, en faisant usage de la formule précédente, exprimer successivement V_2, V_3, ... en fonction de x; on trouvera ainsi

$$V_2=x^2-2,$$
$$V_3=x^3-3x,$$
$$V_4=x^4-4x^2+2,$$
$$\ldots\ldots\ldots\ldots,$$

et l'équation proposée se transformera en une équation

$$\varphi(x)=0,$$

du degré n. L'expression des racines de la proposée est

$$z=\cos\frac{2k\pi}{m}+i\sin\frac{2k\pi}{m},$$

d'où l'on tire

$$\frac{1}{z}=\cos\frac{2k\pi}{m}-i\sin\frac{2k\pi}{m};$$

les racines de l'équation en x sont donc représentées par la formule

$$x=2\cos\frac{2k\pi}{m},$$

dans laquelle on doit donner à k toutes les valeurs 1, 2, ..., $\frac{m-1}{2}$.

169. Propriétés des racines de l'équation $z^m=1$. — 1° Si l'on fait

$$\alpha=\cos\frac{2\pi}{m}+i\sin\frac{2\pi}{m},$$

14.

on a, par la formule de Moivre,

$$\alpha^k = \cos\frac{2k\pi}{m} + i\sin\frac{2k\pi}{m};$$

par conséquent, *les m racines de l'équation $z^m = 1$ peuvent être représentées par*

$$\alpha^0,\ \alpha^1,\ \alpha^2,\ldots,\ \alpha^{m-1},$$

c'est-à-dire par les puissances de l'une d'entre elles.

2° Si l'on a $m = np$, n et p étant deux nombres premiers entre eux, on obtiendra toutes les racines de $z^m = 1$, en multipliant les n racines de $z^n = 1$ par les p racines de $z^p = 1$.

En effet, soit $\alpha = \cos\frac{2k\pi}{np} + i\frac{\sin 2k\pi}{np}$ une racine de $z^{np} = 1$; n et p étant premiers entre eux, on peut trouver deux entiers ξ et η, tels que

$$p\xi + n\eta = k \quad \text{ou} \quad \frac{2\xi\pi}{n} + \frac{2\eta\pi}{p} = \frac{2k\pi}{np},$$

et alors on a

$$\alpha = \left(\cos\frac{2\xi\pi}{n} + i\sin\frac{2\xi\pi}{n}\right)\left(\cos\frac{2\eta\pi}{p} + i\sin\frac{2\eta\pi}{p}\right);$$

d'où l'on conclut que toute racine de $z^{np} = 1$ est le produit d'une racine de $z^n = 1$ par une racine de $z^p = 1$: par conséquent *les np racines de l'équation $z^{np} = 1$ sont les produits que l'on obtient en multipliant les n racines de $z^n = 1$ par les p racines de $z^p = 1$.*

3° *La résolution algébrique de l'équation $z^m = 1$, où m est un nombre composé, se ramène à la résolution des équations de même forme ayant pour degrés les nombres premiers ou puissances de nombres premiers qui divisent m.*

En effet, soit $m = npq,\ldots$ n, p, $q,\ldots$ étant des nombres premiers ou des puissances de nombres premiers inégaux; on aura les racines de l'équation $z^{np} = 1$ en multipliant celles de $z^n = 1$ par celles de $z^p = 1$. Pareillement, on aura les racines de $z^{npq} = 1$ en multipliant celles de $z^{np} = 1$ par celles de $z^q = 1$, et ainsi de suite. D'où l'on peut conclure que les diverses racines de $z^m = 1$ s'obtiendront toutes en multipliant une racine de $z^n = 1$ par une racine de $z^p = 1$, puis par une racine de $z^q = 1, \ldots$

Des polygones réguliers.

170. Concevons une circonférence partagée en m parties égales, et joignons les points de division consécutifs; on formera le polygone régulier inscrit de m côtés. Si n est un nombre inférieur et premier à m, et que l'on joigne les points de division de n en n, ou, ce qui est la même chose, de $m-n$ en $m-n$, on ne reviendra au point de départ qu'après avoir passé par tous les sommets, et la figure que l'on aura formée est ce que l'on nomme un *polygone régulier étoilé*. Mais si m et n ont un diviseur commun θ, on ne passera que par un nombre $\frac{m}{\theta}$ de sommets, et la figure obtenue sera un polygone régulier de $\frac{m}{\theta}$ côtés seulement. On voit, d'après cela, qu'il y a autant de polygones réguliers de m côtés que de nombres premiers à m et inférieurs à la moitié de m.

Le problème de la division de la circonférence en m parties égales se ramène à la résolution algébrique de l'équation binôme

$$z^m = 1;$$

car on a vu que les racines de cette équation sont données par la formule

$$z = \cos\frac{2k\pi}{m} + i\sin\frac{2k\pi}{m}.$$

D'ailleurs $\frac{2k\pi}{m}$ est l'arc sous-tendu par le côté du polygone obtenu en joignant les points de division de k en k, et l'on pourra connaître en conséquence les lignes trigonométriques de cet arc si l'on sait résoudre l'équation $z^m = 1$.

Enfin on a vu que, si m est un nombre composé, la résolution de l'équation $z^m = 1$ se ramène à celle d'équations de même forme dont les degrés sont les nombres premiers ou puissances de nombres premiers qui divisent m; donc le problème de la division de la circonférence en m parties égales est susceptible de la même simplification.

Nous allons examiner les cas de la division en trois, en cinq, en quinze et en dix-sept parties égales.

171. Division de la circonférence en trois parties égales. — Elle dépend de l'équation

$$z^3 - 1 = 0;$$

ôtant la racine 1, il vient

$$z^2 + z + 1 = 0,$$

et, en faisant $z + \frac{1}{z} = x$,

$$x + 1 = 0.$$

La racine -1 de cette équation est $2\cos\frac{2\pi}{3}$ (168), ou $-2\cos\frac{\pi}{3}$, ou $-2\sin\frac{\pi}{6}$; on a donc

$$2\sin\frac{\pi}{6} = 1.$$

C'est la valeur du côté de l'hexagone régulier inscrit; on en déduit facilement le côté du triangle équilatéral.

172. Division de la circonférence en cinq parties égales. — Elle dépend de l'équation

$$z^5 - 1 = 0,$$

ôtant la racine 1 et faisant $z + \frac{1}{z} = x$, il vient

$$x^2 + x - 1 = 0,$$

qui a pour racines (168)

$$2\cos\frac{2\pi}{5}, \quad 2\sin\frac{4\pi}{5},$$

ou

$$2\sin\frac{\pi}{10}, \quad 2\sin\frac{3\pi}{10}.$$

On trouve d'ailleurs, en résolvant l'équation, $x = \frac{-1 \pm \sqrt{5}}{2}$; donc

$$2 \sin \frac{\pi}{10} = \frac{-1 + \sqrt{5}}{2}, \quad 2 \sin \frac{3\pi}{10} = \frac{1 + \sqrt{5}}{2}.$$

Ce sont les valeurs des côtés des décagones réguliers ordinaire et étoilé; on en déduirait facilement les côtés des pentagones réguliers ordinaire et étoilé.

173. Division de la circonférence en quinze parties égales. — Elle dépend de l'équation

$$(1) \qquad z^{15} - 1 = 0,$$

de laquelle il faut ôter les racines de $z^3 - 1 = 0$ et celles de $z^5 - 1 = 0$; divisant donc cette équation par $\frac{(z^3-1)(z^5-1)}{z-1}$, il vient

$$(2) \qquad z^8 - z^7 + z^5 - z^4 + z^3 - z + 1 = 0.$$

Enfin, si l'on divise le premier membre par z^4 et que l'on pose $z + \frac{1}{z} = x$, il viendra

$$(3) \qquad x^4 - x^3 - 4x^2 + 4x + 1 = 0;$$

cette équation a pour racines (168)

$$2 \cos \frac{2\pi}{15}, \quad 2 \cos \frac{4\pi}{15}, \quad 2 \cos \frac{8\pi}{15}, \quad 2 \cos \frac{14\pi}{15},$$

ou

$$2 \sin \frac{11\pi}{30}, \quad 2 \sin \frac{7\pi}{30}, \quad -2 \sin \frac{\pi}{30}, \quad -2 \sin \frac{13\pi}{30}.$$

Ce sont, en valeur absolue, les côtés des polygones réguliers ordinaire et étoilé de trente côtés.

Les quinze racines de l'équation (1) s'obtiennent en multipliant les racines $z^3 - 1 = 0$ par celles de $z^5 - 1 = 0$ (169); on en conclut facilement que les huit racines de l'équation (2) s'obtiennent en multipliant les deux racines de $z^2 + z + 1 = 0$ par les quatre racines de $z^4 + z^3 + z^2 + z + 1 = 0$, qu'on peut facilement trouver : on connaîtra donc ainsi les huit racines de l'équation (2), et, par suite, celles de l'équation (3). Des considérations fort simples permettent d'ailleurs de reconnaître que l'équation (3) résulte de l'élimination de y entre les deux équations

$$x^2 - yx + (y-2) = 0, \quad y^2 - y - 1 = 0,$$

en sorte que sa résolution est ramenée à celle de deux équations du second degré.

174. Division de la circonférence en dix-sept parties égales. — Elle dépend de l'équation

$$z^{17} - 1 = 0.$$

Si l'on divise le premier membre par $z - 1$, et que l'on fasse ensuite $z + \frac{1}{z} = x$, il viendra

$$(1) \quad x^8 + x^7 - 7x^6 - 6x^5 + 15x^4 + 10x^3 - 10x^2 - 4x + 1 = 0;$$

nous ferons, pour abréger,

$$a = \frac{2\pi}{17};$$

les racines de l'équation (1) seront alors

$$\begin{array}{cccc} 2\cos a, & 2\cos 3a, & 2\cos 8a, & 2\cos 7a, \\ 2\cos 4a, & 2\cos 5a, & 2\cos 2a, & 2\cos 6a. \end{array}$$

Posons

$$y_1 = 2\cos a + 2\cos 8a + 2\cos 4a + 2\cos 2a,$$
$$y_2 = 2\cos 3a + 2\cos 7a + 2\cos 5a + 2\cos 6a;$$

je dis que y_1 et y_2 sont les racines d'une équation du second degré à coefficients entiers. En effet, on voit d'abord par l'équation (1) que l'on a

$$y_1 + y_2 = -1;$$

ensuite, en multipliant y_1 par y_2, transformant les produits de cosinus en sommes par les formules connues, et ayant égard à l'équation identique $\cos(17-m)a = \cos ma$, on trouve

$$y_1 y_2 = 4(2\cos a + 2\cos 8a + 2\cos 4a + 2\cos 2a$$
$$+ 2\cos 3a + 2\cos 7a + 2\cos 5a + 2\cos 6a)$$

et, à cause de l'équation (1),

$$y_1 y_2 = -4;$$

y_1 et y_2 sont donc les racines de l'équation

$$(2) \qquad y^2 + y - 4 = 0.$$

Posons maintenant

$$\begin{aligned} u_1 &= 2\cos a + 2\cos 4a, \\ u_2 &= 2\cos 3a + 2\cos 5a, \\ u_3 &= 2\cos 8a + 2\cos 2a, \\ u_4 &= 2\cos 7a + 2\cos 6a; \end{aligned}$$

on aura d'abord

$$\begin{aligned} u_1 + u_3 &= y_1, \\ u_2 + u_4 &= y_2; \end{aligned}$$

puis, en multipliant u_1 par u_3, u_2 par u_4 et en transformant les produits de cosinus en sommes, on trouvera

$$\begin{aligned} u_1 u_3 = u_2 u_4 = 2\cos a + 2\cos 8a + 2\cos 4a + 2\cos 2a \\ + 2\cos 3a + 2\cos 7a + 2\cos 5a + 2\cos 6a, \end{aligned}$$

et, par conséquent,

$$\begin{aligned} u_1 u_3 &= -1, \\ u_2 u_4 &= -1. \end{aligned}$$

Il résulte de là que les quantités u_1 et u_3, u_2 et u_4 sont respectivement les racines des équations

$$(3) \qquad \begin{cases} u^2 - y_1 u - 1 = 0, \\ u^2 - y_2 u - 1 = 0. \end{cases}$$

Posons enfin

$$\begin{aligned} x_1 &= 2\cos a, & x_5 &= 2\cos 4a, \\ x_2 &= 2\cos 3a, & x_6 &= 2\cos 5a, \\ x_3 &= 2\cos 8a, & x_7 &= 2\cos 2a, \\ x_4 &= 2\cos 7a, & x_8 &= 2\cos 6a; \end{aligned}$$

on aura d'abord

$$\begin{aligned} x_1 + x_5 &= u_1, \\ x_2 + x_6 &= u_2, \\ x_3 + x_7 &= u_3, \\ x_4 + x_8 &= u_4, \end{aligned}$$

et si l'on transforme les produits $x_1 x_5$, $x_2 x_6$, $x_3 x_7$, $x_4 x_8$ en sommes de cosinus, on trouvera

$$x_1 x_5 = u_2,$$
$$x_2 x_6 = u_3,$$
$$x_3 x_7 = u_4,$$
$$x_4 x_8 = u_1;$$

par conséquent, les quantités x_1 et x_5, x_2 et x_6, x_3 et x_7, x_4 et x_8 seront respectivement les racines des équations

$$(4)\qquad \begin{cases} x^2 - u_1 x + u_2 = 0, \\ x^2 - u_2 x + u_3 = 0, \\ x^2 - u_3 x + u_4 = 0, \\ x^2 - u_4 x + u_1 = 0. \end{cases}$$

Deux quelconques des quantités u_1, u_2, u_3, u_4 peuvent s'exprimer rationnellement l'une par l'autre; en effet, nous avons trouvé les deux relations

$$u_1 u_3 = -1, \quad u_2 u_4 = -1,$$

et si l'on forme les produits $u_2 u_3$, $u_1 u_4$, puis que l'on transforme en sommes les produits de cosinus, on trouvera

$$u_2 u_3 = u_2 - u_3 - 1, \quad u_1 u_4 = u_4 - u_1 - 1;$$

de ces formules combinées avec les précédentes on tire

$$u_2 = \frac{u_1 - 1}{u_1 + 1}, \quad u_3 = \frac{u_2 - 1}{u_2 + 1}, \quad u_4 = \frac{u_3 - 1}{u_3 + 1}, \quad u_1 = \frac{u_4 - 1}{u_4 + 1},$$

ce qui permet d'écrire les équations (4) de la manière suivante :

$$(5)\qquad \begin{cases} x^2 - u_1 x + \dfrac{u_1 - 1}{u_1 + 1} = 0, \\ x^2 - u_2 x + \dfrac{u_2 - 1}{u_2 + 1} = 0, \\ x^2 - u_3 x + \dfrac{u_3 - 1}{u_3 + 1} = 0, \\ x^2 - u_4 x + \dfrac{u_4 - 1}{u_4 + 1} = 0. \end{cases}$$

Les équations (3) se déduisent l'une de l'autre par la transposition des quantités y_1 et y_2; pareillement, les équations (5) ne diffèrent entre elles que par celle des racines u qui y figure; il s'ensuit que la résolution de l'équation (1) est ramenée à celle des trois équations du deuxième degré

$$(6)\qquad \begin{cases} y^2 + y - 4 = 0, \\ u^2 - yu - 1 = 0, \\ x^2 - ux + \dfrac{u-1}{u+1} = 0; \end{cases}$$

et l'on reproduit effectivement l'équation (1) en éliminant y et u entre les équations (6), ainsi qu'il est facile de s'en assurer. Le problème de la division de la circonférence en dix-sept parties égales ne dépendant que des équations du deuxième degré, cette division peut être effectuée avec la règle et le compas. Nous ne pouvons indiquer ici les principes qui nous ont guidé dans l'analyse précédente, et nous nous bornerons à ajouter que ces principes conduisent à cette conséquence remarquable : que *la circonférence peut être divisée en n parties égales, avec la règle et le compas, toutes les fois que n est un nombre premier et que n — 1 est une puissance de* 2. Les plus petits nombres qui satisfont à cette double condition sont 3, 5, 17, 257, 65537. (*Voyez* mon *Cours d'Algèbre supérieure*, 4e édition, t. II.)

Résolution des équations binômes générales.

175. Proposons-nous maintenant de résoudre l'équation binôme générale

$$z^m = A + Bi,$$

où A et B sont des quantités données positives, nulles ou négatives. En désignant par ρ et a le module et l'argument de $A + Bi$, l'équation proposée devient

$$(1)\qquad z^m = \rho(\cos a + i \sin a).$$

Posons

$$(2)\qquad z = r(\cos\varphi + i\sin\varphi),$$

on aura

$$z^m = r^m(\cos m\varphi + i\sin m\varphi);$$

et, pour que la valeur (2) de z satisfasse à l'équation (1), il faut et il suffit (160) que l'on ait

$$r^m = \rho, \quad m\varphi = 2k\pi + a,$$

d'où

$$r = \sqrt[m]{\rho}, \quad \varphi = \frac{2k\pi + a}{m}.$$

Les racines de l'équation proposée sont donc données par la formule

$$(3) \qquad z = \sqrt[m]{\rho}\left(\cos\frac{2k\pi + a}{m} + i\sin\frac{2k\pi + a}{m}\right),$$

où k désigne un entier indéterminé.

Pour que deux valeurs de k correspondent à deux valeurs égales de z, il faut et il suffit que leur différence soit un multiple de m; l'équation (3) comprend donc, comme cela doit être, m racines distinctes que l'on obtient en donnant à k m valeurs consécutives quelconques entre $-\infty$ et $+\infty$,

$$0, \quad 1, \quad 2, \ldots, \quad m-1,$$

par exemple.

La formule (3) peut s'écrire ainsi :

$$z = \sqrt[m]{\rho}\left(\cos\frac{a}{m} + i\sin\frac{a}{m}\right)\left(\cos\frac{2k\pi}{m} + i\sin\frac{2k\pi}{m}\right).$$

$\sqrt[m]{\rho}\left(\cos\frac{a}{m} + i\sin\frac{a}{m}\right)$ est l'une des racines de l'équation (1), $\cos\frac{2k\pi}{m} + i\sin\frac{2k\pi}{m}$ est l'expression des racines $m^{\text{ièmes}}$ de l'unité; d'où il suit qu'on obtient les m racines de l'équation (1), en multipliant l'une d'elles par les m racines $m^{\text{ièmes}}$ de l'unité. D'après ce qu'on a vu au n° 167, on peut encore représenter les racines de l'équation (1) par la formule

$$(4) \qquad z = \sqrt[m]{\rho}\left(\cos\frac{a}{m} + i\sin\frac{a}{m}\right)\left(\cos\frac{2k\pi}{m} \pm i\sin\frac{2k\pi}{m}\right),$$

où il suffit de donner à k les valeurs $0, 1, 2, \ldots, \frac{m}{2}$, si m est pair, et les valeurs $0, 1, 2, \ldots, \frac{m-1}{2}$, si m est impair.

Dans le cas particulier où B est nul, on a $\rho = A$ ou $\rho = -A$, suivant que A est positif ou négatif; on peut prendre $a = 0$ dans le premier cas et $a = \pi$ dans le deuxième cas. D'après cela, les racines de l'équation

$$z^m = +A$$

seront données, soit par la formule

$$z = \sqrt[m]{A}\left(\cos\frac{2k\pi}{m} + i\sin\frac{2k\pi}{m}\right), \tag{5}$$

dans laquelle il faut attribuer à k les m valeurs $0, 1, 2, \ldots, m-1$, soit par la formule

$$z = \sqrt[m]{A}\left(\cos\frac{2k\pi}{m} \pm i\sin\frac{2k\pi}{m}\right), \tag{6}$$

où il suffit de donner à k les valeurs $0, 1, 2, \ldots, \frac{m}{2}$, si m est pair, et les valeurs $0, 1, 2, \ldots, \frac{m-1}{2}$, si m est impair.

Les racines de l'équation

$$z^m = -A$$

seront données par la formule

$$z = \sqrt[m]{A}\left[\cos\frac{(2k+1)\pi}{m} + i\sin\frac{(2k+1)\pi}{m}\right], \tag{7}$$

dans laquelle il faut attribuer à k les valeurs $0, 1, 2, \ldots, m-1$, ou par la formule

$$z = \sqrt[m]{A}\left[\cos\frac{(2k+1)\pi}{m} \pm i\sin\frac{(2k+1)\pi}{m}\right],$$

dans laquelle il suffit de donner à k les valeurs $0, 1, 2, \ldots, \frac{m}{2} - 1$, si m est pair, et les valeurs $0, 1, 2, \ldots, \frac{m-1}{2}$, si m est impair.

Résolution des équations trinômes.

176. Soit l'équation trinôme

$$z^{2m} + pz^m + q = 0, \tag{1}$$

où p et q désignent les quantités données; on en tire

$$z^m = -\frac{p}{2} \pm \sqrt{\frac{p^2}{4} - q}, \tag{2}$$

et l'on est ramené à résoudre deux équations binômes.

Considérons en particulier le cas où, p et q étant des nombres réels, on a

$$\frac{p^2}{4} - q < 0,$$

et soit

$$-\frac{p}{2} + \sqrt{\frac{p^2}{4} - q} = \rho(\cos a + i \sin a);$$

l'équation (1) prendra la forme

$$z^{2m} - 2\rho z^m \cos a + \rho^2 = 0,$$

et l'équation (2) deviendra

$$z^m = \rho(\cos a \pm i \sin a).$$

Les racines de l'équation $z^m = \rho(\cos a + i \sin a)$ sont comprises dans la formule

$$z = \sqrt[m]{\rho}\left(\cos\frac{2k\pi + a}{m} + i \sin\frac{2k\pi + a}{m}\right);$$

d'ailleurs ces racines sont les conjuguées de celles de l'équation $z^m = \rho(\cos a - i \sin a)$: donc les $2m$ racines de l'équation proposée sont toutes comprises dans la formule

$$z = \sqrt[m]{\rho}\left(\cos\frac{2k\pi + a}{m} \pm i \sin\frac{2k\pi + a}{m}\right),$$

où il suffit de prendre, pour k, m nombres entiers consécutifs.

Formule de Moivre pour un exposant quelconque.

177. L'égalité

$$\cos a + i \sin a = \left(\cos \frac{a}{n} + i \sin \frac{a}{n}\right)^n$$

montre que $\cos \frac{a}{n} + i \sin \frac{a}{n}$ est une racine $n^{ième}$ de $\cos a + i \sin a$; pareillement, $\cos \frac{ma}{n} + i \sin \frac{ma}{n}$ est une racine $n^{ième}$ de $\cos ma + i \sin ma$ ou de $(\cos a + i \sin a)^m$: on peut donc écrire

$$\sqrt[n]{(\cos a + i \sin a)^m} = \cos \frac{m}{n} a + i \sin \frac{m}{n} a,$$

ou

$$(\cos a + i \sin a)^{\frac{m}{n}} = \cos \frac{m}{n} a + i \sin \frac{m}{n} a.$$

C'est la formule de Moivre étendue au cas d'un exposant fractionnaire $\frac{m}{n}$; mais il faut remarquer que le second membre ne représente qu'une seule des n valeurs dont le premier est susceptible. On obtiendra d'ailleurs toutes ces valeurs (175) en multipliant le second membre de la formule précédente par $\cos \frac{2k\pi}{n} + i \sin \frac{2k\pi}{n}$.

La formule de Moivre a lieu encore pour un exposant négatif quelconque $-m$; en effet, l'équation

$$(\cos a + i \sin a)^m = \cos ma + i \sin ma$$

donne

$$\frac{1}{(\cos a + i \sin a)^m} = \frac{1}{\cos ma + i \sin ma} = \cos ma - i \sin ma,$$

ou

$$(\cos a + i \sin a)^{-m} = \cos(-ma) + i \sin(-ma).$$

La formule de Moivre montre qu'on peut résoudre algébriquement les équations auxquelles conduit le problème de la division des arcs. En effet, on a

$$\cos \frac{a + 2k\pi}{m} + i \sin \frac{a + 2k\pi}{m} = \sqrt[m]{\cos a + i \sin a};$$

cette formule exprime que les m valeurs du second membre sont respectivement égales aux m valeurs que prend le premier, quand on donne à k les valeurs $0, 1, 2, \ldots, (m-1)$. En changeant i en $-i$, on aura

$$\cos\frac{a+2k\pi}{m} - i\sin\frac{a+2k\pi}{m} = \sqrt[m]{\cos a + i\sin a}$$

et, par conséquent,

$$\cos\frac{a+2k\pi}{m} = \frac{\sqrt[m]{\cos a + i\sin a} + \sqrt[m]{\cos a - i\sin a}}{2},$$

$$\sin\frac{a+2k\pi}{m} = \frac{\sqrt[m]{\cos a + i\sin a} - \sqrt[m]{\cos a - i\sin a}}{2i}.$$

Ces formules donnent l'expression algébrique des racines des équations dont dépendent $\cos\frac{a}{m}$ et $\sin\frac{a}{m}$, lorsque $\cos a$ ou $\sin a$ est donné.

Théorèmes de Moivre et de Cotes.

178. Les théorèmes de Moivre et de Cotes ont pour objet une représentation géométrique des diviseurs réels du trinôme $z^{2m} \mp 2z^m \cos a + 1$, où a désigne un angle donné, et du binôme $z^m \pm 1$.

Les deux facteurs linéaires, qui correspondent à deux racines conjuguées de l'équation

$$z^{2m} - 2z^m \cos a + 1 = 0,$$

sont représentés par

$$z - \left(\cos\frac{2k\pi + a}{m} + i\sin\frac{2k\pi + a}{m}\right)$$

et

$$z - \left(\cos\frac{2k\pi + a}{m} - i\sin\frac{2k\pi + a}{m}\right);$$

le produit y_k^2 de ces facteurs est

$$y_k^2 = z^2 - 2z\cos\frac{2k\pi + a}{m} + 1,$$

et l'on a identiquement

$$(1) \qquad z^{2m} - 2z^m \cos a + 1 = (y_0 y_1 y_2 \ldots y_{m-1})^2.$$

Changeons a en $\pi + a$, et faisons

$$y_k'^2 = z^2 - 2z \cos \frac{(2k+1)\pi + a}{m} + 1,$$

on aura

$$(2) \qquad z^{2m} + 2z^m \cos a + 1 = (y'_0 y'_1 \ldots y'_{m-1})^2.$$

Cela posé, considérons une circonférence de rayon 1 ; partageons-la en $2m$ parties égales aux points A_0, A_1, $A_2, \ldots$, A_{2m-1} ; joignons le centre O à tous ces points, et menons une ligne OP faisant un angle égal à $\frac{a}{m}$ avec le premier rayon OA_0 ; enfin prenons sur cette ligne une longueur quelconque $OP = z$, et joignons le point P à tous les points de division. Les triangles OPA_{2m-2k} et $OPA_{2m-2k-1}$ donnent

$$\overline{PA}^2_{2m-2k} = z^2 - 2z \cos \frac{2k\pi + a}{m} + 1,$$

$$\overline{PA}^2_{2m-2k-1} = z^2 - 2z \cos \frac{(2k+1)\pi + a}{m} + 1,$$

et, par conséquent,

$$PA_{2m-2k} = y_k, \quad PA_{2m-2k-1} = y'_k.$$

Il résulte de là que le trinôme $z^{2m} - 2z^m \cos a + 1$ est égal au carré du produit des distances du point P aux points A_0, A_2, $A_4, \ldots$, et que le trinôme $z^{2m} + 2z^m \cos a + 1$ est égal au carré du produit des distances du même point P aux points A_1, A_3, $A_5, \ldots$; c'est dans ces égalités que consiste le théorème de Moivre.

Si l'angle a est nul, le point P est situé sur le rayon OA_0 et les équations (1) et (2) donnent, en extrayant les racine carrées des deux membres,

$$z^m - 1 = \pm y_0 y_1 \ldots y_{m-1},$$

$$z^m + 1 = y'_0 y'_1 \ldots y'_{m-1}.$$

C'est dans ces égalités que consiste le théorème de Cotes; on doit prendre le signe + ou le signe — dans le second membre de la première formule, suivant que le point P est extérieur ou intérieur au cercle.

Expressions des puissances du sinus et du cosinus d'un arc en fonction linéaire des sinus ou des cosinus des multiples de cet arc.

179. Soient

$$\cos a + i \sin a = u, \quad \cos a - i \sin a = v$$

on a

$$2 \cos a = u + v, \quad 2i \sin a = u - v,$$

et, par suite,

$$2^n \cos^n a = (u + v)^n, \quad (2i)^n \sin^n a = (u - v)^n,$$

ou, en développant,

$$(1) \qquad 2^n \cos^n a = u^n + \frac{n}{1} u^{n-1} v + \frac{n(n-1)}{1.2} u^{n-2} v^2 + \ldots,$$

$$(2) \qquad (2i)^n \sin^n a = u^n - \frac{n}{1} u^{n-1} v + \frac{n(n-1)}{1.2} u^{n-2} v^2 - \ldots.$$

Considérons d'abord l'équation (1). Si n est pair, le second membre renferme un nombre impair de termes, et, en groupant ensemble les termes également éloignés des extrêmes, on obtient

$$\begin{aligned} 2^n \cos^n a = (u^n + v^n) &+ \frac{n}{1} uv(u^{n-2} + v^{n-2}) + \ldots \\ &+ \frac{n(n-1)\ldots\left(\frac{n}{2}+2\right)}{1.2\ldots\left(\frac{n}{2}-1\right)} u^{\frac{n}{2}-1} v^{\frac{n}{2}-1} (u^2 + v^2) \\ &+ \frac{n(n-1)\ldots\left(\frac{n}{2}+1\right)}{1.2\ldots\frac{n}{2}} u^{\frac{n}{2}} v^{\frac{n}{2}}. \end{aligned}$$

Si n est impair, le second membre de l'équation (1) a un

nombre pair de termes, et, si l'on groupe comme précédemment les termes également distants des extrêmes, il viendra

$$\begin{aligned}2^n \cos^n a = (u^n + v^n) &+ \frac{n}{1} uv (u^{n-2} + v^{n-2}) \\ &+ \frac{n(n-1)}{1.2} u^2 v^2 (u^{n-4} + v^{n-4}) + \dots \\ &+ \frac{n(n-1)\dots\left(\frac{n+3}{2}\right)}{1.2\dots\left(\frac{n-1}{2}\right)} u^{\frac{n-1}{2}} v^{\frac{n-1}{2}} (u+v).\end{aligned}$$

D'ailleurs $uv = 1$ et $u^m + v^m = 2\cos ma$; on a donc, si n est pair,

$$(3)\quad \left\{\begin{aligned}2^{n-1}\cos^n a = \cos na &+ \frac{n}{1}\cos(n-2)a + \dots \\ &+ \frac{n(n-1)\dots\left(\frac{n}{2}+2\right)}{1.2\dots\left(\frac{n}{2}-1\right)}\cos 2a \\ &+ \frac{n(n-1)\dots\left(\frac{n}{2}+1\right)}{1.2\dots\frac{n}{2}}\cdot\frac{1}{2},\end{aligned}\right.$$

et, si n est impair,

$$(4)\quad \left\{\begin{aligned}2^{n-1}\cos^n a = \cos na &+ \frac{n}{1}\cos(n-2)a \\ &+ \frac{n(n-1)}{1.2}\cos(n-4)a + \dots \\ &+ \frac{n(n-1)\dots\left(\frac{n+3}{2}\right)}{1.2\dots\left(\frac{n-1}{2}\right)}\cos a.\end{aligned}\right.$$

Occupons-nous maintenant de l'équation (2). Si n est pair, le second membre renferme un nombre impair de termes; les termes également distants des extrêmes ont le même signe, et, en les groupant ensemble, on obtient

$$2^n(-1)^{\frac{n}{2}}\sin^n a$$
$$=(u^n+v^n)-\frac{n}{1}uv(u^{n-2}+v^{n-2})+\frac{n(n-1)}{1.2}u^2v^2(u^{n-4}+v^{n-4})-\ldots$$
$$\pm\frac{n(n-1)\ldots\left(\frac{n}{2}+2\right)}{1.2\ldots\left(\frac{n}{2}-1\right)}u^{\frac{n}{2}-1}v^{\frac{n}{2}-1}(u^2+v^2)$$
$$\mp\frac{n(n-1)\ldots\left(\frac{n}{2}+1\right)}{1.2\ldots\frac{n}{2}}u^{\frac{n}{2}}v^{\frac{n}{2}},$$

ou

$$(5)\quad\left\{\begin{aligned}&2^{n-1}(-1)^{\frac{n}{2}}\sin^n a\\&=\cos na-\frac{n}{1}\cos(n-2)a+\frac{n(n-1)}{1.2}\cos(n-4)a-\ldots\\&\pm\frac{n(n-1)\ldots\left(\frac{n}{2}+2\right)}{1.2\ldots\left(\frac{n}{2}-1\right)}\cos 2a\mp\frac{n(n-1)\ldots\left(\frac{n}{2}+1\right)}{1.2\ldots\frac{n}{2}}\cdot\frac{1}{2}.\end{aligned}\right.$$

Si n est impair, le second membre de l'équation (2) renferme un nombre pair de termes, et les termes également distants des extrêmes sont de signes contraires; en les groupant ensemble, on a

$$2^n(-1)^{\frac{n-1}{2}}i\sin^n a$$
$$=(u^n-v^n)-\frac{n}{1}uv(u^{n-2}-v^{n-2})+\frac{n(n-1)}{1.2}u^2v^2(u^{n-4}-v^{n-4})-\ldots$$
$$\pm\frac{n(n-1)\ldots\left(\frac{n+3}{2}\right)}{1.2\ldots\left(\frac{n-1}{2}\right)}u^{\frac{n-1}{2}}v^{\frac{n-1}{2}}(u-v);$$

on a d'ailleurs $u^m - v^m = 2i \sin ma$, donc

$$(6)\quad \left\{\begin{aligned} & 2^{n-1}(-1)^{\frac{n-1}{2}} \sin^n a \\ & \quad = \sin na - \frac{n}{1}\sin(n-2)a + \frac{n(n-1)}{1.2}\sin(n-4)a - \ldots \\ & \quad \pm \frac{n(n-1)\ldots\left(\frac{n+3}{2}\right)}{1.2\ldots\left(\frac{n-1}{2}\right)} \sin a. \end{aligned}\right.$$

On voit que $\cos^n a$ s'exprime, dans tous les cas, par une fonction linéaire des cosinus des multiples de a, et que $\sin^n a$ s'exprime pareillement en fonction des cosinus, ou en fonction des sinus des multiples de l'arc a, suivant que n est pair ou impair.

Expressions de sin *ma et de* cos *ma en fonction de* sin *a* *ou de* cos *a.*

180. Nous nous proposons ici de transformer $\sin ma$ et $\cos ma$ en un polynôme ordonné suivant les puissances entières de $\sin a$ ou de $\cos a$, ou du moins en un produit formé par la multiplication d'un semblable polynôme et de $\cos a$ ou $\sin a$.

La méthode très-simple dont nous ferons usage est due à Cauchy; elle repose sur l'égalité

$$(1)\quad \left\{\begin{aligned} & \frac{(x+y)(x+y-1)\ldots(x+y-n+1)}{1.2.3\ldots n} \\ & \quad = \frac{x(x-1)\ldots(x-n+1)}{1.2.3\ldots n} + \frac{x(x-1)\ldots(x-n+2)}{1.2.3\ldots(n-1)}\cdot\frac{y}{1} \\ & \quad + \frac{x(x-1)\ldots(x-n+3)}{1.2.3\ldots(n-2)}\cdot\frac{y(y-1)}{1.2} + \ldots \\ & \quad + \frac{x}{1}\cdot\frac{y(y-1)\ldots(y-n+2)}{1.2\ldots(n-1)} + \frac{y(y-1)\ldots(y-n+1)}{1.2\ldots n}, \end{aligned}\right.$$

qui a lieu identiquement quels que soient les quantités x et y et le nombre entier positif n. Pour établir cette égalité, dans le cas où x et y sont des entiers positifs, égaux ou supérieurs à n, on peut partir de l'identité

$$(1+z)^{x+y} = (1+z)^x(1+z)^y,$$

ou

$$1+\frac{x+y}{1}z+\ldots = \left(1+\frac{x}{1}z+\ldots\right)\left(1+\frac{y}{1}z+\ldots\right).$$

Si, après avoir effectué le produit indiqué dans le second membre, on écrit que les coefficients de z^n sont égaux de part et d'autre, on obtiendra l'égalité qu'il s'agit de démontrer. Cette égalité étant établie pour toutes les valeurs entières de x et de y supérieures à n, elle subsiste nécessairement, quelles que soient x et y. En effet, désignons, pour abréger, par $\varphi(x, y)$ et $\psi(x, y)$ les deux membres de l'égalité en question, et par x_0 une valeur entière de x supérieure à n; les polynômes $\varphi(x_0, y)$ et $\psi(x_0, y)$, qui ne contiennent plus que la variable y, sont égaux entre eux pour toutes les valeurs entières de y supérieures à n. Donc on a nécessairement

$$\varphi(x_0, y) = \psi(x_0, y),$$

quel que soit y; en d'autres termes, les polynômes $\varphi(x, y)$ $\psi(x, y)$ sont égaux, quel que soit y, pour toutes les valeurs entières de x supérieures à n, et l'on conclut évidemment de là que l'égalité

$$\varphi(x, y) = \psi(x, y)$$

a lieu identiquement pour toutes les valeurs de x et de y.

En remplaçant, dans la formule (1), x par $\frac{x}{2}$ et y par $\frac{y}{2}$, on obtient

$$(2)\quad \left\{\begin{aligned} &\frac{(x+y)(x+y-2)\ldots(x+y-2n+2)}{2.4.6\ldots(2n)} \\ &\quad = \frac{x(x-2)\ldots(x-2n+2)}{2.4.6\ldots(2n)} + \frac{x(x-2)\ldots(x-2n+4)}{2.4.6\ldots(2n-2)}\cdot\frac{y}{2}+\ldots \\ &\quad + \frac{x}{2}\cdot\frac{y(y-2)\ldots(y-2n+4)}{2.4.6\ldots(2n-2)} + \frac{y(y-2)\ldots(y-2n+2)}{2.4.6\ldots(2n)}. \end{aligned}\right.$$

181. Si, dans les équations (1) du n° 163, on remplace les

puissances paires de $\cos a$ par des puissances entières de $1 - \sin^2 a$, il viendra, pour des valeurs paires de m,

$$\cos ma = (1 - \sin^2 a)^{\frac{m}{2}} - \frac{m(m-1)}{1.2}(1 - \sin^2 a)^{\frac{m-2}{2}} \sin^2 a$$
$$+ \frac{m(m-1)(m-2)(m-3)}{1.2.3.4}(1 - \sin^2 a)^{\frac{m-4}{2}} \sin^4 a - \ldots,$$

$$\sin ma = \cos a \left[\frac{m}{1}(1 - \sin^2 a)^{\frac{m-2}{2}} \sin a \right.$$
$$\left. - \frac{m(m-1)(m-2)}{1.2.3}(1 - \sin^2 a)^{\frac{m-4}{2}} \sin^3 a + \ldots \right],$$

et, pour des valeurs impaires de m,

$$\cos ma = \cos a \left[(1 - \sin^2 a)^{\frac{m-1}{2}} - \frac{m(m-1)}{1.2}(1 - \sin^2 a)^{\frac{m-3}{2}} \sin^2 a \right.$$
$$\left. + \frac{m(m-1)(m-2)(m-3)}{1.2.3.4}(1 - \sin^2 a)^{\frac{m-5}{2}} \sin^4 a - \ldots \right],$$

$$\sin ma = \frac{m}{1}(1 - \sin^2 a)^{\frac{m-1}{2}} \sin a$$
$$- \frac{m(m-1)(m-2)}{1.2.3}(1 - \sin^2 a)^{\frac{m-3}{2}} \sin^3 a + \ldots.$$

Si l'on développe par rapport aux puissances croissantes de $\sin a$ les seconds membres de ces formules, abstraction faite du facteur $\cos a$, on trouvera, pour des valeurs paires de m,

$$\cos ma = 1 - \frac{m}{1}\left(\frac{m-1}{2} + \frac{1}{2}\right) \sin^2 a$$
$$+ \frac{m(m-2)}{1.3}\left[\frac{(m-1)(m-3)}{2.4} + \frac{m-1}{2}.\frac{3}{2} + \frac{3.1}{2.4}\right] \sin^4 a - \ldots$$

$$\sin ma = \cos a \left\{ \frac{m}{1} \sin a - \frac{m(m-2)}{1.3}\left(\frac{m-1}{2} + \frac{3}{2}\right) \sin^3 a \right.$$
$$\left. + \frac{m(m-2)(m-4)}{1.3.5}\left[\frac{(m-1)(m-3)}{2.4} + \frac{m-1}{2}.\frac{5}{2} + \frac{5.3}{2.4}\right] \sin^5 a - \ldots \right\},$$

et, pour des valeurs impaires de m,

$$\cos ma = \cos a \left\{ 1 - \frac{m-1}{2}\left(\frac{m}{2} + \frac{1}{2}\right)\sin^2 a + \frac{(m-1)(m-3)}{1.3}\left[\frac{m(m-2)}{2.4} + \frac{m}{2}.\frac{3}{2} + \frac{3.1}{2.4}\right]\sin^4 a - \ldots \right\},$$

$$\sin ma = \frac{m}{1}\sin a - \frac{m(m-1)}{1.3}\left(\frac{m-2}{2} + \frac{3}{2}\right)\sin^3 a + \frac{m(m-1)(m-3)}{1.3.5}\left[\frac{(m-2)(m-4)}{2.4} + \frac{m-2}{2}.\frac{5}{2} + \frac{5.3}{2.4}\right]\sin^5 a - \ldots.$$

Faisant maintenant usage de la formule (2) du numéro précédent, on obtient, pour des valeurs paires de m,

$$(1)\quad \begin{cases} \cos ma = 1 - \dfrac{m.m}{1.2}\sin^2 a + \dfrac{(m+2)m.m(m-2)}{1.2.3.4}\sin^4 a \\ \qquad - \dfrac{(m+4)(m+2)m.m(m-2)(m-4)}{1.2.3.4.5.6}\sin^6 a + \ldots, \\ \sin ma = \cos a\left[\dfrac{m}{1}\sin a - \dfrac{(m+2)m(m-2)}{1.2.3}\sin^3 a \right. \\ \qquad \left. + \dfrac{(m+4)(m+2)m(m-2)(m-4)}{1.2.3.4.5}\sin^5 a - \ldots\right], \end{cases}$$

et, pour des valeurs impaires de m,

$$(2)\quad \begin{cases} \cos ma = \cos a\left[1 - \dfrac{(m+1)(m-1)}{1.2}\sin^2 a \right. \\ \qquad \left. + \dfrac{(m+3)(m+1)(m-1)(m-3)}{1.2.3.4}\sin^4 a - \ldots\right], \\ \sin ma = \dfrac{m}{1}\sin a - \dfrac{(m+1)m(m-1)}{1.2.3}\sin^3 a \\ \qquad + \dfrac{(m+3)(m+1)m(m-1)(m-3)}{1.2.3.4.5}\sin^5 a - \ldots. \end{cases}$$

Si, dans les formules (1) et (2), on change a en $\frac{\pi}{2} - a$, on trouvera, pour des valeurs paires de m,

(3)
$$\left\{\begin{aligned}
&(-1)^{\frac{m}{2}}\cos ma \\
&\quad = 1 - \frac{m.m}{2}\cos^2 a + \frac{(m+2)\,m.m\,(m-2)}{1.2.3.4}\cos^4 a \\
&\qquad - \frac{(m+4)(m+2)\,m.m\,(m-2)(m-4)}{1.2.3.4.5.6}\cos^6 a + \ldots, \\
&(-1)^{\frac{m}{2}+1}\sin ma \\
&\quad = \sin a\left[\frac{m}{1}\cos a - \frac{(m+2)\,m\,(m-2)}{1.2.3}\cos^3 a\right. \\
&\qquad \left. + \frac{(m+4)(m+2)m(m-2)(m-4)}{1.2.3.4.5}\cos^5 a - \ldots\right],
\end{aligned}\right.$$

et, pour des valeurs impaires de m,

(4)
$$\left\{\begin{aligned}
&(-1)^{\frac{m-1}{2}}\sin ma \\
&\quad = \sin a\left[1 - \frac{(m+1)(m-1)}{1.2}\cos^2 a\right. \\
&\qquad \left. + \frac{(m+3)(m+1)(m-1)(m-3)}{1.2.3.4}\cos^4 a - \ldots\right], \\
&(-1)^{\frac{m-1}{2}}\cos ma \\
&\quad = \frac{m}{1}\cos a - \frac{(m+1)\,m\,(m-1)}{1.2.3}\cos^3 a \\
&\qquad + \frac{(m+3)(m+1)\,m\,(m-1)(m-3)}{1.2.3.4.5}\cos^5 a - \ldots.
\end{aligned}\right.$$

Ainsi l'on aura, en particulier,

$$\begin{aligned}
&\cos 2a = 1 - 2\sin^2 a, \\
&\cos 4a = 1 - 8\sin^2 a + 8\sin^4 a, \\
&\cos 6a = 1 - 18\sin^2 a + 48\sin^4 a - 32\sin^6 a, \\
&\ldots\ldots\ldots\ldots\ldots\ldots\ldots\ldots\ldots, \\
&\sin 3a = 3\sin a - 4\sin^3 a, \\
&\sin 5a = 5\sin a - 20\sin^3 a + 16\sin^5 a, \\
&\ldots\ldots\ldots\ldots\ldots\ldots\ldots\ldots\ldots,
\end{aligned}$$

$$-\cos 2a = 1 - 2\cos^2 a,$$

$$-\cos 3a = 3\cos a - 4\cos^3 a,$$

$$\cos 4a = 1 - 8\cos^2 a + 8\cos^4 a,$$

$$\cos 5a = 5\cos a - 20\cos^3 a + 16\cos^5 a,$$

$$-\cos 6a = 1 - 18\cos^2 a + 48\cos^4 a - 32\cos^6 a,$$

. . . .

182. Les formules précédentes sont ordonnées par rapport aux puissances ascendantes de $\cos a$ ou de $\sin a$; on peut les ordonner par rapport aux puissances descendantes des mêmes quantités, et elles prennent alors une forme nouvelle qui convient à la fois au cas de m pair et à celui de m impair.

Posons, pour abréger,

$$\cos ma = \sum u_n \cos^{m-2n} a, \quad \frac{\sin ma}{\sin a} = \sum v_n \cos^{m-2n-1} a,$$

le signe $\sum$ indiquant la somme des valeurs que prend l'expression qu'il affecte, quand on donne à n toutes les valeurs entières depuis zéro jusqu'à la plus grande de celles qui rendent positif ou nul l'exposant de $\cos a$; les équations (3) et (4) s'accordent à donner

$$u_n = (-1)^n m \frac{(m-n-1)(m-n-2)\ldots(n+1)}{1.2.3\ldots(m-2n)} 2^{m-2n-1},$$

$$v_n = (-1)^n \frac{(m-n-1)(m-n-2)\ldots(n+1)}{1.2.3\ldots(m-2n-1)} 2^{m-2n-1}.$$

Mais ces formules supposent $n < \frac{m-1}{2}$; pour $n = \frac{m}{2}$, dans le cas de m pair, la valeur de u_n doit être réduite à $(-1)^{\frac{m}{2}}$ d'après la première des équations (3); dans le cas de m impair, les valeurs de u_n et de v_n se réduisent respectivement, d'après les

équations (4), à $(-1)^{\frac{m-1}{2}} m$ et $(-1)^{\frac{m-1}{2}}$ pour $n = \frac{m-1}{2}$.
Si l'on multiplie et que l'on divise par le produit $1.2\ldots n$ les expressions précédentes de u_n et v_n, il viendra

$$u_n = (-1)^n \frac{m.2^{m-2n-1}}{1.2\ldots n} \frac{1.2\ldots(m-n-1)}{1.2\ldots(m-2n)},$$

$$v_n = (-1)^n \frac{2^{m-2n-1}}{1.2\ldots n} \frac{1.2\ldots(m-n-1)}{1.2\ldots(m-2n-1)},$$

ou

$$u_n = (-1)^n \frac{m(m-n-1)(m-n-2)\ldots(m-2n+1)}{1.2\ldots n} 2^{m-2n-1},$$

$$v_n = (-1)^n \frac{(m-n-1)(m-n-2)\ldots(m-2n)}{1.2\ldots n} 2^{m-2n-1},$$

pourvu que, dans le cas de $n=1$, on réduise à l'unité le produit $(m-n-1)(m-n-2)\ldots(m-2n+1)$ dans la valeur de u_n. En adoptant cette nouvelle forme, la restriction $n < \frac{m-1}{2}$ n'est plus nécessaire; les seconds membres des formules précédentes se réduisent en effet respectivement à $(-1)^{\frac{m-1}{2}} m$ et $(-1)^{\frac{m-1}{2}}$ pour $n = \frac{m-1}{2}$, dans le cas de m impair; pareillement la valeur de u_n se réduit à $(-1)^{\frac{m}{2}}$ pour $n = \frac{m}{2}$, dans le cas de m pair. Les seconds membres de nos formules deviennent illusoires pour $n=0$; mais, d'après les premières expressions de u_n et v_n, ils doivent être alors réduits l'un et l'autre à 2^{m-1}. On aura, d'après cela,

$$\cos ma = \sum (-1)^n \frac{m(m-n-1)(m-n-2)\ldots(m-2n+1)}{1.2.3\ldots n} 2^{m-2n-1} \cos^{m-2n} a,$$

$$\frac{\sin ma}{\sin a} = \sum (-1)^n \frac{(m-n-1)(m-n-2)\ldots(m-2n)}{1.2.3\ldots n} 2^{m-2n-1} \cos^{m-2n-1} a,$$

ou

$$(5)\quad\begin{cases}\cos ma = 2^{m-1}\cos^m a - \dfrac{m}{1}2^{m-3}\cos^{m-2}a \\ \quad + \dfrac{m(m-3)}{1.2}2^{m-5}\cos^{m-4}a \\ \quad - \dfrac{m(m-4)(m-5)}{1.2.3}2^{m-7}\cos^{m-6}a \\ \quad + \dfrac{m(m-5)(m-6)(m-7)}{1.2.3.4}2^{m-9}\cos^{m-8}a - \ldots, \\ \dfrac{\sin ma}{\sin a} = 2^{m-1}\cos^{m-1}a - \dfrac{m-2}{1}2^{m-3}\cos^{m-3}a \\ \quad + \dfrac{(m-3)(m-4)}{1.2}2^{m-5}\cos^{m-5}a \\ \quad - \dfrac{(m-4)(m-5)(m-6)}{1.2.3}2^{m-7}\cos^{m-7}a \\ \quad + \dfrac{(m-5)(m-6)(m-7)(m-8)}{1.2.3.4}2^{m-9}\cos^{m-9}a - \ldots,\end{cases}$$

et ces nouvelles formules ont lieu, nous le répétons, quel que soit l'entier m, pair ou impair.

Si l'on change a en $\frac{\pi}{2} - a$, dans les formules (5), il viendra, pour des valeurs paires de m,

$$(6)\quad\begin{cases}(-1)^{\frac{m}{2}}\cos ma \\ \quad = 2^{m-1}\sin^m a - \dfrac{m}{1}2^{m-3}\sin^{m-2}a + \dfrac{m(m-3)}{1.2}2^{m-5}\sin^{m-4}a \\ \quad - \dfrac{m(m-4)(m-5)}{1.2.3}2^{m-7}\sin^{m-6}a + \ldots, \\ (-1)^{\frac{m}{2}-1}\dfrac{\sin ma}{\cos a} \\ \quad = 2^{m-1}\sin^{m-1}a - \dfrac{m-2}{1}2^{m-3}\sin^{m-3}a + \dfrac{(m-3)(m-4)}{1.2}2^{m-5}\sin^{m-5}a \\ \quad - \dfrac{(m-4)(m-5)(m-6)}{1.2.3}2^{m-7}\sin^{m-7}a + \ldots,\end{cases}$$

et, pour des valeurs impaires de m,

$$(7)\quad \left\{\begin{aligned} &(-1)^{\frac{m-1}{2}}\sin ma \\ &\quad = 2^{m-1}\sin^m a - \frac{m}{1}2^{m-3}\sin^{m-2}a + \frac{m(m-3)}{1.2}2^{m-5}\sin^{m-4}a \\ &\qquad - \frac{m(m-4)(m-5)}{1.2.3}2^{m-7}\sin^{m-6}a + \ldots, \\ &(-1)^{\frac{m-1}{2}}\frac{\cos ma}{\cos a} \\ &\quad = 2^{m-1}\sin^{m-1}a - \frac{m-2}{1}2^{m-3}\sin^{m-3}a + \frac{(m-3)(m-4)}{1.2}2^{m-5}\sin^{m-5}a \\ &\qquad - \frac{(m-4)(m-5)(m-6)}{1.2.3}2^{m-7}\sin^{m-7}a + \ldots. \end{aligned}\right.$$

La première des formules (5) donne immédiatement l'expression de la quantité que nous avons désignée par V_m au n° 168; si, en effet, on pose $z = \cos a + i\sin a$, on aura

$$z + \frac{1}{z} = 2\cos a, \qquad z^m + \frac{1}{z^m} = 2\cos ma,$$

et, en remplaçant $2\cos a$ par x dans la première des formules (5), on trouvera

$$z^m + \frac{1}{z^m} = x^m - \frac{m}{1}x^{m-2} + \frac{m(m-3)}{1.2}x^{m-4} - \frac{m(m-4)(m-5)}{1.2.3}x^{m-6} + \ldots,$$

formule qui se réduira à une identité si l'on y remplace x par $z + \frac{1}{z}$.

Développement des fonctions $\sin x$ *et* $\cos x$ *en séries ordonnées suivant les puissances croissantes de* x.

183. Les formules (1) du n° 163 peuvent s'écrire de la manière suivante :

$$(1)\quad \left\{\begin{aligned} \frac{\cos ma}{\cos^m a} &= 1 - \frac{m(m-1)}{1.2}\tan^2 a + \ldots \pm \frac{m\ldots(m-2n+1)}{1.2\ldots 2n}\tan^{2n}a \mp R_{2n}, \\ \frac{\sin ma}{\cos^m a} &= \frac{m}{1}\tan a - \frac{m\ldots(m-2)}{1.2.3}\tan^3 a + \ldots \pm \frac{m\ldots(m-2n)}{1.2\ldots(2n+1)}\tan^{2n+1}a \mp R_{2n+1}, \end{aligned}\right.$$

en posant

$$R_p = \frac{m\ldots(m-p-1)}{1.2\ldots(p+2)} \operatorname{tang}^{p+2} a - \frac{m\ldots(m-p-3)}{1.2\ldots(p+4)} \operatorname{tang}^{p+4} a + \ldots;$$

les quantités R_{2n} et R_{2n+1} mesurent les erreurs que l'on commet quand on néglige les puissances de $\operatorname{tang} a$ supérieures à la $(2n+1)^{ième}$ dans les valeurs de $\frac{\cos ma}{\cos^m a}$ et de $\frac{\sin ma}{\cos^m a}$; nous allons chercher à assigner des limites de ces erreurs, en supposant l'arc a compris entre $-\frac{\pi}{4}$ et $+\frac{\pi}{4}$, et, par suite, $\operatorname{tang}^2 a < 1$. La somme R_p se compose d'un nombre limité de termes qui sont alternativement positifs et négatifs, quel que soit le signe de a, et il est clair que les valeurs absolues de ces termes seront constamment décroissantes, si l'on a

$$\frac{(m-p-2)(m-p-3)}{(p+3)(p+4)} \operatorname{tang}^2 a < 1;$$

par conséquent, la valeur de R_p sera comprise entre zéro et la valeur du premier des termes qui entrent dans son expression, en sorte que l'on aura

$$R_p = \zeta \frac{m(m-1)\ldots(m-p-1)}{1.2\ldots(p+2)} \operatorname{tang}^{p+2} a,$$

en désignant par ζ une quantité comprise entre zéro et l'unité. Nous pouvons donc remplacer, dans les équations (1), R_{2n} et R_{2n+1} par les valeurs que prend l'expression précédente de R_p, quand on y fait $p = 2n$ et $p = 2n+1$, pourvu cependant que l'inégalité de condition écrite plus haut soit vérifiée pour $p = 2n$, auquel cas elle sera nécessairement satisfaite pour $p = 2n+1$. D'après cela, si l'on pose

$$ma = x,$$

que l'on remplace a par $\frac{x}{m}$ dans les premiers membres des formules (1), et m par $\frac{x}{a}$ dans les seconds membres, que l'on désigne enfin par θ et λ les quantités comprises entre zéro et 1 auxquelles se réduit ζ pour $p = 2n$ et $p = 2n + 1$, on aura

$$(2)\quad \left\{\begin{aligned}
\frac{\cos x}{\cos^m \frac{x}{m}} &= 1 - \frac{x(x-a)}{1.2}\left(\frac{\tan a}{a}\right)^2 + \ldots \\
&\pm \frac{x(x-a)\ldots(x-2na+a)}{1.2\ldots 2n}\left(\frac{\tan a}{a}\right)^{2n} \\
&\mp \theta\,\frac{x(x-a)\ldots(x-2na-a)}{1.2\ldots(2n+2)}\left(\frac{\tan a}{a}\right)^{2n+2}, \\
\frac{\sin x}{\cos^m \frac{x}{m}} &= \frac{x}{1}\left(\frac{\tan a}{a}\right) - \frac{x(x-a)(x-2a)}{1.2.3}\left(\frac{\tan a}{a}\right)^3 + \ldots \\
&\pm \frac{x(x-a)\ldots(x-2na)}{1.2\ldots(2n+1)}\left(\frac{\tan a}{a}\right)^{2n+1} \\
&\mp \lambda\,\frac{x(x-a)\ldots(x-2na-2a)}{1.2\ldots(2n+3)}\left(\frac{\tan a}{a}\right)^{2n+3};
\end{aligned}\right.$$

et l'inégalité de condition deviendra

$$\frac{(x-2na-2a)(x-2na-3a)}{(2n+3)(2n+4)}\left(\frac{\tan a}{a}\right)^2 < 1.$$

Supposons maintenant que, n étant un nombre aussi grand que l'on voudra, mais invariable, on fasse augmenter indéfiniment l'entier m, de manière que le produit $ma = x$ reste constant; on aura à la limite non-seulement $a = 0$, $\frac{\tan a}{a} = 1$, mais encore $\cos^m \frac{x}{m} = 1$. En effet, on a $1 - \cos\frac{x}{m} < \frac{x^2}{2m^2}$ et, à plus forte raison,

$$\cos\frac{x}{m} - \cos^2\frac{x}{m} < \frac{x^2}{2m^2}, \ldots, \quad \cos^{m-1}\frac{x}{m} - \cos^m\frac{x}{m} < \frac{x^2}{2m^2};$$

en ajoutant toutes ces inégalités, il vient

$$1 - \cos^m\frac{x}{m} < m\,\frac{x^2}{2m^2} \quad \text{ou} \quad < \frac{x^2}{2m}.$$

Il résulte de là que $\cos^m \frac{x}{m}$ est compris entre 1 et $1 - \frac{x^2}{2m}$, et, par conséquent, cette quantité se réduit à l'unité quand m est infini. D'après cela, les équations (2) deviennent à la limite

$$(3)\quad \begin{cases} \cos x = 1 - \dfrac{x^2}{1.2} + \ldots \pm \dfrac{x^{2n}}{1.2\ldots 2n} \mp \theta \dfrac{x^{2n+2}}{1.2\ldots(2n+2)}, \\ \sin x = \dfrac{x}{1} - \dfrac{x^3}{1.2.3} + \ldots \pm \dfrac{x^{2n+1}}{1.2\ldots(2n+1)} \mp \lambda \dfrac{x^{2n+3}}{1.2\ldots(2n+3)}, \end{cases}$$

et l'inégalité de condition se réduit à

$$(4)\qquad \frac{x^2}{(2n+3)(2n+4)} < 1.$$

Les équations (3), où θ et λ désignent toujours des fractions comprises entre zéro et 1, ont lieu pour toutes les valeurs de n qui satisfont à la condition (4). On voit, en particulier, que, si x est compris entre zéro et $\frac{\pi}{2}$, on a

$$\sin x > x - \frac{x^3}{6}, \quad \cos x < 1 - \frac{x^2}{2} + \frac{x^4}{24}.$$

Supposons maintenant que l'entier n augmente indéfiniment; les fractions

$$\frac{x^{2n+2}}{1.2\ldots(2n+2)} = \frac{x}{1}\cdot\frac{x}{2}\cdot\frac{x}{3}\cdots\frac{x}{2n+2},$$
$$\frac{x^{2n+3}}{1.2\ldots(2n+3)} = \frac{x}{1}\cdot\frac{x}{2}\cdots\frac{x}{2n+3}$$

auront pour limite zéro, car ce sont des produits dont les facteurs plus grands que 1 sont en nombre limité, tandis que le nombre de ceux qui sont inférieurs à 1, et même à telle fraction que l'on voudra, peut devenir plus grand que tout nombre donné : on peut donc écrire

$$(5)\quad \begin{cases} \cos x = 1 - \dfrac{x^2}{1.2} + \dfrac{x^4}{1.2.3.4} - \dfrac{x^6}{1.2.3\ldots6} + \ldots, \\ \sin x = \dfrac{x}{1} - \dfrac{x^3}{1.2.3} + \dfrac{x^5}{1.2.3.4.5} - \dfrac{x^7}{1.2.3\ldots7} + \ldots. \end{cases}$$

Les seconds membres de ces formules (5) sont des séries illimitées qui restent *convergentes*, comme on le voit, pour toutes les valeurs de x comprises entre $-\infty$ et $+\infty$; les formules (3) font connaître les *restes* de ces séries, c'est-à-dire les erreurs que l'on commet quand on s'arrête à un terme quelconque.

184. Les formules (5) fournissent le moyen le plus simple de calculer le sinus et le cosinus d'un arc donné. Si l'on fait $x = \frac{m}{n}\frac{\pi}{2}$ et qu'on calcule les coefficients avec vingt-deux décimales, on obtiendra les formules suivantes :

$\cos\left(\frac{m}{n}\cdot 90^\circ\right) =$	$\sin\left(\frac{m}{n}\cdot 90^\circ\right) =$
$1{,}00000\ 00000\ 00000\ 00000\ 00$	$1{,}57079\ 63267\ 94896\ 61923\ 13\ \frac{m}{n}$
$-\ 1{,}23370\ 05501\ 36169\ 82735\ 43\ \frac{m^2}{n^2}$	$-\ 0{,}64596\ 40975\ 06246\ 25365\ 58\ \frac{m^3}{n^3}$
$+\ 0{,}25366\ 95079\ 01048\ 01363\ 66\ \frac{m^4}{n^4}$	$+\ 0{,}07969\ 26262\ 46167\ 04512\ 05\ \frac{m^5}{n^5}$
$-\ 0{,}02086\ 34807\ 63352\ 96087\ 31\ \frac{m^6}{n^6}$	$-\ 0{,}00468\ 17541\ 35318\ 68810\ 07\ \frac{m^7}{n^7}$
$+\ 0{,}00091\ 92602\ 74839\ 42658\ 02\ \frac{m^8}{n^8}$	$+\ 0{,}00016\ 04411\ 84787\ 35982\ 19\ \frac{m^9}{n^9}$
$-\ 0{,}00002\ 52020\ 42373\ 06060\ 55\ \frac{m^{10}}{n^{10}}$	$-\ 0{,}00000\ 35988\ 43235\ 21208\ 53\ \frac{m^{11}}{n^{11}}$
$+\ 0{,}00000\ 04710\ 87477\ 88181\ 72\ \frac{m^{12}}{n^{12}}$	$+\ 0{,}00000\ 00569\ 21729\ 21967\ 93\ \frac{m^{13}}{n^{13}}$
$-\ 0{,}00000\ 00063\ 86603\ 08379\ 19\ \frac{m^{14}}{n^{14}}$	$-\ 0{,}00000\ 00006\ 68803\ 51098\ 11\ \frac{m^{15}}{n^{15}}$
$+\ 0{,}00000\ 00000\ 65659\ 63114\ 98\ \frac{m^{16}}{n^{16}}$	$+\ 0{,}00000\ 00000\ 06066\ 93573\ 11\ \frac{m^{17}}{n^{17}}$
$-\ 0{,}00000\ 00000\ 00529\ 44002\ 01\ \frac{m^{18}}{n^{18}}$	$-\ 0{,}00000\ 00000\ 00043\ 77065\ 47\ \frac{m^{19}}{n^{19}}$
$+\ 0{,}00000\ 00000\ 00003\ 43773\ 92\ \frac{m^{20}}{n^{20}}$	$+\ 0{,}00000\ 00000\ 00000\ 25714\ 23\ \frac{m^{21}}{n^{21}}$
$-\ 0{,}00000\ 00000\ 00000\ 01835\ 99\ \frac{m^{22}}{n^{22}}$	$-\ 0{,}00000\ 00000\ 00000\ 00125\ 39\ \frac{m^{23}}{n^{23}}$
$+\ 0{,}00000\ 00000\ 00000\ 00008\ 21\ \frac{m^{24}}{n^{24}}$	$+\ 0{,}00000\ 00000\ 00000\ 00000\ 52\ \frac{m^{25}}{n^{25}}$
$-\ 0{,}00000\ 00000\ 00000\ 00000\ 03\ \frac{m^{26}}{n^{26}}$	

Les sinus et les cosinus des arcs depuis zéro jusqu'à 45 degrés comprennent les sinus et les cosinus des arcs depuis 45 jusqu'à 90 degrés; on peut donc toujours supposer $\frac{m}{n} < \frac{1}{2}$ dans les formules qui précèdent, en sorte que les séries seront tellement convergentes, qu'il n'en faudra jamais calculer qu'un très-petit nombre de termes, surtout si l'on n'a pas besoin d'un grand nombre de décimales.

Si l'on fait successivement $\frac{m}{n} = \frac{1}{10}, \frac{2}{10}, \frac{3}{10}, \frac{4}{10}, \frac{5}{10}$, on obtiendra les résultats suivants :

$$
\begin{aligned}
\sin 9^\circ &= \cos 81^\circ = 0,15643\ 44650\ 40231,\\
\sin 18^\circ &= \cos 72^\circ = 0,30901\ 69943\ 74947,\\
\sin 27^\circ &= \cos 63^\circ = 0,45399\ 04997\ 39547,\\
\sin 36^\circ &= \cos 54^\circ = 0,58778\ 52552\ 92473,\\
\sin 45^\circ &= \cos 45^\circ = 0,70710\ 67811\ 86548,\\
\sin 54^\circ &= \cos 36^\circ = 0,80901\ 69943\ 74947,\\
\sin 63^\circ &= \cos 27^\circ = 0,89100\ 65241\ 88368,\\
\sin 72^\circ &= \cos 18^\circ = 0,95105\ 65162\ 95154,\\
\sin 81^\circ &= \cos 9^\circ = 0,98768\ 83405\ 95138,
\end{aligned}
$$

lesquels s'accordent avec les formules du n° 37.

Décomposition des fonctions $\cos x$ *et* $\sin x$ *en un nombre arbitraire, mais limité, de facteurs.*

185. Des formules du n° **163** ou de celles du n° **181** il résulte que, si m est pair, $\cos ma$ et $\frac{\sin ma}{m \sin a \cos a}$ sont des fonctions entières de $\sin a$, qui se réduisent l'une et l'autre à l'unité pour $\sin a = 0$. En outre, la première de ces fonctions, qui est du degré m par rapport à $\sin a$, s'annule, ainsi que $\cos ma$, pour les valeurs de a comprises dans la suite

$$\frac{-(m-1)\pi}{2m}, \ldots, -\frac{3\pi}{2m}, -\frac{\pi}{2m}, +\frac{\pi}{2m}, +\frac{3\pi}{2m}, \ldots, +\frac{(m-1)\pi}{2m};$$

elle est donc divisible par chacun des facteurs binômes

$$1 - \frac{\sin^2 a}{\sin^2 \frac{\pi}{2m}}, \quad 1 - \frac{\sin^2 a}{\sin^2 \frac{3\pi}{2m}}, \ldots, \quad 1 - \frac{\sin^2 a}{\sin^2 \frac{(m-1)\pi}{2m}},$$

et, parce qu'elle se réduit à 1 pour $\sin a = 0$, elle est précisément égale au produit de tous ces binômes.

La seconde fonction est du degré $m - 2$ par rapport à $\sin a$, et elle s'annule pour les valeurs de a comprises dans la suite

$$-\frac{(m-2)\pi}{2m}, \ldots, -\frac{4\pi}{2m}, -\frac{2\pi}{2m}, +\frac{2\pi}{2m}, +\frac{4\pi}{2m}, \ldots, +\frac{(m-2)\pi}{2m};$$

en conséquence, elle est divisible par chacun des facteurs

$$1 - \frac{\sin^2 a}{\sin^2 \frac{2\pi}{2m}}, \quad 1 - \frac{\sin^2 a}{\sin^2 \frac{4\pi}{2m}}, \ldots, \quad 1 - \frac{\sin^2 a}{\sin^2 \frac{(m-2)\pi}{2m}},$$

et elle est même égale au produit de tous ces facteurs.

En mettant $\frac{x}{m}$ au lieu de a, on aura donc, pour les valeurs paires de m,

$$(1)\left\{\begin{aligned} \cos x &= \left(1 - \frac{\sin^2 \frac{x}{m}}{\sin^2 \frac{\pi}{2m}}\right)\left(1 - \frac{\sin^2 \frac{x}{m}}{\sin^2 \frac{3\pi}{2m}}\right)\cdots\left(1 - \frac{\sin^2 \frac{x}{m}}{\sin^2 \frac{(m-1)\pi}{2m}}\right), \\ \sin x &= m \sin \frac{x}{m} \cos \frac{x}{m}\left(1 - \frac{\sin^2 \frac{x}{m}}{\sin^2 \frac{2\pi}{2m}}\right)\cdots\left(1 - \frac{\sin^2 \frac{x}{m}}{\sin^2 \frac{(m-2)\pi}{2m}}\right). \end{aligned}\right.$$

Par un raisonnement semblable, on obtiendra, pour des valeurs impaires de m,

$$(2)\left\{\begin{aligned} \cos x &= \cos \frac{x}{m}\left(1 - \frac{\sin^2 \frac{x}{m}}{\sin^2 \frac{\pi}{2m}}\right)\left(1 - \frac{\sin^2 \frac{x}{m}}{\sin^2 \frac{3\pi}{2m}}\right)\cdots\left(1 - \frac{\sin^2 \frac{x}{m}}{\sin^2 \frac{(m-2)\pi}{2m}}\right), \\ \sin x &= m \sin \frac{x}{m}\left(1 - \frac{\sin^2 \frac{x}{m}}{\sin^2 \frac{2\pi}{2m}}\right)\left(1 - \frac{\sin^2 \frac{x}{m}}{\sin^2 \frac{4\pi}{2m}}\right)\cdots\left(1 - \frac{\sin^2 \frac{x}{m}}{\sin^2 \frac{(m-1)\pi}{2m}}\right). \end{aligned}\right.$$

Si l'on transforme les formules (1) et (2) en faisant usage de la relation identique

$$1-\frac{\sin^2 u}{\sin^2 v}=\cos^2 u\left(1-\frac{\operatorname{tang}^2 u}{\operatorname{tang}^2 v}\right),$$

on aura, pour les valeurs paires de m,

$$(3)\left\{\begin{aligned}\cos x&=\cos^m\frac{x}{m}\left(1-\frac{\operatorname{tang}^2\frac{x}{m}}{\operatorname{tang}^2\frac{\pi}{2m}}\right)\left(1-\frac{\operatorname{tang}^2\frac{x}{m}}{\operatorname{tang}^2\frac{3\pi}{2m}}\right)\cdots\left(1-\frac{\operatorname{tang}^2\frac{x}{m}}{\operatorname{tang}^2\frac{(m-1)\pi}{2m}}\right),\\ \sin x&=\cos^m\frac{x}{m}\cdot m\operatorname{tang}\frac{x}{m}\left(1-\frac{\operatorname{tang}^2\frac{x}{m}}{\operatorname{tang}^2\frac{2\pi}{2m}}\right)\cdots\left(1-\frac{\operatorname{tang}^2\frac{x}{m}}{\operatorname{tang}^2\frac{(m-2)\pi}{2m}}\right),\end{aligned}\right.$$

et, pour les valeurs impaires de m,

$$(4)\left\{\begin{aligned}\cos x&=\cos^m\frac{x}{m}\left(1-\frac{\operatorname{tang}^2\frac{x}{m}}{\operatorname{tang}^2\frac{\pi}{2m}}\right)\left(1-\frac{\operatorname{tang}^2\frac{x}{m}}{\operatorname{tang}^2\frac{3\pi}{2m}}\right)\cdots\left(1-\frac{\operatorname{tang}^2\frac{x}{m}}{\operatorname{tang}^2\frac{(m-2)\pi}{2m}}\right),\\ \sin x&=\cos^m\frac{x}{m}\cdot m\operatorname{tang}\frac{x}{m}\left(1-\frac{\operatorname{tang}^2\frac{x}{m}}{\operatorname{tang}^2\frac{2\pi}{2m}}\right)\cdots\left(1-\frac{\operatorname{tang}^2\frac{x}{m}}{\operatorname{tang}^2\frac{(m-1)\pi}{2m}}\right).\end{aligned}\right.$$

Décomposition des fonctions $\cos x$ *et* $\sin x$ *en un nombre infini de facteurs.*

186. Lemme. — *Si l'arc x croît de zéro à $\frac{\pi}{2}$, le rapport $\frac{\sin x}{x}$ diminue et le rapport $\frac{\operatorname{tang} x}{x}$ augmente; en d'autres termes, on a*

$$\frac{\sin(x+h)}{x+h}<\frac{\sin x}{x},\quad\text{et}\quad\frac{\operatorname{tang}(x+h)}{x+h}>\frac{\operatorname{tang} x}{x},$$

si x et h sont positifs et que $x+h$ soit inférieur à $\frac{\pi}{2}$.

En effet, si l'on multiplie la première inégalité par $\frac{x+h}{h\cos x}$, que l'on développe $\sin(x+h)$ et que l'on fasse passer tous les termes dans le second membre, elle devient

$$\operatorname{tang} x \frac{1-\cos h}{h} + \left(\frac{\operatorname{tang} x}{x} - \frac{\sin h}{h}\right) > 0,$$

et sous cette forme on en reconnaît immédiatement l'exactitude, car $1-\cos h$ est positif et $\frac{\operatorname{tang} x}{x} - \frac{\sin h}{h}$ l'est également, puisque $\frac{\operatorname{tang} x}{x}$ est >1, tandis que $\frac{\sin h}{h}$ est <1.

Il faut remarquer que le rapport $\frac{\sin x}{x}$ continue à décroître quand x croît de $\frac{\pi}{2}$ à π; car, dans ce cas, le numérateur diminue, tandis que le dénominateur augmente.

Quant à la deuxième des deux inégalités proposées, si l'on y remplace les tangentes par leurs valeurs en sinus et cosinus, on lui donne aisément cette forme

$$\frac{\sin(h+2x)}{h+2x} < \frac{\sin h}{h},$$

ce qui a lieu, d'après ce qui précède.

Corollaire. — *Si x et $x+h$ sont compris entre zéro et $\frac{\pi}{2}$, on a*

$$\frac{\sin(x+h)}{\sin x} < \frac{x+h}{x} < \frac{\operatorname{tang}(x+h)}{\operatorname{tang} x}.$$

Il résulte de là que, si l'on désigne par u et v deux arcs quelconques compris entre $-\frac{\pi}{2}$ et $+\frac{\pi}{2}$, on aura

$$\pm\left(1-\frac{\sin^2 u}{\sin^2 v}\right) < \pm\left(1-\frac{u^2}{v^2}\right) < \pm\left(1-\frac{\operatorname{tang}^2 u}{\operatorname{tang}^2 v}\right),$$

le signe ambigu $\pm$ indiquant ici qu'il faut prendre la valeur absolue de la quantité qu'il affecte.

187. Le corollaire qui précède va nous donner le moyen de trouver ce que deviennent les expressions de $\cos x$ et de $\sin x$ obtenues au n° **185**, lorsque l'entier m devient infini; nous considérerons, par exemple, les formules (1) et (3), où m désigne un nombre pair, et nous multiplierons chacune d'elles par le facteur ± 1, en convenant d'employer le signe qui rend les membres positifs. Le nombre m étant supposé assez grand pour que la valeur absolue de $\frac{x}{m}$ soit inférieure à $\frac{\pi}{2}$, si l'on fait usage des inégalités

$$\pm \sin\frac{x}{m} < \pm\frac{x}{m} < \pm \operatorname{tang}\frac{x}{m}, \quad \cos\frac{x}{m} < 1,$$

et de celles qui sont fournies par le corollaire du numéro précédent, les formules (1) et (3) du n° **185** donneront

$$\pm\cos x < \pm\left(1-\frac{4x^2}{\pi^2}\right)\left(1-\frac{4x^2}{9\pi^2}\right)\cdots\left(1-\frac{4x^2}{(m-1)^2\pi^2}\right),$$

$$\pm\cos x > \pm\cos^m\frac{x}{m}\cdot\left(1-\frac{4x^2}{\pi^2}\right)\left(1-\frac{4x^2}{9\pi^2}\right)\cdots\left(1-\frac{4x^2}{(m-1)^2\pi^2}\right),$$

et

$$\pm\sin x < \pm x\left(1-\frac{x^2}{\pi^2}\right)\left(1-\frac{x^2}{4\pi^2}\right)\cdots\left(1-\frac{x^2}{(m-2)^2\pi^2}\right),$$

$$\pm\sin x > \pm\cos^m\frac{x}{m}\cdot x\left(1-\frac{x^2}{\pi^2}\right)\left(1-\frac{x^2}{4\pi^2}\right)\cdots\left(1-\frac{x^2}{(m-2)^2\pi^2}\right).$$

Or nous avons vu (183) que l'on a

$$\cos^m\frac{x}{m} = 1-\theta_m,$$

θ_m étant une quantité qui s'annule pour $m=\infty$; par conséquent, si l'on désigne par ε_m et η_m des quantités inférieures à θ_m, on aura

$$(1)\quad \left\{\begin{aligned} \cos x &= \left(1-\frac{4x^2}{\pi^2}\right)\left(1-\frac{4x^2}{9\pi^2}\right)\cdots\left(1-\frac{4x^2}{(m-1)^2\pi^2}\right)(1-\varepsilon_m),\\ \sin x &= x\left(1-\frac{x^2}{\pi^2}\right)\left(1-\frac{x^2}{4\pi^2}\right)\cdots\left(1-\frac{x^2}{(m-2)^2\pi^2}\right)(1-\eta_m).\end{aligned}\right.$$

Si maintenant on fait tendre l'entier m vers l'infini, les quantités ε_m et η_m tendent vers zéro, et l'on aura à la limite

$$(2)\quad \begin{cases} \cos x = \left(1-\frac{4x^2}{\pi^2}\right)\left(1-\frac{4x^2}{9\pi^2}\right)\left(1-\frac{4x^2}{25\pi^2}\right)\cdots, \\ \sin x = x\left(1-\frac{x^2}{\pi^2}\right)\left(1-\frac{x^2}{4\pi^2}\right)\left(1-\frac{x^2}{9\pi^2}\right)\cdots. \end{cases}$$

Ces formules donnent les valeurs de $\cos x$ et de $\sin x$ décomposées en un nombre infini de facteurs linéaires; la périodicité de ces fonctions y est en évidence.

188. Formule de Wallis. — La première des formules précédentes peut s'écrire ainsi

$$\frac{\pi}{2}\,\frac{\sin\left(\frac{\pi}{2}-x\right)}{\frac{\pi}{2}-x} = \left(1+\frac{2x}{\pi}\right)\left(1-\frac{4x^2}{9\pi^2}\right)\left(1-\frac{4x^2}{25\pi^2}\right)\cdots,$$

Faisant $x=\frac{\pi}{2}$, il vient

$$\frac{\pi}{2} = 2\left(1-\frac{1}{9}\right)\left(1-\frac{1}{25}\right)\left(1-\frac{1}{49}\right)\cdots,$$

ou

$$\frac{\pi}{2} = \frac{2}{1}\cdot\frac{2}{3}\cdot\frac{4}{3}\cdot\frac{4}{5}\cdot\frac{6}{5}\cdot\frac{6}{7}\cdot\frac{8}{7}\cdot\frac{8}{9}\cdots,$$

formule remarquable due au géomètre Wallis, et qui donne la valeur de $\frac{\pi}{2}$ comme limite du produit d'un nombre infini de fractions, alternativement plus grandes et plus petites que l'unité.

Décomposition des fonctions tang x *et* cot x *en un nombre arbitraire, mais limité, de fractions.*

189. Si $f'(z)$ désigne la dérivée d'un polynôme $f(z)$ de degré m, et que $a_1, a_2, \ldots, a_m$ soient les m racines de l'équa-

tion $f(z) = 0$, on sait que l'on a

$$\frac{f'(z)}{f(z)} = \frac{1}{z - a_1} + \frac{1}{z - a_2} + \ldots + \frac{1}{z - a_m};$$

en outre, si a_1 et a_2 sont des quantités imaginaires conjuguées, et que l'on fasse $a_1 = r(\cos\alpha + i\sin\alpha)$, $a_2 = r(\cos\alpha - i\sin\alpha)$, la somme des deux fractions $\frac{1}{z - a_1}$, $\frac{1}{z - a_2}$ sera

$$\frac{2z - 2r\cos\alpha}{z^2 - 2rz\cos\alpha + r^2}.$$

Appliquons ce résultat aux deux polynômes $z^m + r^m$ et $z^m - r^m$, qui ont l'un et l'autre pour dérivée mz^{m-1}; on aura (175), pour des valeurs paires de m,

$$\frac{mz^{m-1}}{z^m + r^m} = \frac{2z - 2r\cos\frac{\pi}{m}}{z^2 - 2rz\cos\frac{\pi}{m} + r^2} + \ldots + \frac{2z - 2r\cos\frac{(m-1)\pi}{m}}{z^2 - 2rz\cos\frac{(m-1)\pi}{m} + r^2},$$

$$\frac{mz^{m-1}}{z^m - r^m} = \frac{1}{z + r} + \frac{1}{z - r} + \frac{2z - 2r\cos\frac{2\pi}{m}}{z^2 - 2rz\cos\frac{2\pi}{m} + r^2} + \ldots$$
$$+ \frac{2z - 2r\cos\frac{(m-2)\pi}{m}}{z^2 - 2rz\cos\frac{(m-2)\pi}{m} + r^2},$$

et, pour des valeurs impaires de m,

$$\frac{mz^{m-1}}{z^m + r^m} = \frac{1}{z + r} + \frac{2z - 2r\cos\frac{m}{\pi}}{z^2 - 2rz\cos\frac{m}{\pi} + r^2} + \ldots$$
$$+ \frac{2z - 2r\cos\frac{(m-2)\pi}{m}}{z^2 - 2rz\cos\frac{(m-2)\pi}{m} + r^2},$$

$$\frac{mz^{m-1}}{z^m - r^m} = \frac{1}{z-r} + \frac{2z - 2r\cos\frac{2\pi}{m}}{z^2 - 2rz\cos\frac{2\pi}{m} + r^2} + \ldots$$

$$+ \frac{2z - 2r\cos\frac{(m-1)\pi}{m}}{z^2 - 2rz\cos\frac{(m-1)\pi}{m} + r^2}.$$

Multiplions ces quatre équations par z, et retranchons de chacune des équations résultantes celle qu'on en déduit en permutant les lettres z et r; il viendra, pour des valeurs paires de m,

$$(1)\quad \begin{cases} m\dfrac{z^m - r^m}{z^m + r^m} = 2\dfrac{z^2 - r^2}{z^2 - 2rz\cos\frac{\pi}{m} + r^2} + \ldots \\ \qquad + 2\dfrac{z^2 - r^2}{z^2 - 2rz\cos\frac{(m-1)\pi}{m} + r^2}, \\ m\dfrac{z^m + r^m}{z^m - r^m} = 2\dfrac{z^2 + r^2}{z^2 - r^2} + 2\dfrac{z^2 - r^2}{z^2 - 2rz\cos\frac{2\pi}{m} + r^2} + \ldots \\ \qquad + 2\dfrac{z^2 - r^2}{z^2 - 2rz\cos\frac{(m-2)\pi}{m} + r^2}, \end{cases}$$

et, pour des valeurs impaires de m,

$$(2)\quad \begin{cases} m\dfrac{z^m - r^m}{z^m + r^m} = \dfrac{z-r}{z+r} + 2\dfrac{z^2 - r^2}{z^2 - 2rz\cos\frac{\pi}{m} + r^2} + \ldots \\ \qquad + 2\dfrac{z^2 - r^2}{z^2 - 2rz\cos\frac{(m-2)\pi}{m} + r^2}, \\ m\dfrac{z^m + r^m}{z^m - r^m} = \dfrac{z+r}{z-r} + 2\dfrac{z^2 - r^2}{z^2 - 2rz\cos\frac{2\pi}{m} + r^2} + \ldots \\ \qquad + 2\dfrac{z^2 - r^2}{z^2 - 2rz\cos\frac{(m-1)\pi}{m} + r^2}. \end{cases}$$

Posons

$$z = \cos\frac{x}{m} + i\sin\frac{x}{m}, \quad r = \cos\frac{x}{m} - i\sin\frac{x}{m};$$

il viendra, pour des valeurs paires de m,

$$(3)\left\{\begin{aligned} \tang x &= \frac{2}{m}\cot\frac{x}{m} \\ &\times\left[\frac{\sin^2\frac{x}{m}}{\sin^2\frac{\pi}{2m} - \sin^2\frac{x}{m}} + \ldots + \frac{\sin^2\frac{x}{m}}{\sin^2\frac{(m-1)\pi}{2m} - \sin^2\frac{x}{m}}\right], \\ \cot x &= \frac{2}{m}\cot\frac{2x}{m} - \frac{2}{m}\cot\frac{x}{m} \\ &\times\left[\frac{\sin^2\frac{x}{m}}{\sin^2\frac{2\pi}{2m} - \sin^2\frac{x}{m}} + \ldots + \frac{\sin^2\frac{x}{m}}{\sin^2\frac{(m-2)\pi}{2m} - \sin^2\frac{x}{m}}\right], \end{aligned}\right.$$

et, pour des valeurs impaires de m,

$$(4)\left\{\begin{aligned} \tang x &= \frac{1}{m}\tang\frac{x}{m} + \frac{2}{m}\cot\frac{x}{m} \\ &\times\left[\frac{\sin^2\frac{x}{m}}{\sin^2\frac{\pi}{2m} - \sin^2\frac{x}{m}} + \ldots + \frac{\sin^2\frac{x}{m}}{\sin^2\frac{(m-2)\pi}{2m} - \sin^2\frac{x}{m}}\right], \\ \cot x &= \frac{1}{m}\cot\frac{x}{m} - \frac{2}{m}\cot\frac{x}{m} \\ &\times\left[\frac{\sin^2\frac{x}{m}}{\sin^2\frac{2\pi}{2m} - \sin^2\frac{x}{m}} + \ldots + \frac{\sin^2\frac{x}{m}}{\sin^2\frac{(m-1)\pi}{2m} - \sin^2\frac{x}{m}}\right]. \end{aligned}\right.$$

Si l'on introduit des tangentes à la place des sinus qui figurent dans les parenthèses, on aura encore, pour des valeurs paires de m,

$$(5)\left\{\begin{aligned} &\operatorname{tang} x = \operatorname{tang}\frac{x}{m} + \frac{2}{m}\left(\cot\frac{x}{m} + \operatorname{tang}\frac{x}{m}\right)\\ &\times\left[\frac{\operatorname{tang}^2\frac{x}{m}}{\operatorname{tang}^2\frac{\pi}{2m} - \operatorname{tang}^2\frac{x}{m}} + \ldots + \frac{\operatorname{tang}^2\frac{x}{m}}{\operatorname{tang}^2\frac{(m-1)\pi}{2m} - \operatorname{tang}^2\frac{x}{m}}\right],\\ &\cot x = \left(\frac{2}{m}\cot\frac{2x}{m} - \operatorname{tang}\frac{x}{m}\right) - \frac{2}{m}\left(\cot\frac{x}{m} + \operatorname{tang}\frac{x}{m}\right)\\ &\times\left[\frac{\operatorname{tang}^2\frac{x}{m}}{\operatorname{tang}^2\frac{2\pi}{2m} - \operatorname{tang}^2\frac{x}{m}} + \ldots + \frac{\operatorname{tang}^2\frac{x}{m}}{\operatorname{tang}^2\frac{(m-2)\pi}{2m} - \operatorname{tang}^2\frac{x}{m}}\right], \end{aligned}\right.$$

et, pour des valeurs impaires de m,

$$(6)\left\{\begin{aligned} &\operatorname{tang} x = \operatorname{tang}\frac{x}{m} + \frac{2}{m}\left(\cot\frac{x}{m} + \operatorname{tang}\frac{x}{m}\right)\\ &\times\left[\frac{\operatorname{tang}^2\frac{x}{m}}{\operatorname{tang}^2\frac{\pi}{2m} - \operatorname{tang}^2\frac{x}{m}} + \ldots + \frac{\operatorname{tang}^2\frac{x}{m}}{\operatorname{tang}^2\frac{(m-2)\pi}{2m} - \operatorname{tang}^2\frac{x}{m}}\right],\\ &\cot x = \frac{1}{m}\left(\cot\frac{x}{m} + \operatorname{tang}\frac{x}{m}\right) - \operatorname{tang}\frac{x}{m} - \frac{2}{m}\left(\cot\frac{x}{m} + \operatorname{tang}\frac{x}{m}\right)\\ &\times\left[\frac{\operatorname{tang}^2\frac{x}{m}}{\operatorname{tang}^2\frac{2\pi}{2m} - \operatorname{tang}^2\frac{x}{m}} + \ldots + \frac{\operatorname{tang}^2\frac{x}{m}}{\operatorname{tang}^2\frac{(m-1)\pi}{2m} - \operatorname{tang}^2\frac{x}{m}}\right]. \end{aligned}\right.$$

Décomposition des fonctions tang x *et* cot x *en un nombre infini de fractions simples.*

190. Il est facile de trouver ce que deviennent les formules (3) et (4) ou (5) et (6) du numéro précédent, lorsqu'on y suppose infini l'entier m qu'elles contiennent. Pour plus de simplicité, nous supposerons d'abord que x est compris entre o et $\frac{\pi}{2}$, et alors toutes les fractions qui figurent

dans les parenthèses des formules (3), (4), (5), (6) seront positives. Nous considérerons seulement les formules (3) et (5), dans lesquelles m est un nombre pair, et nous ferons usage du lemme démontré au n° 186; on a, d'après le corollaire de ce lemme,

$$\frac{\sin^2 v}{\sin^2 u - \sin^2 v} > \frac{v^2}{u^2 - v^2} > \frac{\operatorname{tang}^2 v}{\operatorname{tang}^2 u - \operatorname{tang}^2 v},$$

si u est supérieur à v et que u et v soient compris entre o et $\frac{\pi}{2}$.

Au moyen de ces inégalités on déduit des formules (3) et (5) du n° 189

$$(1)\quad \begin{cases} \dfrac{\operatorname{tang}\frac{x}{m}}{\frac{x}{m}} \operatorname{tang} x > \dfrac{2x}{\left(\frac{\pi}{2}\right)^2 - x^2} + \ldots + \dfrac{2x}{\left[\frac{(m-1)\pi}{2}\right]^2 - x^2}, \\ \dfrac{\sin\frac{x}{m}}{\frac{x}{m}} \cos\dfrac{x}{m}\left(\operatorname{tang} x - \operatorname{tang}\dfrac{x}{m}\right) \\ \qquad < \dfrac{2x}{\left(\frac{\pi}{2}\right)^2 - x^2} + \ldots + \dfrac{2x}{\left[\frac{(m-1)\pi}{2}\right]^2 - x^2}, \end{cases}$$

et

$$(2)\quad \begin{cases} \dfrac{\sin\frac{x}{m}}{\frac{x}{m}} \cos\dfrac{x}{m}\left[\cot x + \left(1 + \dfrac{2}{m}\right)\operatorname{tang}\dfrac{x}{m}\right] \\ \qquad > \dfrac{1}{x} - \dfrac{2x}{\pi^2 - x^2} - \ldots - \dfrac{2x}{\left[\frac{(m-2)\pi}{2}\right]^2 - x^2} \\ \dfrac{\operatorname{tang}\frac{x}{m}}{\frac{x}{m}}\left(\cot x + \dfrac{1}{m}\operatorname{tang}\dfrac{x}{m}\right) \\ \qquad < \dfrac{1}{x} - \dfrac{2x}{\pi^2 - x^2} - \ldots - \dfrac{2x}{\left[\frac{(m-2)\pi}{2}\right]^2 - x^2}. \end{cases}$$

Si maintenant on fait tendre l'entier pair m vers l'infini, les premiers membres des inégalités (1) tendent l'un et l'autre vers la limite $\tang x$; la somme qui constitue les seconds membres se réduit donc à une série convergente qui a aussi pour limite $\tang x$. Pareillement les premiers membres des inégalités (2) ont l'un et l'autre pour limite $\cot x$, d'où il suit encore que la somme contenue dans les seconds membres devient une série convergente qui a la même limite $\cot x$. On a donc

$$(3)\quad \begin{cases} \tang x = \dfrac{2x}{\left(\dfrac{\pi}{2}\right)^2 - x^2} + \dfrac{2x}{\left(\dfrac{3\pi}{2}\right)^2 - x^2} + \dfrac{2x}{\left(\dfrac{5\pi}{2}\right)^2 - x^2} + \ldots, \\ \cot x = \dfrac{1}{x} - \dfrac{2x}{\pi^2 - x^2} - \dfrac{2x}{(2\pi)^2 - x^2} - \dfrac{2x}{(3\pi)^2 - x^2} + \ldots, \end{cases}$$

formules qui peuvent aussi être écrites de la manière suivante :

$$(4)\quad \begin{cases} \tang x = \left(\dfrac{1}{\dfrac{\pi}{2} - x} - \dfrac{1}{\dfrac{\pi}{2} + x}\right) + \left(\dfrac{1}{\dfrac{3\pi}{2} - x} - \dfrac{1}{\dfrac{3\pi}{2} + x}\right) + \ldots, \\ \cot x = \dfrac{1}{x} - \left(\dfrac{1}{\pi - x} - \dfrac{1}{\pi + x}\right) - \left(\dfrac{1}{2\pi - x} - \dfrac{1}{2\pi + x}\right) - \ldots. \end{cases}$$

Pour établir les formules (3) et (4) nous avons supposé x compris entre zéro et $\frac{\pi}{2}$; mais comme les seconds membres ne font que changer de signe, ainsi que les premiers membres, quand on change x en $-x$, on voit que les formules ont lieu pour les valeurs de x comprises entre $-\frac{\pi}{2}$ et $+\frac{\pi}{2}$; enfin on reconnaît immédiatement que les seconds membres des formules (4) ne changent pas quand on change x en $x+\pi$; ce sont, en d'autres termes, des fonctions périodiques de x qui ont la même période que les premiers membres. Il s'ensuit que les formules (3) et (4) subsistent pour toutes les valeurs de x comprises entre $-\infty$ et $+\infty$; on voit que les fonctions $\tang x$ et $\cot x$ sont décomposables en une infinité de fractions simples dont les numérateurs sont égaux à l'unité, et dont les dénominateurs sont les binômes du premier degré qui, égalés à zéro, fournissent les racines des équations

$$\tang x = \infty, \quad \cot x = \infty.$$

Remarquons en terminant que chacune des deux formules (3) ou (4) peut se déduire de l'autre en changeant, dans celle-ci, x en $\frac{\pi}{2} - x$.

Si, après avoir divisé par x la première des équations (3), on fait $x = 0$, on obtient la formule

$$\frac{\pi^2}{8} = \frac{1}{1^2} + \frac{1}{3^2} + \frac{1}{5^2} + \frac{1}{7^2} + \ldots;$$

pareillement, si l'on retranche $\frac{1}{x}$ des deux membres de la deuxième équation (3), que l'on divise ensuite par x et que l'on fasse $x = 0$, on obtiendra, en faisant usage des formules (5) du n° **183**,

$$\frac{\pi^2}{6} = \frac{1}{1^2} + \frac{1}{2^2} + \frac{1}{3^2} + \frac{1}{4^2} + \frac{1}{5^2} + \frac{1}{6^2} + \ldots,$$

et, en divisant par 4,

$$\frac{\pi^2}{24} = \frac{1}{2^2} + \frac{1}{4^2} + \frac{1}{6^2} + \frac{1}{8^2} + \ldots;$$

la convergence de ces séries résulte évidemment de l'analyse même qui nous y a conduit.

Décomposition des fonctions cosécx *et* sécx *en un nombre infini de fractions simples.*

191. On a

$$\text{coséc}\, x = \frac{1}{\sin x} = \frac{1}{2}\tang\frac{1}{2}x + \frac{1}{2}\cot\frac{1}{2}x;$$

si donc on remplace x par $\frac{1}{2}x$ dans les équations (4) du numéro précédent, et qu'on fasse ensuite la demi-somme des résultats, on aura

$$(1)\quad \begin{cases} \operatorname{coséc} x = \dfrac{1}{x} + \left(\dfrac{1}{\pi - x} - \dfrac{1}{\pi + x}\right) - \left(\dfrac{1}{2\pi - x} - \dfrac{1}{2\pi + x}\right) \\ \qquad + \left(\dfrac{1}{3\pi - x} - \dfrac{1}{3\pi + x}\right) - \ldots; \end{cases}$$

d'où l'on tire, en changeant x en $\frac{\pi}{2} - x$,

$$(2)\quad \begin{cases} \operatorname{séc} x = \left(\dfrac{1}{\frac{\pi}{2} - x} + \dfrac{1}{\frac{\pi}{2} + x}\right) - \left(\dfrac{1}{\frac{3\pi}{2} - x} + \dfrac{1}{\frac{3\pi}{2} + x}\right) \\ \qquad + \left(\dfrac{1}{\frac{5\pi}{2} - x} + \dfrac{1}{\frac{5\pi}{2} + x}\right) - \ldots. \end{cases}$$

Ces formules peuvent encore être écrites de la manière suivante :

$$(3)\quad \begin{cases} \operatorname{coséc} x = \dfrac{1}{x} + \dfrac{2x}{\pi^2 - x^2} - \dfrac{2x}{(2\pi)^2 - x^2} + \dfrac{2x}{(3\pi)^2 - x^2} - \ldots, \\ \operatorname{séc} x = \dfrac{\pi}{\left(\frac{\pi}{2}\right)^2 - x^2} - \dfrac{3\pi}{\left(\frac{3\pi}{2}\right)^2 - x^2} + \dfrac{5\pi}{\left(\frac{5\pi}{2}\right)^2 - x^2} - \ldots; \end{cases}$$

en faisant $x = 0$ dans la deuxième équation (3), il vient

$$\frac{\pi}{4} = 1 - \frac{1}{3} + \frac{1}{5} - \frac{1}{7} + \ldots.$$

Développement des fonctions $\tan x$ *et* $\cot x$ *en séries ordonnées suivant les puissances croissantes de* x.

192. Si l'on pose

$$(1)\quad \begin{cases} \operatorname{tang} x - R_n = \dfrac{2x}{\left(\frac{\pi}{2}\right)^2 - x^2} + \ldots + \dfrac{2x}{\left[\frac{(2n-1)\pi}{2}\right]^2 - x^2}, \\ \cot x - R'_n = \dfrac{1}{x} - \dfrac{2x}{\pi^2 - x^2} - \ldots - \dfrac{2x}{[(n-1)\pi]^2 - x^2}, \end{cases}$$

les quantités R_n et R'_n tendront vers zéro (n° 190) quand n

tendra vers l'infini. Or on a, par la division,

$$\frac{1}{a-z} = \frac{1}{a} + \frac{z}{a^2} + \frac{z^2}{a^3} + \ldots,$$

et la série contenue dans le second membre de cette formule reste convergente pour toutes les valeurs de z comprises entre $-a$ et $+a$; donc les fractions en nombre limité dont se compose la valeur de $\tang x - R_n$ seront développables en séries ordonnées suivant les puissances croissantes de x pour toutes les valeurs de x comprises entre $-\frac{\pi}{2}$ et $+\frac{\pi}{2}$; pareillement, les fractions qui figurent dans la valeur de $\cot x - R'_n$ seront, à partir de la deuxième, développables en séries ordonnées suivant les puissances croissantes de x, pour toutes les valeurs de x comprises entre $-\pi$ et $+\pi$; on aura, en formant ces développements,

$$(2)\quad \left\{\begin{aligned} \tang x - R_n &= \frac{2^3}{\pi^2}\left[\frac{1}{1^2} + \frac{1}{3^2} + \ldots + \frac{1}{(2n-1)^2}\right] x \\ &\quad + \frac{2^5}{\pi^4}\left[\frac{1}{1^4} + \frac{1}{3^4} + \ldots + \frac{1}{(2n-1)^4}\right] x^3 + \ldots, \\ \cot x - R'_n &= \frac{1}{x} - \frac{2}{\pi^2}\left[\frac{1}{1^2} + \frac{1}{2^2} + \ldots + \frac{1}{(n-1)^2}\right] x \\ &\quad - \frac{2}{\pi^4}\left[\frac{1}{1^4} + \frac{1}{2^4} + \ldots + \frac{1}{(n-1)^4}\right] x^3 - \ldots. \end{aligned}\right.$$

Nous avons établi au n° 190 que les séries

$$\frac{1}{1^{2\mu}} + \frac{1}{3^{2\mu}} + \frac{1}{5^{2\mu}} + \ldots, \qquad \frac{1}{1^{2\mu}} + \frac{1}{2^{2\mu}} + \frac{1}{3^{2\mu}} + \ldots$$

sont convergentes pour $\mu = 1$; donc elles sont, à plus forte raison, convergentes pour $\mu > 1$. Si donc on désigne par $S_{2\mu}$ et $S'_{2\mu}$ les limites de ces deux séries et que l'on fasse

$$S_{2\mu} = \frac{1}{1^{2\mu}} + \frac{1}{3^{2\mu}} + \ldots + \frac{1}{(2n-1)^{2\mu}} + \alpha_{2\mu},$$

$$S'_{2\mu} = \frac{1}{1^{2\mu}} + \frac{1}{2^{2\mu}} + \ldots + \frac{1}{(n-1)^{2\mu}} + \alpha'_{2\mu},$$

$\alpha_{2\mu}$ et $\alpha'_{2\mu}$ s'annuleront pour $n=\infty$. Cela posé, on peut écrire comme il suit les équations (2) :

$$(3)\quad\left\{\begin{aligned}\operatorname{tang}x-R_n&=\left(\frac{2^3S_2}{\pi^2}x+\frac{2^5S_4}{\pi^4}x^3+\frac{2^7S_6}{\pi^6}x^5+\ldots\right)\\&\quad-\frac{\pi}{4}\left[\alpha_2\frac{2x}{\pi}+\alpha_4\left(\frac{2x}{\pi}\right)^3+\ldots\right],\\\cot x-R'_n&=\left(\frac{1}{x}-\frac{2S'_2}{\pi^2}x-\frac{2S'_4}{\pi^4}x^3-\frac{2S'_6}{\pi^6}x^5-\ldots\right)\\&\quad+\frac{2}{\pi}\left[\alpha'_2\frac{x}{\pi}+\alpha'_4\left(\frac{x}{\pi}\right)^3+\ldots\right].\end{aligned}\right.$$

Or, si l'on désigne par α la plus grande des quantités $\alpha_2, \alpha_4, \ldots, \alpha'_2, \alpha'_4, \ldots$, les valeurs absolues des deux sommes

$$(4)\qquad \alpha_2\frac{2x}{\pi}+\alpha_4\left(\frac{2x}{\pi}\right)^3+\ldots,\qquad \alpha'_2\frac{x}{\pi}+\alpha'_4\left(\frac{x}{\pi}\right)^3+\ldots$$

seront respectivement moindres que les produits de α par les valeurs absolues des deux nouvelles sommes

$$(5)\qquad \frac{2x}{\pi}+\left(\frac{2x}{\pi}\right)^3+\ldots,\qquad \frac{x}{\pi}+\left(\frac{x}{\pi}\right)^3+\ldots.$$

Les quantités (5) sont des progressions géométriques qui sont convergentes, la première pour les valeurs de x comprises entre $-\frac{\pi}{2}$ et $+\frac{\pi}{2}$, la seconde pour les valeurs de x comprises entre $-\pi$ et $+\pi$: d'ailleurs α devient nul, ainsi que R_n et R'_n pour $n=\infty$; donc on a à la limite

$$(6)\quad\left\{\begin{aligned}\operatorname{tang}x&=\frac{2^3S_2}{\pi^2}x+\frac{2^5S_4}{\pi^4}x^3+\frac{2^7S_6}{\pi^6}x^5+\ldots,\\\cot x&=\frac{1}{x}-\frac{2S'_2}{\pi^2}x-\frac{2S'_4}{\pi^4}x^3-\frac{2S'_6}{\pi^6}x^5-\ldots;\end{aligned}\right.$$

la première de ces équations subsiste pour toutes les valeurs de x comprises entre $-\frac{\pi}{2}$ et $+\frac{\pi}{2}$, la deuxième pour les valeurs de x comprises entre $-\pi$ et $+\pi$.

On a identiquement

$$S_{2\mu} = S'_{2\mu} - \frac{S'_{2\mu}}{2^{2\mu}} = \frac{2^{2\mu} - 1}{2^{2\mu}} S'_{2\mu},$$

et si l'on fait

$$(7) \qquad \frac{B_\mu}{1.2\ldots 2\mu} = \frac{1}{2^{2\mu-1}\pi^{2\mu}}\left(1 + \frac{1}{2^{2\mu}} + \frac{1}{3^{2\mu}} + \frac{1}{4^{2\mu}} + \ldots\right),$$

on aura

$$(8) \qquad S_{2\mu} = \frac{1}{2}\frac{(2^{2\mu} - 1)\pi^{2\mu} B_\mu}{1.2\ldots 2\mu}, \quad S'_{2\mu} = \frac{2^{2\mu-1}\pi^{2\mu} B_\mu}{1.2\ldots 2\mu}.$$

Remplaçant, dans les équations (6), $S_{2\mu}$ et $S'_{2\mu}$ par ces valeurs, il vient

$$(9) \quad \begin{cases} \operatorname{tang} x = 2^2(2^2 - 1)B_1 \dfrac{x}{1.2} + \ldots + 2^{2n}(2^{2n} - 1)B_n \dfrac{x^{2n-1}}{1.2\ldots 2n} + \ldots, \\ \cot x = \dfrac{1}{x} - 2^2 B_1 \dfrac{x}{1.2} - \ldots - 2^{2n} B_n \dfrac{x^{2n-1}}{1.2\ldots 2n} - \ldots \end{cases}$$

La seconde équation (9) prend une forme plus élégante quand on met $\frac{x}{2}$ au lieu de x; on obtient ainsi

$$(10) \quad 1 - \frac{x}{2}\cot\frac{x}{2} = B_1 \frac{x^2}{1.2} + B_2 \frac{x^4}{1.2.3.4} + \ldots + B_n \frac{x^{2n}}{1.2\ldots 2n} + \ldots,$$

formule qui subsiste pour toutes les valeurs de x comprises entre -2π et $+2\pi$.

193. Les coefficients $B_1, B_2, B_3, \ldots$, qui figurent dans les formules (9) et (10), se rencontrent dans un grand nombre de questions d'Analyse; ils sont connus sous le nom de *nombres de Bernoulli*. L'équation (7) donne l'expression générale de ces nombres; mais cette expression contient la transcendante π et en outre la somme d'une série indéfinie. Il est aisé, comme on va le voir, de déterminer successivement les nombres $B_1, B_2, B_3, \ldots$, qui sont tous rationnels.

On sait que, si deux séries ordonnées par rapport aux puissances croissantes d'une variable x restent convergentes quand on réduit tous leurs termes à leurs valeurs absolues, et qu'on ordonne par rapport à x le produit de ces deux séries, le résultat obtenu est lui-même une série convergente; en outre, la somme de cette nouvelle série est le produit des sommes des deux premières. *Cela posé, on peut déterminer les nombres* B_n au moyen de la formule (10) en multipliant celle-ci par $1 - \cos x$ ou par $\sin x$; on a identiquement

$$\left(1 - \frac{x}{2}\cot\frac{x}{2}\right)(1 - \cos x) = 1 - \cos x - \frac{x}{2}\sin x,$$

$$\left(1 - \frac{x}{2}\cot\frac{x}{2}\right)\sin x = \sin x - \frac{x}{2}(1 + \cos x),$$

et si l'on remplace dans ces égalités $1 - \frac{x}{2}\cot\frac{x}{2}$, $\sin x$ et $\cos x$ par leurs développements en séries, on trouvera

$$\left(B_1\frac{x^2}{1.2} + B_2\frac{x^4}{1.2.3.4} + \ldots\right)\left(\frac{x^2}{1.2} - \frac{x^4}{1.2.3.4} + \ldots\right)$$
$$= \left(\frac{x^2}{1.2} - \frac{x^4}{1.2.3.4} + \ldots\right) - \frac{x}{2}\left(\frac{x}{1} - \frac{x^3}{1.2.3} + \ldots\right),$$

$$\left(B_1\frac{x^2}{1.2} + B_2\frac{x^4}{1.2.3.4} + \ldots\right)\left(\frac{x}{1} - \frac{x^3}{1.2.3} + \ldots\right)$$
$$= \left(\frac{x}{1} - \frac{x^3}{1.2.3} + \ldots\right) - \frac{x}{2}\left(2 - \frac{x^2}{1.2} + \frac{x^4}{1.2.3.4} - \ldots\right).$$

Effectuant les produits indiqués dans les premiers membres, égalant ensuite de part et d'autre les coefficients de x^{2n+2} dans la première formule, et ceux de x^{2n+1} dans la deuxième, on obtient

$$(11)\quad \left\{\begin{aligned} 0 = {} & \frac{1}{1.2\ldots(2n+2)} - \frac{1}{2}\cdot\frac{1}{1.2\ldots(2n+1)} \\ & + \frac{1}{1.2\ldots2n}\,\frac{B_1}{1.2} - \frac{1}{1.2\ldots(2n-2)}\,\frac{B_2}{1.2.3.4} + \ldots \\ & + (-1)^{\mu-1}\frac{1}{1.2\ldots(2n-2\mu+2)}\,\frac{B_\mu}{1.2\ldots2\mu} + \ldots \\ & + (-1)^{n-1}\frac{1}{1.2}\,\frac{B_n}{1.2\ldots2n}, \end{aligned}\right.$$

et

$$(12)\quad \left\{\begin{aligned} 0 = {} & \frac{1}{1.2\ldots(2n+1)} - \frac{1}{2}\cdot\frac{1}{1.2\ldots 2n} \\ & + \frac{1}{1.2\ldots(2n-1)}\,\frac{B_1}{1.2} - \frac{1}{1.2\ldots(2n-3)}\,\frac{B_2}{1.2.3.4} + \ldots \\ & + (-1)^{\mu-1}\frac{1}{1.2\ldots(2n-2\mu+1)}\,\frac{B_\mu}{1.2\ldots 2\mu} + \ldots \\ & + (-1)^{n-1}\frac{1}{1}\cdot\frac{B_n}{1.2\ldots 2n}; \end{aligned}\right.$$

l'une quelconque de ces formules (11) et (12) déterminera B_n si l'on connaît $B_1, B_2, \ldots, B_{n-1}$; par exemple, la formule (12) donnera, en faisant $n = 1, 2, 3, \ldots$,

$$\frac{1}{3} - \frac{1}{2} + B_1 = 0,$$

$$\frac{1}{5} - \frac{1}{2} + \frac{4}{2}B_1 - B_2 = 0,$$

$$\frac{1}{7} - \frac{1}{2} + \frac{6}{2}B_1 - \frac{6.5.4}{2.3.4}B_2 + B_3 = 0,$$

$$\frac{1}{9} - \frac{1}{2} + \frac{8}{2}B_1 - \frac{8.7.6}{2.3.4}B_2 + \frac{8.7.6.5.4}{2.3.4.5.6}B_3 - B_4 = 0,$$

$$\ldots\ldots\ldots\ldots\ldots\ldots\ldots\ldots\ldots\ldots,$$

équations desquelles on tire successivement

$$B_1 = \frac{1}{6},\quad B_2 = \frac{1}{30},\quad B_3 = \frac{1}{42},\quad B_4 = \frac{1}{30},$$

$$B_5 = \frac{5}{66},\quad B_6 = \frac{691}{2730},\quad B_7 = \frac{7}{6},\ldots.$$

La suite des nombres de Bernoulli est d'abord décroissante, mais à partir de B_3 elle devient indéfiniment croissante. Les relations (11) et (12) que nous avons obtenues ne sont pas les seules qui lient entre eux les n premiers de ces nombres, quel que soit n; par exemple, on obtient deux autres relations qu'il convient de remarquer au moyen des équations (9). On a effectivement

$$\cot x . \sin x = \cos x,$$

$$\operatorname{tang} x . \cos x = \sin x,$$

et, en remplaçant les lignes trigonométriques par leurs développements en séries, il vient

$$\left(\frac{1}{x} - 2^2 B_1 \frac{x}{1.2} + \ldots\right)\left(x - \frac{x^3}{1.2.3} + \ldots\right) = 1 - \frac{x^2}{1.2} + \ldots,$$

$$\left[2^2(2^2-1)B_1 \frac{x}{1.2} + \ldots\right]\left(1 - \frac{x^2}{1.2} + \ldots\right) = x - \frac{x^3}{1.2.3} + \ldots.$$

Si l'on effectue les produits et qu'on égale de part et d'autre les coefficients de x^{2n} dans la première formule et ceux de x^{2n-1} dans la deuxième, on trouvera

$$(13)\quad \left\{\begin{aligned} 0 = {} & \frac{1}{1.2\ldots 2n} - \frac{1}{1.2\ldots(2n+1)} - \frac{1}{1.2\ldots(2n-1)} 2^2 \frac{B_1}{1.2} \\ & + \frac{1}{1.2\ldots(2n-3)} 2^4 \frac{B_2}{1.2.3.4} + \ldots \\ & + (-1)^\mu \frac{1}{1.2\ldots(2n-2\mu+1)} 2^{2\mu} \frac{B_\mu}{1.2\ldots 2\mu} + \ldots \\ & + (-1)^n \frac{1}{1} 2^{2n} \frac{B_n}{1.2\ldots 2n}, \end{aligned}\right.$$

$$(14)\quad \left\{\begin{aligned} 0 = {} & \frac{1}{1.2\ldots(2n-1)} - \frac{2^2(2^2-1)}{1.2\ldots(2n-2)} \frac{B_1}{1.2} + \ldots \\ & + (-1)^\mu \frac{2^{2\mu}(2^{2\mu}-1)}{1.2\ldots(2n-2\mu)} \frac{B_\mu}{1.2\ldots 2\mu} + \ldots \\ & + (-1)^n \frac{2^{2n}(2^{2n}-1)}{1} \frac{B_n}{1.2\ldots 2n}. \end{aligned}\right.$$

Si l'on porte les valeurs de B_1, B_2, B_3, ..., trouvées précédemment, dans les formules (8), on obtient les résultats suivants :

$$1 + \frac{1}{2^2} + \frac{1}{3^2} + \frac{1}{4^2} + \ldots = \frac{\pi^2}{6},$$

$$1 + \frac{1}{2^4} + \frac{1}{3^4} + \frac{1}{4^4} + \ldots = \frac{\pi^4}{90},$$

$$1 + \frac{1}{2^6} + \frac{1}{3^6} + \frac{1}{4^6} + \ldots = \frac{\pi^6}{945},$$

$$1 + \frac{1}{2^8} + \frac{1}{3^8} + \frac{1}{4^8} + \ldots = \frac{\pi^8}{9450},$$

$$1 + \frac{1}{2^{10}} + \frac{1}{3^{10}} + \frac{1}{4^{10}} + \ldots = \frac{\pi^{10}}{93555},$$

.................................,

et

$$1 + \frac{1}{3^2} + \frac{1}{5^2} + \frac{1}{7^2} + \ldots = \frac{\pi^2}{8},$$

$$1 + \frac{1}{3^4} + \frac{1}{5^4} + \frac{1}{7^4} + \ldots = \frac{\pi^4}{96},$$

$$1 + \frac{1}{3^6} + \frac{1}{5^6} + \frac{1}{7^6} + \ldots = \frac{\pi^6}{960},$$

$$1 + \frac{1}{3^8} + \frac{1}{5^8} + \frac{1}{7^8} + \ldots = \frac{17\pi^8}{161280},$$

$$1 + \frac{1}{3^{10}} + \frac{1}{5^{10}} + \frac{1}{7^{10}} + \ldots = \frac{31\pi^{10}}{2903040},$$

. . . . ,

et l'on voit que généralement les sommes des séries

$$1 + \frac{1}{2^{2m}} + \frac{1}{3^{2m}} + \frac{1}{4^{2m}} + \ldots \quad \text{et} \quad 1 + \frac{1}{3^{2m}} + \frac{1}{5^{2m}} + \ldots$$

ne contiennent dans leur expression, si m est entier, que la seule transcendante π.

Enfin, en portant ces mêmes valeurs des coefficients B dans les formules (9), on a

$$(15) \quad \begin{cases} \operatorname{tang} x = x + \dfrac{x^3}{3} + \dfrac{2x^5}{15} + \dfrac{17x^7}{315} + \ldots, \\ \cot x = \dfrac{1}{x} - \dfrac{x}{3} - \dfrac{x^3}{45} - \dfrac{2x^5}{945} - \ldots. \end{cases}$$

194. Les formules (6) peuvent être employées pour la construction des Tables de tangentes ou de cotangentes. Si l'on y fait $x = \frac{m}{n}\frac{\pi}{2}$, elles deviennent

$$\operatorname{tang}\left(\frac{m}{n}90^\circ\right) = \frac{4}{\pi}\left(S_2\frac{m}{n} + S_4\frac{m^3}{n^3} + S_6\frac{m^5}{n^5} + \ldots\right),$$

$$\cot\left(\frac{m}{n}90^\circ\right) = \frac{2}{\pi}\frac{n}{m} - \frac{1}{\pi}\left(S'_2\frac{m}{n} + \frac{1}{2^2}S'_4\frac{m^3}{n^3} + \frac{1}{2^4}S'_6\frac{m^5}{n^5} + \ldots\right).$$

Ces formules ne sont applicables que si $\frac{m}{n}$ est une petite fraction, parce que les sommes S_2, S_4, ..., S'_2, S'_4, ... décroissent peu rapidement. On aurait obtenu des séries beaucoup plus commodes pour le calcul, si l'on avait conservé dans les formules (1) du n° 192, sans les développer en séries, les fractions $\dfrac{2x}{\left(\dfrac{\pi}{2}\right)^2 - x^2}$ et $-\dfrac{2x}{\pi^2 - x^2}$, qui pour $x = \dfrac{m}{n}\dfrac{\pi}{2}$ se réduisent respectivement à $\dfrac{4}{\pi}\dfrac{mn}{n^2 - m^2}$ et $\dfrac{-1}{\pi}\dfrac{4mn}{4n^2 - m^2}$. Les développements de ces fractions sont

$$\frac{4}{\pi}\frac{mn}{n^2 - m^2} = \frac{4}{\pi}\left(\frac{m}{n} + \frac{m^3}{n^3} + \frac{m^5}{n^5} + \ldots\right),$$

$$-\frac{1}{\pi}\frac{4mn}{4n^2 - m^2} = -\frac{1}{\pi}\left(\frac{m}{n} + \frac{m^3}{2^2 n^3} + \frac{m^5}{2^4 n^5} + \ldots\right),$$

et, si l'on retranche respectivement ces deux équations des deux précédentes, on aura

$$\operatorname{tang}\left(\frac{m}{n}90^\circ\right) = \frac{4}{\pi}\frac{mn}{n^2 - m^2} + \frac{4}{\pi}\left[(S_2 - 1)\frac{n}{m} + (S_4 - 1)\frac{m^3}{n^3} + \ldots\right],$$

$$\cot\left(\frac{m}{n}90^\circ\right) = \frac{2}{\pi}\frac{n}{m} - \frac{1}{\pi}\frac{4mn}{4n^2 - m^2} - \frac{1}{\pi}\left[(S'_2 - 1)\frac{m}{n} + \frac{1}{4}(S'_4 - 1)\frac{m^3}{n^3} + \ldots\right],$$

séries dont les termes décroissent très-rapidement. En faisant le calcul des coefficients avec vingt décimales, on trouve

$$\operatorname{tang}\left(\frac{m}{n}90^\circ\right) = \frac{2mn}{n^2 - m^2} \times 0{,}63661\,97723\,67581\,34307\,55$$

$$+ 0{,}29755\,67820\,59733\,93308\,\frac{m}{n} \quad + 0{,}00019\,75800\,71520\,47731\,\frac{m^7}{n^7}$$

$$+ 0{,}01868\,86502\,77329\,82117\,\frac{m^3}{n^3} \quad + 0{,}00002\,16977\,37324\,86026\,\frac{m^9}{n^9}$$

$$+ 0{,}00184\,24752\,03510\,03578\,\frac{m^5}{n^5} \quad + 0{,}00000\,24011\,36991\,41062\,\frac{m^{11}}{n^{11}}$$

$$+\ 0,00000\ 02664\ 13303\ 42100\ \frac{m^{13}}{n^{13}}$$
$$+\ 0,00000\ 00295\ 86467\ 68238\ \frac{m^{15}}{n^{15}}$$
$$+\ 0,00000\ 00032\ 86788\ 37940\ \frac{m^{17}}{n^{17}}$$
$$+\ 0,00000\ 00003\ 65174\ 90274\ \frac{m^{19}}{n^{19}}$$
$$+\ 0,00000\ 00000\ 40754\ 03828\ \frac{m^{21}}{n^{21}}$$
$$+\ 0,00000\ 00000\ 04508\ 28887\ \frac{m^{23}}{n^{23}}$$
$$+\ 0,00000\ 00000\ 00500\ 90831\ \frac{m^{25}}{n^{25}}$$
$$+\ 0,00000\ 00000\ 00055\ 65642\ \frac{m^{27}}{n^{27}}$$
$$+\ 0,00000\ 00000\ 00006\ 18404\ \frac{m^{29}}{n^{29}}$$
$$+\ 0,00000\ 00000\ 00000\ 68712\ \frac{m^{31}}{n^{31}}$$
$$+\ 0,00000\ 00000\ 00000\ 07634\ \frac{m^{33}}{n^{33}}$$
$$+\ 0,00000\ 00000\ 00000\ 00848\ \frac{m^{35}}{n^{35}}$$
$$+\ 0,00000\ 00000\ 00000\ 00094\ \frac{m^{37}}{n^{37}}$$
$$+\ 0,00000\ 00000\ 00000\ 00010\ \frac{m^{39}}{n^{39}}$$
$$+\ 0,00000\ 00000\ 00000\ 00001\ \frac{m^{41}}{n^{41}}$$
$$+\ \ldots\ldots\ldots\ldots\ldots\ldots$$

$$\cot\left(\frac{m}{n}\,90^\circ\right) = \frac{n}{m}\times 0,63661\ 97723\ 67581\ 34307\ 55358\ 53490\ 05744\ 80126$$
$$-\ \frac{4mn}{4n^2-m^2}\times 0,31830\ 98861\ 83790\ 67153\ 8$$

$$-\ 0,20528\ 88894\ 14508\ 20154\ \frac{m}{n}$$
$$-\ 0,00655\ 10747\ 88218\ 49925\ \frac{m^{3}}{n^{3}}$$
$$-\ 0,00034\ 50292\ 55396\ 77702\ \frac{m^{5}}{n^{5}}$$
$$-\ 0,00002\ 02791\ 06051\ 55806\ \frac{m^{7}}{n^{7}}$$
$$-\ 0,00000\ 12366\ 52717\ 72267\ \frac{m^{9}}{n^{9}}$$
$$-\ 0,00000\ 00764\ 95881\ 61606\ \frac{m^{11}}{n^{11}}$$
$$-\ 0,00000\ 00047\ 59738\ 01257\ \frac{m^{13}}{n^{13}}$$
$$-\ 0,00000\ 00002\ 96905\ 16679\ \frac{m^{15}}{n^{15}}$$
$$-\ 0,00000\ 00000\ 18540\ 68275\ \frac{m^{17}}{n^{17}}$$
$$-\ 0,00000\ 00000\ 01158\ 35398\ \frac{m^{19}}{n^{19}}$$
$$-\ 0,00000\ 00000\ 00072\ 38498\ \frac{m^{21}}{n^{21}}$$
$$-\ 0,00000\ 00000\ 00004\ 52372\ \frac{m^{23}}{n^{23}}$$
$$-\ 0,00000\ 00000\ 00000\ 28272\ \frac{m^{25}}{n^{25}}$$
$$-\ 0,00000\ 00000\ 00000\ 01767\ \frac{m^{27}}{n^{27}}$$
$$-\ 0,00000\ 00000\ 00000\ 00110\ \frac{m^{29}}{n^{29}}$$
$$-\ 0,00000\ 00000\ 00000\ 00007\ \frac{m^{31}}{n^{31}}$$
$$-\ \ldots\ldots\ldots\ldots\ldots\ldots$$

Développements des fonctions coséc x *et* séc x *en séries ordonnées suivant les puissances croissantes de* x.

195. Si, dans l'équation

$$\operatorname{coséc} x = \frac{1}{2}\tang\frac{1}{2}x + \frac{1}{2}\cot\frac{1}{2}x,$$

on remplace $\tang\frac{1}{2}x$ et $\cot\frac{1}{2}x$ par leurs développements en séries, il vient

$$(1)\quad \operatorname{coséc} x = \frac{1}{x} + (2^2-2)B_1\frac{x}{1.2} + \ldots + (2^{2n}-2)B_n\frac{x^{2n-1}}{1.2\ldots 2n} + \ldots,$$

formule qui subsiste pour toutes les valeurs de x comprises entre $-\pi$ et $+\pi$.

La fonction séc x est aussi développable en série convergente ordonnée suivant les puissances croissantes de x, mais seulement pour les valeurs de x comprises entre $-\frac{\pi}{2}$ et $+\frac{\pi}{2}$. En effet, les deux fonctions tang x et coséc x étant développables en séries ordonnées suivant les puissances croissantes de x, pour toutes les valeurs de x comprises entre $-\frac{\pi}{2}$ et $+\frac{\pi}{2}$, il en est de même du produit tang x coséc x ou séc x, d'après un théorème connu dont nous avons déjà fait usage (193). Comme la fonction séc x ne change pas par le changement de x en $-x$, et que cette fonction se réduit à 1 pour $x=0$, son développement sera nécessairement de la forme

$$(2)\quad \operatorname{séc} x = 1 + C_1\frac{x^2}{1.2} + C_2\frac{x^4}{1.2.3.4} + \ldots + C_n\frac{x^{2n}}{1.2\ldots 2n} + \ldots.$$

Pour déterminer les coefficients C_1, C_2, C_3, ..., multiplions la formule précédente par

$$\cos x = 1 - \frac{x^2}{1.2} + \frac{x^4}{1.2.3.4} - \ldots + (-1)^n\frac{x^{2n}}{1.2\ldots 2n} + \ldots;$$

le produit des premiers membres étant égal à 1, les diverses puissances de x devront disparaître dans le produit des seconds membres. Égalant donc à zéro le coefficient de x^{2n}, il viendra

$$0 = 1 - \frac{2n(2n-1)}{1.2} C_1 + \ldots$$
$$+ (-1)^\mu \frac{2n(2n-1)\ldots(2n-2\mu+1)}{1.2\ldots 2\mu} C_\mu + \ldots + (-1)^n C_n,$$

formule qui déterminera C_n quand on connaîtra $C_1, C_2, \ldots, C_{n-1}$. Faisant successivement $n = 1, 2, 3, \ldots$, il vient

$$1 - C_1 = 0,$$
$$1 - \frac{4.3}{1.2} C_1 + C_2 = 0,$$
$$1 - \frac{6.5}{1.2} C_1 + \frac{6.5.4.3}{1.2.3.4} C_2 - C_3 = 0,$$
$$\ldots\ldots\ldots\ldots\ldots\ldots\ldots\ldots,$$

d'où

$$C_1 = 1, \quad C_2 = 5, \quad C_3 = 61, \ldots;$$

on voit par les formules précédentes que les coefficients C sont tous des nombres entiers.

Remplaçant les coefficients B et C par leurs valeurs, les formules (1) et (2) deviennent

$$\text{coséc}\, x = \frac{1}{x} + \frac{x}{6} + \frac{7x^3}{360} + \frac{31x^5}{15120} + \ldots,$$
$$\text{séc}\, x = 1 + \frac{x^2}{2} + \frac{5x^4}{24} + \frac{61x^6}{720} + \ldots.$$

C'est ici l'occasion de faire remarquer qu'on peut obtenir au moyen de la formule (1) des relations linéaires nouvelles entre les coefficients B. Par exemple, on a

$$\cot x . \cos x = \text{coséc}\, x - \sin x;$$

si l'on remplace les lignes trigonométriques par leurs valeurs en séries, qu'on effectue la multiplication indiquée dans le premier membre et qu'on égale ensuite de part et d'autre les coefficients de x^{2n-2}, on trouvera

$$\frac{1}{1.2\ldots 2n} - \frac{1}{1.2\ldots(2n-1)} + \frac{1}{1.2\ldots(2n-2)}\,2^2\frac{B_1}{1.2}$$
$$-(-1)^\mu \frac{1}{1.2\ldots(2n-2\mu)}\,2^{2\mu}\frac{B_\mu}{1.2\ldots 2\mu} - \ldots$$
$$-(-1)^{n-1}\frac{1}{1.2}\,2^{2n-2}\frac{B_{n-1}}{1.2\ldots(2n-2)}$$
$$=(-1)^n 2(2^{2n}-1)\frac{B_n}{1.2\ldots 2n}.$$

Nous avons établi (191) qu'on a, quel que soit x,

$$\operatorname{coséc} x = \frac{1}{x} + \frac{2x}{\pi^2 - x^2} - \frac{2x}{(2\pi)^2 - x^2} + \frac{2x}{(3\pi)^2 - x^2} - \ldots,$$

$$\operatorname{séc} x = \frac{\pi}{\left(\frac{\pi}{2}\right)^2 - x^2} - \frac{3\pi}{\left(\frac{3\pi}{2}\right)^2 - x^2} + \frac{5\pi}{\left(\frac{5\pi}{2}\right)^2 - x^2} - \ldots.$$

Si, par la division, on développe en séries ordonnées suivant les puissances croissantes de x les fractions contenues dans les seconds membres de ces formules, et qu'on identifie les résultats avec les formules (1) et (2), on obtiendra

$$(3)\quad \begin{cases} 1 - \frac{1}{2^2} + \frac{1}{3^2} - \frac{1}{4^2} + \ldots = \frac{2-1}{1.2} B_1 \pi^2 = \frac{\pi^2}{12}, \\ 1 - \frac{1}{2^4} + \frac{1}{3^4} - \frac{1}{4^4} + \ldots = \frac{2^3-1}{1.2.3.4} B_2 \pi^4 = \frac{7\pi^4}{720}, \\ 1 - \frac{1}{2^6} + \frac{1}{3^6} - \frac{1}{4^6} + \ldots = \frac{2^5-1}{1\ldots 6} B_3 \pi^6 = \frac{31\pi^6}{30240}, \\ \ldots\ldots\ldots\ldots\ldots\ldots\ldots\ldots\ldots\ldots, \\ 1 - \frac{1}{2^{2n}} + \frac{1}{3^{2n}} - \frac{1}{4^{2n}} + \ldots = \frac{2^{2n-1}-1}{1.2\ldots 2n} B_n \pi^{2n}, \end{cases}$$

et

$$(4)\quad\begin{cases} 1-\dfrac{1}{3}+\dfrac{1}{5}-\dfrac{1}{7}+\ldots=\dfrac{\pi}{4}, \\ 1-\dfrac{1}{3^3}+\dfrac{1}{5^3}-\dfrac{1}{7^3}+\ldots=\dfrac{C_1}{1.2}\dfrac{\pi^3}{2^4}=\dfrac{\pi^3}{32}, \\ 1-\dfrac{1}{3^5}+\dfrac{1}{5^5}-\dfrac{1}{7^5}+\ldots=\dfrac{C_2}{1.2.3.4}\dfrac{\pi^5}{2^6}=\dfrac{5\pi^5}{1536}, \\ \ldots\ldots\ldots\ldots\ldots\ldots\ldots\ldots\ldots\ldots, \\ 1-\dfrac{1}{3^{2n+1}}+\dfrac{1}{5^{2n+1}}-\dfrac{1}{7^{2n+1}}+\ldots=\dfrac{C_n}{1.2\ldots 2n}\dfrac{\pi^{2n+1}}{2^{2n+2}}. \end{cases}$$

Il faut remarquer que les formules (3) peuvent se déduire de celles du n° **193**, et que la première des formules (4) s'est déjà présentée à nous (**191**).

Des fonctions circulaires de variables imaginaires.

196. Les développements que nous avons présentés dans les paragraphes précédents permettent de considérer les fonctions circulaires sous un point de vue beaucoup plus général que celui sous lequel nous les avons envisagées jusqu'ici. On voit, effectivement, que, si l'on définit les fonctions $\sin z$ et $\cos z$ par le moyen des équations

$$(1)\quad\begin{cases} \sin z=\dfrac{z}{1}-\dfrac{z^3}{1.2.3}+\dfrac{z^5}{1.2.3.4.5}-\ldots, \\ \cos z=1-\dfrac{z^2}{1.2}+\dfrac{z^4}{1.2.3.4}-\ldots, \end{cases}$$

on pourra attribuer à la variable z des valeurs imaginaires; car les séries contenues dans les formules précédentes ne cessent pas d'être convergentes, lorsque z désigne une expression imaginaire. Effectivement, une série dont les termes sont imaginaires est dite *convergente* lorsque les parties réelles de ses termes forment une série convergente, ainsi que les coefficients de i. En posant

$$z=\rho(\cos\omega+i\sin\omega),$$

les formules (1) deviennent

$$\sin z = \left(\frac{\rho\cos\omega}{1} - \frac{\rho^3\cos 3\omega}{1.2.3} + \ldots\right) + i\left(\frac{\rho\sin\omega}{1} - \frac{\rho^3\sin 3\omega}{1.2.3} + \ldots\right),$$

$$\cos z = \left(1 - \frac{\rho^2\cos 2\omega}{1.2} + \frac{\rho^4\cos 4\omega}{1.2.3.4} - \ldots\right)$$
$$+ i\left(-\frac{\rho^2\sin 2\omega}{1.2} + \frac{\rho^4\sin 4\omega}{1.2.3.4} - \ldots\right);$$

or les séries

$$\frac{\rho}{1} + \frac{\rho^3}{1.2.3} + \ldots, \quad 1 + \frac{\rho^2}{1.2} + \frac{\rho^4}{1.2.3.4} + \ldots$$

sont convergentes, quelle que soit la quantité positive ρ; donc il en est de même, à plus forte raison, par un théorème connu, des séries qui figurent dans les expressions précédentes de $\sin z$ et de $\cos z$.

Les fonctions $\operatorname{tang} z$, $\cot z$, $\operatorname{séc} z$, $\operatorname{coséc} z$ ne sont développables en séries convergentes ordonnées suivant les puissances croissantes de z que dans une étendue très-limitée, lorsque z est réelle : aussi ces séries ne sauraient-elles être employées pour exprimer la définition générale des fonctions auxquelles elles se rapportent; mais il est naturel de définir celles-ci par le moyen des équations

$$\operatorname{tang} z = \frac{\sin z}{\cos z}, \quad \cot z = \frac{\cos z}{\sin z},$$

$$\operatorname{séc} z = \frac{1}{\cos z}, \quad \operatorname{coséc} z = \frac{1}{\sin z}.$$

On voit immédiatement que les rapports $\frac{\sin z}{z}$ et $\frac{\operatorname{tang} z}{z}$ tendent vers l'unité lorsque la variable imaginaire z tend vers zéro.

197. A ce nouveau point de vue, les fonctions circulaires directes ont une liaison remarquable avec les fonctions que l'on nomme *exponentielles;* c'est ce que nous allons développer.

Désignons par z une variable réelle ou imaginaire, et posons

$$\varphi(z) = 1 + \frac{z}{1} + \frac{z^2}{1.2} + \frac{z^3}{1.2.3} + \frac{z^4}{1.2.3.4} + \ldots;$$

la série du second membre sera évidemment convergente, quelle que soit la valeur réelle ou imaginaire de z; en changeant z en z_1, on aura de même

$$\varphi(z_1) = 1 + \frac{z_1}{1} + \frac{z_1^2}{1.2} + \frac{z_1^3}{1.2.3} + \frac{z_1^4}{1.2.3.4} + \ldots.$$

Les séries exprimées par $\varphi(z)$ et $\varphi(z_1)$ restant convergentes quand on réduit z et z_1 à leurs modules, si on les multiplie l'une par l'autre et que l'on réunisse en un seul tous les termes de même degré en z et z_1, on obtiendra, d'après un théorème connu, une nouvelle série convergente dont la somme sera égale à $\varphi(z)\varphi(z_1)$. Or, en faisant le produit dont il s'agit, on trouve que le terme du degré n en z et z_1 est

$$\frac{1}{1.2\ldots n}\left[z^n + \frac{n}{1}z^{n-1}z_1 + \frac{n(n-1)}{1.2}z^{n-2}z_1^2 + \ldots + z_1^n\right],$$

ou

$$\frac{(z+z_1)^n}{1.2.3\ldots n};$$

on a donc

$$\varphi(z)\varphi(z_1) = \varphi(z+z_1),$$

et, par suite,

$$\varphi(z)\varphi(z_1)\varphi(z_2)\ldots\varphi(z_{\mu-1}) = \varphi(z + z_1 + z_2 + \ldots + z_{\mu-1}),$$

quelles que soient les μ quantités z, z_1, ... Si ces quantités sont égales entre elles, la formule précédente se réduit à

$$[\varphi(z)]^\mu = \varphi(\mu z);$$

donc, si μ et ν sont deux entiers positifs, on a

$$\left[\varphi\left(\pm\frac{\mu}{\nu}\right)\right]^\nu = [\varphi(\pm 1)]^\mu,$$

et, à cause de $\varphi(1)\,\varphi(-1)=\varphi(0)=1$,

$$\left[\varphi\left(\pm\frac{\mu}{\nu}\right)\right]^{\nu}=[\varphi(1)]^{\pm\mu}.$$

On désigne habituellement par e la valeur de $\varphi(1)$, en sorte que l'on a

$$e=1+\frac{1}{1}+\frac{1}{1.2}+\frac{1}{1.2.3}+\ldots;$$

la série par laquelle le nombre e est ainsi défini est très-convergente, et si l'on pose

$$e=1+\frac{1}{1}+\frac{1}{1.2}+\ldots+\frac{1}{1.2\ldots n}+R_n,$$

R_n sera l'erreur que l'on commettra en s'arrêtant au terme $\frac{1}{1.2\ldots n}$. On a évidemment

$$R_n=\frac{1}{1.2\ldots n}\left[\frac{1}{n+1}+\frac{1}{(n+1)(n+2)}+\ldots\right],$$

et, par suite,

$$R_n<\frac{1}{1.2\ldots n}\left[\frac{1}{n+1}+\frac{1}{(n+1)^2}+\frac{1}{(n+1)^3}+\ldots\right],$$

ou

$$R_n<\frac{1}{1.2\ldots n}\times\frac{1}{n};$$

donc si, pour calculer e, on néglige tous les termes qui suivent le $(n+1)^{ième}$, l'erreur commise sera moindre que la $n^{ième}$ partie de ce terme; on trouve ainsi

$$e=2,71828\,18284\,59045\ldots.$$

D'après ce qui précède, on peut écrire

$$\left[\varphi\left(\pm\frac{\mu}{\nu}\right)\right]^{\nu}=e^{\pm\mu};$$

$\varphi\left(\frac{\mu}{\nu}\right)$ est évidemment positive, $\varphi\left(-\frac{\mu}{\nu}\right)$ l'est également à cause de

$$\varphi\left(\frac{\mu}{\nu}\right)\varphi\left(-\frac{\mu}{\nu}\right)=\varphi(0)=1;$$

donc, si z est réelle, la quantité $\varphi(z)$ est égale à celle des valeurs de l'expression e^z, qui est réelle et positive.

Ce résultat nous conduit naturellement à désigner par e^z, quel que soit z, la limite de la série convergente $1+\frac{z}{1}+\frac{z^2}{1.2}+\ldots$; en sorte que faire la somme de cette série, c'est élever le nombre e à la puissance z; et, d'après la proposition que nous venons d'établir, la propriété fondamentale de la fonction e^z est exprimée par la formule

$$(2)\qquad e^z.e^{z_1}=e^{z+z_1},$$

qui a lieu, quelles que soient les quantités z et z_1.

Si l'on désigne toujours par i l'imaginaire $\sqrt{-1}$, et que dans l'équation

$$(3)\qquad e^z=1+\frac{z}{1}+\frac{z^2}{1.2}+\frac{z^3}{1.2.3}+\ldots$$

on remplace z successivement par $+iz$ et par $-iz$, il viendra

$$e^{iz}=\left(1-\frac{z^2}{1.2}+\frac{z^4}{1.2.3.4}-\ldots\right)+i\left(\frac{z}{1}-\frac{z^3}{1.2.3}+\frac{z^5}{1\ldots5}-\ldots\right),$$

$$e^{-iz}=\left(1-\frac{z^2}{1.2}+\frac{z^4}{1.2.3.4}-\ldots\right)-i\left(\frac{z}{1}-\frac{z^3}{1.2.3}+\frac{z^5}{1\ldots5}-\ldots\right),$$

c'est-à-dire, à cause des équations (1),

$$(4)\qquad \begin{cases} e^{iz}=\cos z+i\sin z,\\ e^{-iz}=\cos z-i\sin z;\end{cases}$$

on tire de là

$$(5)\qquad \cos z=\frac{e^{iz}+e^{-iz}}{2},\qquad \sin z=\frac{e^{iz}-e^{-iz}}{2i}.$$

Si, dans la formule fondamentale (2), on remplace z et z_1, d'abord par iz et iz_1, puis par $-iz$ et $-iz_1$, on aura

$$e^{iz}.e^{iz_1}=e^{i(z+z_1)},\qquad e^{-iz}.e^{-iz_1}=e^{-i(z+z_1)},$$

ou, à cause des formules (4),

$$(\cos z + i \sin z)(\cos z_1 + i \sin z_1) = \cos(z + z_1) + i \sin(z + z_1),$$
$$(\cos z - i \sin z)(\cos z_1 - i \sin z_1) = \cos(z + z_1) - i \sin(z + z_1);$$

en ajoutant ces deux équations et en les retranchant ensuite l'une de l'autre, on trouve, après avoir effectué les produits indiqués,

$$(6)\qquad \begin{cases} \cos(z + z_1) = \cos z \cos z_1 - \sin z \sin z_1, \\ \sin(z + z_1) = \sin z \cos z_1 + \cos z \sin z_1, \end{cases}$$

formules qui ont lieu, quelles que soient les quantités réelles ou imaginaires représentées par z et z_1. Il résulte de là que toutes les formules de la Trigonométrie générale que nous avons déduites de celles qui se rapportent à l'addition des arcs subsistent sans aucune modification, lorsqu'on substitue aux arcs des expressions imaginaires.

Si, dans les formules (2) et (6), on remplace z par x et z_1 par iy, il viendra

$$e^{x+iy} = e^x . e^{iy},$$
$$\cos(x + iy) = \cos x \cos iy - \sin x \sin iy,$$
$$\sin(x + iy) = \sin x \cos iy + \cos x \sin iy;$$

mais les formules (4) et (5) donnent

$$(7)\qquad e^{iy} = \cos y + i \sin y, \qquad \cos iy = \frac{e^y - e^{-y}}{2}, \qquad \sin iy = i\,\frac{e^y - e^{-y}}{2};$$

on a donc

$$(8)\qquad \begin{cases} e^{x+iy} = e^x \cos y + i e^x \sin y, \\ \cos(x + iy) = \dfrac{e^y + e^{-y}}{2} \cos x - i\,\dfrac{e^y - e^{-y}}{2} \sin x, \\ \sin(x + iy) = \dfrac{e^y + e^{-y}}{2} \sin x + i\,\dfrac{e^y - e^{-y}}{2} \cos x. \end{cases}$$

Ces formules (8) ont lieu, quelles que soient les quantités x et y réelles ou imaginaires; mais elles sont surtout utiles, pour ramener à la forme ordinaire des expressions imaginaires les fonctions e^z, $\cos z$ et $\sin z$, dans lesquelles z désigne une expression imaginaire $x + iy$.

On a encore, quels que soient x et y,

$$\operatorname{tang}(x+iy)=\frac{\sin(x+iy)}{\cos(x+iy)}=\frac{2\sin(x+iy)\cos(x-iy)}{2\cos(x+iy)\cos(x-iy)}$$
$$=\frac{\sin 2x+\sin 2iy}{\cos 2x+\cos 2iy},$$

et, à cause des formules (7),

$$(9)\qquad \operatorname{tang}(x+iy)=\frac{2\sin 2x+i(e^{2y}-e^{-2y})}{2\cos 2x+(e^{2y}+e^{-2y})}.$$

Dans le cas de $x=0$, cette dernière formule se réduit à

$$(10)\qquad \operatorname{tang} iy=i\,\frac{e^{y}-e^{-y}}{e^{y}+e^{-y}}.$$

198. La fonction exponentielle e^z possède une propriété remarquable, qui pourrait être prise pour sa définition, et qui est exprimée par le théorème suivant :

Théorème. — *Si l'on désigne par z une quantité donnée, réelle ou imaginaire, et par m un nombre entier positif, on aura*

$$e^z=\lim\left(1+\frac{z}{m}\right)^m,\quad \text{pour}\quad m=\infty.$$

Pour démontrer ce théorème, développons par la formule du binôme, relative à l'exposant entier et positif, l'expression $\left(1+\frac{z}{m}\right)^m$; on aura, en désignant par n un nombre entier inférieur à m, mais qu'on peut supposer d'ailleurs aussi grand qu'on le voudra,

$$(1)\quad \left\{\begin{aligned}\left(1+\frac{z}{m}\right)&=1+\frac{z}{1}+\left(1-\frac{1}{m}\right)\frac{z^2}{1.2}+\ldots\\ &+\left(1-\frac{1}{m}\right)\left(1-\frac{2}{m}\right)\cdots\left(1-\frac{n-1}{m}\right)\frac{z^n}{1.2\ldots n}+R_n;\end{aligned}\right.$$

R_n désigne la somme des termes, en nombre limité, qui suivent le $(n+1)^{\text{ième}}$, et l'on a

$$R_n = \left(1-\frac{1}{m}\right)\cdots\left(1-\frac{n-1}{m}\right)\frac{z^n}{1.2\ldots n}$$
$$\times\left[\frac{1-\frac{n}{m}}{n+1}z+\frac{\left(1-\frac{n}{m}\right)\left(1-\frac{n+1}{m}\right)}{(n+1)(n+2)}z^2+\ldots\right].$$

Nous savons que le module d'un produit est égal au produit des modules des facteurs, et que le module d'une somme ne peut surpasser la somme des modules des parties (162); donc le module de R_n ne peut être supérieur à la valeur que prend le second membre de la formule précédente, lorsqu'on y remplace z par son module ρ. Mais cette valeur, qui est une somme d'un nombre limité de termes, est évidemment inférieure au module du produit de $\left(1-\frac{1}{m}\right)\cdots\left(1-\frac{n-1}{m}\right)\frac{z^n}{1.2\ldots n}$ par la somme de la progression géométrique illimitée

$$\frac{\rho}{n+1}+\left(\frac{\rho}{n+1}\right)^2+\ldots,$$

somme qui est égale à $\frac{\rho}{n+1-\rho}$, si l'on suppose $n+1>\rho$. Le module de R_n étant inférieur au module de l'expression

$$\left(1-\frac{1}{m}\right)\cdots\left(1-\frac{n-1}{m}\right)\frac{z^n}{1.2\ldots n}\left(\frac{\rho}{n+1-\rho}\right),$$

si l'on désigne par θ une certaine expression imaginaire dont le module est inférieur à l'unité, on aura

$$(2)\qquad R_n = \left(1-\frac{1}{m}\right)\cdots\left(1-\frac{n-1}{m}\right)\frac{z^n}{1.2\ldots n}\left(\frac{\theta\rho}{n+1-\rho}\right).$$

Supposons maintenant que, le nombre n étant invariable, on fasse croître indéfiniment l'entier m; les formules (1) et (2) donneront, en y faisant $m=\infty$,

$$(3)\qquad \lim\left(1+\frac{z}{m}\right)^m = 1+\frac{z}{1}+\frac{z^2}{1.2}+\ldots+\frac{z^n}{1.2\ldots n}+R_n,$$

$$(4)\qquad R_n = \frac{z^n}{1.2\ldots n}\,\frac{\theta\rho}{n+1-\rho}.$$

L'équation (3) a lieu, quelque grand que soit n; si l'on fait tendre ce nombre vers l'infini, on voit par la formule (4) que R_n tendra vers zéro, et la formule (3) donnera

$$\lim\left(1+\frac{z}{m}\right)^m = 1+\frac{z}{1}+\frac{z^2}{1.2}+\frac{z^3}{1.2.3}+\ldots,$$

c'est-à-dire

$$\lim\left(1+\frac{z}{m}\right)^m = e^z.$$

Remarque. — Le théorème que nous venons d'établir est susceptible d'un énoncé plus général, que l'on peut présenter comme il suit :

Si m désigne un nombre entier positif, et que z soit une variable imaginaire fonction de m, qui tende vers la limite z_0 quand m tend vers l'infini, on aura

$$\lim\left(1+\frac{z}{m}\right)^m = e^{z_0}, \quad \text{pour} \quad m=\infty.$$

En effet, les équations (1) et (2) ne cesseront pas d'avoir lieu si z dépend de m. Si l'on y fait $m=\infty$, et que l'on désigne par ρ_0 le module de z_0, c'est-à-dire la limite de ρ, on aura

$$\lim\left(1+\frac{z}{m}\right)^m = 1+\frac{z_0}{1}+\frac{z_0^2}{1.2}+\ldots+\frac{z_0^n}{1.2\ldots n}+R_n,$$

$$R_n = \frac{z_0^n}{1.2\ldots n}\,\frac{\theta\rho_0}{n+1-\rho_0},$$

θ désignant toujours une expression réelle ou imaginaire dont le module est inférieur à 1; et, en faisant tendre n vers l'infini, on obtiendra

$$\lim\left(1+\frac{z}{m}\right)^m = e^{z_0}.$$

199. L'analogie qui existe entre les fonctions circulaires directes et les exponentielles subsiste naturellement entre les fonctions circulaires inverses et les logarithmes.

On nomme *logarithme népérien* d'une expression imaginaire $z=\rho(\cos\omega+i\sin\omega)$ l'exposant de la puissance à laquelle il faut élever le nombre e pour reproduire $\rho(\cos\omega + i\sin\omega)$. Pour trouver un tel logarithme, il faut chercher les valeurs réelles de x et de y susceptibles de satisfaire à l'équation

$$e^{x+iy} = \rho(\cos\omega + i\sin\omega),$$

ou

$$e^x(\cos y + i\sin y) = \rho(\cos\omega + i\sin\omega).$$

Cette équation tient lieu des deux suivantes :

$$e^x\cos y = \rho\cos\omega, \quad e^x\sin y = \rho\sin\omega,$$

d'où l'on tire

$$e^x = \rho, \quad \cos y = \cos\omega, \quad \sin y = \sin\omega,$$

et, par suite,

$$x = \mathrm{l}\rho, \quad y = \omega + 2k\pi,$$

k étant un entier indéterminé. Ainsi l'expression

$$\rho(\cos\omega + i\sin\omega)$$

a une infinité de logarithmes népériens qui sont tous donnés par la formule

$$\mathrm{l}[\rho(\cos\omega + i\sin\omega)] = \mathrm{l}\rho + (\omega + 2k\pi)i;$$

en particulier pour $\omega = 0$ et pour $\omega = \pi$, on a

$$\mathrm{l}(\rho) = \mathrm{l}\rho + 2k\pi i, \quad \mathrm{l}(-\rho) = \mathrm{l}\rho + (2k+1)\pi i;$$

le signe $\mathrm{l}(\rho)$ est ici employé pour désigner l'ensemble de tous les logarithmes de ρ, tandis que $\mathrm{l}\rho$ désigne seulement celui de ces logarithmes qui est réel.

Lorsque z désigne une expression imaginaire, les notations

$$\text{arc}\sin z, \quad \text{arc}\cos z, \quad \text{arc}\,\text{tang}\,z, \quad \text{arc}\cot z, \ldots$$

représentent toute expression imaginaire dont le sinus, ou le cosinus, ou la tangente, etc., est égal à z; ces expressions sont susceptibles d'une infinité de valeurs dans le cas de z imaginaire, comme dans celui de z réel : aussi, pour pouvoir les admettre comme des fonctions de z, est-il nécessaire d'ajouter quelque chose à leur définition. Nous ne pourrions entrer dans les détails que comporte cette question sans sortir des limites que nous nous sommes fixées, et nous renverrons pour les développements aux ouvrages dans lesquels Cauchy a traité cette matière. Nous nous bornerons ici à indiquer comment on peut déterminer les valeurs des expressions arc sin z, arc cos z,..., lorsque z a une valeur imaginaire $\alpha + i\beta$. Considérons, par exemple, l'expression arc cos $(\alpha + i\beta)$; si l'on pose

$$x + iy = \text{arc cos}(\alpha + i\beta),$$

il viendra

$$\alpha + i\beta = \cos(x + iy) = \frac{e^y + e^{-y}}{2}\cos x - i\,\frac{e^y - e^{-y}}{2}\sin x;$$

on a donc

$$(1) \qquad \frac{e^y + e^{-y}}{2}\cos x = \alpha, \quad \frac{e^y - e^{-y}}{2}\sin x = -\beta,$$

d'où

$$(2) \qquad e^y = \frac{\alpha}{\cos x} - \frac{\beta}{\sin x}, \quad e^{-y} = \frac{\alpha}{\cos x} + \frac{\beta}{\sin x},$$

et, en multipliant,

$$\frac{\alpha^2}{\cos^2 x} - \frac{\beta^2}{\sin^2 x} = 1,$$

ou

$$\sin^4 x - (1 - \alpha^2 - \beta^2)\sin^2 x - \beta^2 = 0.$$

On tire de là, en observant que $\sin^2 x$ doit être positif,

$$\sin^2 x = \frac{1 - \alpha^2 - \beta^2}{2} + \sqrt{\left(\frac{1 - \alpha^2 - \beta^2}{2}\right)^2 + \beta^2},$$

puis

$$\cos^2 x = \frac{1 + \alpha^2 + \beta^2}{2} - \sqrt{\left(\frac{1 + \alpha^2 + \beta^2}{2}\right)^2 - \alpha^2}$$

$$= \frac{\alpha^2}{\dfrac{1 + \alpha^2 + \beta^2}{2} + \sqrt{\left(\dfrac{1 + \alpha^2 + \beta^2}{2}\right)^2 - \alpha^2}};$$

extrayant les racines carrées des deux membres, et remarquant que $\cos x$ doit avoir le signe de α, il vient

$$(3) \qquad \cos x = \frac{\alpha}{\left[\dfrac{1 + \alpha^2 + \beta^2}{2} + \sqrt{\left(\dfrac{1 + \alpha^2 + \beta^2}{2}\right)^2 - \alpha^2}\right]^{\frac{1}{2}}}.$$

Si l'on fait, pour abréger,

$$x_0 = \text{arc cos} \frac{\alpha}{\left[\frac{1+\alpha^2+\beta^2}{2} + \sqrt{\left(\frac{1+\alpha^2+\beta^2}{2}\right)^2 - \alpha^2}\right]^{\frac{1}{2}}},$$

$$y_0 = l\left(\frac{\alpha}{\cos x_0} - \frac{\beta}{\sin x_0}\right),$$

les équations (2) et (3) donneront

$$x = 2k\pi \pm x_0, \quad y = \pm y_0,$$

les signes supérieurs ou inférieurs devant être pris ensemble, et k désignant un entier indéterminé; il suit de là que l'on a

$$\text{arc cos}(\alpha + i\beta) = 2k\pi \pm (x_0 + iy_0).$$

Dans le cas particulier de $\beta = 0$, les équations (1) donnent immédiatement $\sin x = 0$ ou $y = 0$. En prenant $y = 0$, on a $\cos x = \alpha$, et cette solution ne convient qu'au cas où α est compris entre -1 et $+1$. En prenant $\sin x = 0$, on a $\cos x = \pm 1$, le signe du second membre étant celui de α; la première équation (1) donne alors

$$e^y + e^{-y} = \pm 2\alpha,$$

d'où

$$e^y = \pm\alpha + \sqrt{\alpha^2 - 1}, \quad \text{et} \quad y = l(\pm\alpha + \sqrt{\alpha^2 - 1}).$$

On a donc, si α est compris entre $-\infty$ et -1,

$$\text{arc cos}\,\alpha = (2k+1)\pi + il(-\alpha + \sqrt{\alpha^2 - 1}),$$

et si α est compris entre $+1$ et $+\infty$,

$$\text{arc cos}\,\alpha = 2k\pi + il(\alpha + \sqrt{\alpha^2 - 1}),$$

k désignant toujours un nombre entier positif, nul ou négatif.

Du cosinus et du sinus hyperboliques.

200. Les Tables trigonométriques offrent le moyen de calculer $\cos x$ et $\sin x$, quel que soit l'arc réel x; et si l'on avait d'autres Tables donnant les valeurs de $\cos ix$ et de $\sin ix$ pour toutes les valeurs réelles de x, on obtiendrait aisément, par les formules relatives à l'addition des arcs, le cosinus et le sinus d'une expression imaginaire quelconque $x+iy$. Des Tables du genre de celles dont nous venons de parler ont été construites effectivement; mais, voulant éviter l'emploi des imaginaires, leurs auteurs ont cru devoir introduire une notation nouvelle dont nous allons parler.

Lorsque la variable x est réelle, les fonctions $\cos ix$ et $\frac{\sin ix}{i}$ sont aussi réelles; la première est dite le *cosinus hyperbolique*, la seconde le sinus hyperbolique de x. On peut représenter les cosinus hyperboliques et les sinus hyperboliques par les caractéristiques coshyp, sinhyp, placées devant la variable; alors on aura

$$\cos\text{hyp}\, x = \cos ix, \quad \sin\text{hyp}\, x = \frac{\sin ix}{i},$$

ou

$$\cos\text{hyp}\, x = \frac{e^x + e^{-x}}{2}, \quad \sin\text{hyp}\, x = \frac{e^x - e^{-x}}{2}.$$

Le cosinus hyperbolique et le sinus hyperbolique d'une variable x sont liés entre eux par la relation

$$\cos\text{hyp}^2 x - \sin\text{hyp}^2 x = 1.$$

Les quotients $\frac{\sin\text{hyp}\, x}{\cos\text{hyp}\, x}$ et $\frac{\cos\text{hyp}\, x}{\sin\text{hyp}\, x}$ sont dits la *tangente hyperbolique* et la *cotangente hyperbolique* de x, et l'on a

$$\text{tang}\,\text{hyp}\, x = \frac{e^x - e^{-x}}{e^x + e^{-x}}, \quad \cot\text{hyp}\, x = \frac{e^x + e^{-x}}{e^x - e^{-x}}.$$

Enfin, quand on pose $\cos\text{hyp}\, x = y$ ou $\sin\text{hyp}\, x = y$, ou, etc., on écrit aussi $x = \text{arc}\cos\text{hyp}\, y$, ou $x = \text{arc}\sin\text{hyp}\, y$, ou, etc.; on a d'après cela

$$\text{arc}\cos\text{hyp}\, x = \text{l}\left(x \pm \sqrt{x^2 - 1}\right),$$

$$\text{arc}\sin\text{hyp}\, x = \text{l}\left(x \pm \sqrt{x^2 + 1}\right),$$

$$\text{arc}\,\text{tang}\,\text{hyp}\, x = \frac{1}{2}\,\text{l}\,\frac{1+x}{1-x}.$$

Il est indispensable d'avoir recours au Calcul différentiel ([1]) pour justifier les dénominations dont nous venons de faire usage.

Les premières Tables de cosinus et de sinus hyperboliques sont dues à Lambert; elles ont paru à Berlin en 1770; dans ces dernières années, Gudermann en a publié d'autres plus étendues et de beaucoup préférables à celles de Lambert.

Développement des fonctions $\log(1+z)$ *et* $\operatorname{arc\,tang} z$ *en séries ordonnées, suivant les puissances croissantes de* z.

201. La méthode que nous allons employer pour obtenir les développements en série des fonctions $\log(1+z)$ et $\operatorname{arc\,tang} z$ suppose la formule du binôme pour un exposant fractionnaire. Afin de ne rien laisser à désirer à l'égard de la

---

([1]) Si l'on rapporte un cercle dont le rayon est pris pour unité à deux axes rectangulaires coordonnés, dont l'un, celui des abscisses, passe par l'origine des arcs, l'abscisse et l'ordonnée d'un point M de la circonférence seront le cosinus et le sinus de l'arc compris entre l'axe des abscisses et le point M, ou, si l'on veut, le cosinus et le sinus du double de l'aire du secteur correspondant à l'arc dont il vient d'être question. Et, de même, si l'on rapporte à ses axes une hyperbole équilatère dont le demi-axe est pris pour unité, l'abscisse et l'ordonnée d'un point M de cette courbe seront le cosinus hyperbolique et le sinus hyperbolique du double de l'aire du secteur compris entre l'axe des abscisses et le rayon qui joint le point M au centre de la courbe.

En effet, le demi-axe de l'hyperbole équilatère étant pris pour unité, l'abscisse ξ, supposée positive, et l'ordonnée η satisfont à l'équation $\xi^2-\eta^2=1$; en sorte que ξ et η sont nécessairement le cosinus hyperbolique et le sinus hyperbolique d'une certaine variable x. On peut donc poser

$$\xi=\cos\operatorname{hyp} x=\frac{e^x+e^{-x}}{2},\quad \eta=\sin\operatorname{hyp} x=\frac{e^x-e^{-x}}{2};$$

on déduit de là, par les règles du Calcul différentiel,

$$d\xi=\eta\,dx,\quad d\eta=\xi\,dx,$$

d'où

$$\xi\,d\eta-\eta\,d\xi=(\xi^2-\eta^2)\,dx,$$

ou

$$dx=\xi\,d\eta-\eta\,d\xi.$$

On voit par là que x est effectivement le double de l'aire du secteur compris entre l'axe des abscisses positives et le rayon qui joint le centre de la courbe au point dont les coordonnées sont ξ et η.

théorie que nous présentons dans ce Chapitre, nous commencerons par établir ici cette formule.

Formule du binôme. — Désignons par n une quantité réelle quelconque et par z une quantité réelle ou imaginaire dont le module soit inférieur à 1; la série

$$1 + \frac{n}{1}z + \frac{n(n-1)}{1.2}z^2 + \frac{n(n-1)(n-2)}{1.2.3}z^3 + \ldots$$

se réduira à une somme d'un nombre fini de termes si n est un entier positif; dans tout autre cas, elle contiendra un nombre illimité de termes, mais elle sera toujours convergente; car le module de z étant plus petit que 1, par hypothèse, le module du rapport $\frac{n-\mu+1}{\mu}z$ du $(\mu+1)^{ième}$ terme de la série au $\mu^{ième}$ restera inférieur à une fraction moindre que 1 pour toutes les valeurs de μ supérieures à une certaine limite.

Cela posé, z étant considéré comme constante, et n comme variable, désignons par $\varphi(n)$ la somme de la série; on aura

$$\varphi(n) = 1 + \frac{n}{1}z + \frac{n(n-1)}{1.2}z^2 + \ldots,$$

et, en changeant n en n_1,

$$\varphi(n_1) = 1 + \frac{n_1}{1}z + \frac{n_1(n_1-1)}{1.2}z^2 + \ldots.$$

Si l'on multiplie $\varphi(n)$ par $\varphi(n_1)$, et que l'on ordonne le produit par rapport à z, on trouvera, en faisant usage de la formule (1) du n° **180**, que le coefficient de z^μ est

$$\frac{(n+n_1)(n+n_1-1)\ldots(n+n_1-\mu+1)}{1.2\ldots\mu};$$

d'où il suit que l'on a

$$\varphi(n)\varphi(n_1) = \varphi(n+n_1),$$

et, par suite,

$$\varphi(n)\varphi(n_1)\varphi(n_2)\ldots\varphi(n_{\mu-1}) = \varphi(n+n_1+n_2+\ldots+n_{\mu-1}),$$

$n, n_1, n_2, \ldots, n_{\mu-1}$ étant des nombres quelconques. En supposant ces nombres égaux entre eux, on obtient

$$[\varphi(n)]^\mu = \varphi(\mu n).$$

Il résulte de là que, si μ et ν sont deux entiers positifs, on a

$$\left[\varphi\left(\pm\frac{\mu}{\nu}\right)\right]^\nu = [\varphi(\pm 1)]^\mu;$$

car chaque membre de cette formule est égal, d'après ce qui précède, à $\varphi(\pm\mu)$. Or on a

$$\varphi(+1) = 1 + z,$$

$$\varphi(-1) = 1 - z + z^2 - z^3 + \ldots = \frac{1}{1+z} = (1+z)^{-1};$$

donc

$$\left[\varphi\left(\pm\frac{\mu}{\nu}\right)\right]^\nu = (1+z)^{\pm\mu};$$

par conséquent $\varphi\left(\pm\frac{\mu}{\nu}\right)$ est l'une des valeurs de l'expression $(1+z)^{\pm\frac{\mu}{\nu}}$, et c'est dans ce sens que l'on peut écrire

$$\varphi\left(\pm\frac{\mu}{\nu}\right) = (1+z)^{\pm\frac{\mu}{\nu}}.$$

202. Développement de la fonction $\log(1+z)$. — Désignons par z une variable réelle ou imaginaire dont le module soit inférieur à 1; d'après ce qui précède, si m représente un entier positif, la série

$$1 + \frac{1}{m}z + \frac{1}{m}\left(\frac{1}{m}-1\right)\frac{z^2}{1.2} + \frac{1}{m}\left(\frac{1}{m}-1\right)\left(\frac{1}{m}-2\right)\frac{z^3}{1.2.3} + \ldots$$

est convergente, et sa puissance $m^{ième}$ est égale à $1+z$. Si donc on désigne par $1+\frac{u}{m}$ la somme de cette série, on aura

$$(1) \qquad \left(1+\frac{u}{m}\right)^m = 1+z$$

et

$$u = \frac{z}{1} - \left(1 - \frac{1}{m}\right)\frac{z^2}{2} + \ldots$$
$$+ (-1)^{n-1}\left(1 - \frac{1}{m}\right)\left(1 - \frac{1}{2m}\right)\cdots\left[1 - \frac{1}{(n-1)m}\right]\frac{z^n}{n} + R_n;$$

R_n est le reste de la série, et l'on a

$$R_n = (-1)^n\left(1 - \frac{1}{m}\right)\cdots\left(1 - \frac{1}{nm}\right)\frac{z^{n+1}}{n+1}$$
$$\times\left[1 - \frac{n+1-\frac{1}{m}}{n+2}z + \frac{\left(n+1-\frac{1}{m}\right)\left(n+2-\frac{1}{m}\right)}{(n+2)(n+3)}z^2 + \ldots\right].$$

Les coefficients numériques de la somme entre parenthèses sont tous inférieurs à 1 ; par conséquent, si l'on représente par ρ le module de z, le module de la somme dont nous parlons sera inférieur à $1 + \rho + \rho^2 + \ldots$, c'est-à-dire inférieur à $\frac{1}{1-\rho}$; la somme elle-même pourra donc être représentée par $\frac{\theta}{1-\rho}$, en désignant par θ une expression imaginaire dont le module est inférieur à 1. D'après cela, l'expression de u sera

$$(2)\quad \left\{\begin{aligned} u &= \frac{z}{1} - \left(1 - \frac{1}{m}\right)\frac{z^2}{2} + \ldots \\ &+ (-1)^{n-1}\left(1 - \frac{1}{m}\right)\left(1 - \frac{1}{2m}\right)\cdots\left(1 - \frac{1}{(n-1)m}\right)\frac{z^n}{n} \\ &+ (-1)^n\left(1 - \frac{1}{m}\right)\left(1 - \frac{1}{2m}\right)\cdots\left(1 - \frac{1}{nm}\right)\frac{z^{n+1}}{n+1}\,\frac{\theta}{1-\rho}. \end{aligned}\right.$$

Faisons tendre maintenant l'entier m vers l'infini et désignons par u_0 la limite de u. L'équation (1) donnera d'abord, d'après le théorème démontré au n° 198,

$$(3)\qquad e^{u_0} = 1 + z,$$

et l'on aura ensuite, par l'équation (2),

$$(4)\quad u_0 = \frac{z}{1} - \frac{z^2}{2} - \frac{z^3}{3} - \ldots - (-1)^n\frac{z^n}{n} + (-1)^n\frac{z^{n+1}}{n+1}\,\frac{\theta}{1-\rho},$$

θ désignant toujours une expression imaginaire dont le module est inférieur à 1. Enfin, comme $\frac{z^{n+1}}{n+1}$ tend vers zéro, quand n tend vers l'infini, on aura à la limite, pour $n = \infty$,

$$u_0 = \frac{z}{1} - \frac{z^2}{2} + \frac{z^3}{3} - \frac{z^4}{4} + \dots \tag{5}$$

D'après la formule (3), la quantité u_0 exprime l'un des logarithmes népériens de $1 + z$, et c'est dans ce sens que l'on peut écrire

$$\mathrm{l}(1+z) = \frac{z}{1} - \frac{z^2}{2} + \frac{z^3}{3} - \dots \tag{6}$$

Une quantité positive n'a qu'un seul logarithme réel; si donc z se réduit à une quantité réelle $\pm x$ comprise entre -1 et $+1$, on aura pour les logarithmes réels de $1 + x$ et de $1 - x$,

$$\left\{\begin{aligned} \mathrm{l}(1+x) &= \frac{x}{1} - \frac{x^2}{2} + \frac{x^3}{3} - \dots, \\ \mathrm{l}(1-x) &= -\frac{x}{1} - \frac{x^2}{2} - \frac{x^3}{3} - \dots \end{aligned}\right. \tag{7}$$

203. Revenons à la formule (6) et posons

$$\left\{\begin{aligned} z &= \rho e^{i\omega} = \rho(\cos\omega + i\sin\omega), \\ 1 + z &= re^{i\theta} = r(\cos\theta + i\sin\theta). \end{aligned}\right. \tag{8}$$

On tire de ces deux équations

$$r\cos\theta = 1 + \rho\cos\omega, \quad r\sin\theta = \rho\sin\omega,$$

puis

$$r = +\sqrt{1 + 2\rho\cos\omega + \rho^2}, \tag{9}$$

et

$$\cos\theta = \frac{1 + \rho\cos\omega}{r}, \quad \sin\theta = \frac{\rho\sin\omega}{r}, \quad \tan\theta = \frac{\rho\sin\omega}{1 + \rho\cos\omega}. \tag{10}$$

Les quantités ρ et ω étant données, l'équation (9) déterminera sans ambiguïté le module r; quant à l'angle θ, il sera aussi complétement déterminé par les équations (10), si on l'assujettit à rester compris entre les limites $-\pi$ et $+\pi$. Mais, parce que le module ρ de z est inférieur à 1, on voit par les équations (10) que $\cos\theta$ est toujours positif, et en conséquence l'angle θ demeurera compris entre les limites $-\frac{\pi}{2}$ et $+\frac{\pi}{2}$; cet angle sera donc déterminé sans ambiguïté par la troisième équation (10) qui fait connaître sa tangente.

Cela posé, l'expression générale des logarithmes népériens de $1+z$ est

$$l(1+z) = l(re^{i\theta}) = lr + i(\theta + 2k\pi),$$

k étant un nombre entier; par conséquent, la formule (6) donnera, pour une valeur convenable de k,

$$lr + i(\theta + 2k\pi) = \frac{\rho e^{i\omega}}{1} - \frac{\rho^2 e^{2i\omega}}{2} + \frac{\rho^3 e^{3i\omega}}{3} - \ldots.$$

Le second membre de cette équation s'annule pour $\rho = 0$; il en est de même des quantités lr et θ; celles-ci sont d'ailleurs des fonctions continues de ρ : donc le nombre entier k est nécessairement nul, et l'on a

$$(11) \qquad lr + i\theta = \frac{\rho e^{i\omega}}{1} - \frac{\rho^2 e^{2i\omega}}{2} + \frac{\rho^3 e^{3i\omega}}{3} - \ldots.$$

Si l'on égale séparément les parties réelles et les coefficients de i, que l'on remplace en même temps r et θ par leurs valeurs tirées des équations (9) et (10), on aura

$$(12) \quad l\sqrt{1+2\rho\cos\omega+\rho^2} = \frac{\rho\cos\omega}{1} - \frac{\rho^2\cos2\omega}{2} + \frac{\rho^3\cos3\omega}{3} - \ldots,$$

$$(13) \quad \text{arc tang}\,\frac{\rho\sin\omega}{1+\rho\cos\omega} = \frac{\rho\sin\omega}{1} - \frac{\rho^2\sin2\omega}{2} + \frac{\rho^3\sin3\omega}{3} - \ldots,$$

et il faut se rappeler que le premier membre de l'équation (13) doit être pris entre les limites $-\frac{\pi}{2}$ et $+\frac{\pi}{2}$.

Si, dans les formules (12) et (13), on change ω en $\pi-\omega$, il viendra

$$(14)\quad 1\sqrt{1-2\rho\cos\omega+\rho^2} = -\frac{\rho\cos\omega}{1}-\frac{\rho^2\cos 2\omega}{2}-\frac{\rho^3\cos 3\omega}{3}-\ldots,$$

$$(15)\quad \text{arc tang}\frac{\rho\sin\omega}{1-\rho\cos\omega} = \frac{\rho\sin\omega}{1}+\frac{\rho^2\cos 2\omega}{2}+\frac{\rho^3\cos 3\omega}{3}+\ldots.$$

Ces formules (12), (13), (14) et (15) sont fréquemment employées en Astronomie et en Géodésie.

Remarque. — Il est très-important de remarquer que la formule (4) donne l'expression du reste de la série dans laquelle se développe $1(1+z)$. Par exemple, si l'on fait $n=0$ dans cette formule, il vient

$$1(1+z) = \frac{\theta z}{1-\rho},$$

ou, ce qui revient au même,

$$(16)\quad 1(1+z) = \theta\frac{\rho}{1-\rho},$$

θ désignant toujours une expression imaginaire dont le module est inférieur à 1.

204. Développement de l'arc en série ordonnée suivant les puissances de la tangente. — Les séries contenues dans les formules (13) et (15) sont convergentes, quel que soit ω, pour toutes les valeurs de ρ inférieures à 1; si l'on fait, dans la formule (13),

$$\omega = \pm\frac{\pi}{2},\quad \rho\sin\omega = z,$$

il viendra

$$(17)\quad \text{arc tang}\, z = \frac{z}{1}-\frac{z^3}{3}+\frac{z^5}{5}-\frac{z^7}{7}+\ldots,$$

formule qui a lieu pour toutes les valeurs réelles de z comprises entre -1 et $+1$. Le premier membre doit être pris, comme on l'a vu, entre les limites $-\frac{\pi}{2}$ et $+\frac{\pi}{2}$, et alors il sera nécessairement compris entre $-\frac{\pi}{4}$ et $+\frac{\pi}{4}$. Si l'on pose

$$z = \text{tang}\, x,$$

la formule (17) se transforme dans la suivante

$$(18)\qquad x = \frac{\tang x}{1} - \frac{\tang^3 x}{3} + \frac{\tang^5 x}{5} - \ldots,$$

qui subsiste pour toutes les valeurs de x comprises entre $-\frac{\pi}{4}$ et $+\frac{\pi}{4}$.

On a identiquement

$$\operatorname{arc\,tang} z + \operatorname{arc\,tang}\frac{1}{z} = \pm\frac{\pi}{2},$$

en prenant les arcs entre les limites $-\frac{\pi}{2}$ et $+\frac{\pi}{2}$ et en donnant au second membre le signe de z; d'après cela, si l'on change z en $\frac{1}{z}$ dans la formule (17), on aura

$$(19)\qquad \operatorname{arc\,tang} z = \pm\frac{\pi}{2} - \frac{1}{z} + \frac{1}{3z^3} - \frac{1}{5z^5} + \ldots.$$

Cette nouvelle formule subsiste pour toutes les valeurs de z comprises entre $-\infty$ et -1 ou entre $+1$ et $+\infty$; le premier membre doit toujours être pris entre les limites $-\frac{\pi}{2}$ et $+\frac{\pi}{2}$. En faisant $z = \tang x$, on obtient

$$(20)\qquad x = \pm\frac{\pi}{2} - \cot x + \frac{\cot^3 x}{3} - \frac{\cot^5 x}{5} + \ldots,$$

formule qui subsiste pour les valeurs de x comprises entre $-\frac{\pi}{2}$ et $-\frac{\pi}{4}$, ou entre $+\frac{\pi}{4}$ et $+\frac{\pi}{2}$.

Remarque. — L'analyse qui nous a conduit à la formule (17) suppose essentiellement que la valeur absolue de z soit inférieure à 1; mais, comme la série du second membre reste convergente pour les valeurs limites ± 1, la formule subsiste pour ces valeurs. En effet, supposons que $\pm z$ tende vers l'unité par une série de valeurs successives inférieures à 1, les deux membres de la formule (17) seront égaux pour toutes ces valeurs; d'ailleurs chacun d'eux tend vers une limite déterminée : donc ces limites sont nécessairement égales.

Calcul du rapport de la circonférence au diamètre.

205. En faisant $x = \frac{\pi}{4}$ dans la formule (18) du numéro précédent, on obtient

$$\frac{\pi}{4} = 1 - \frac{1}{3} + \frac{1}{5} - \frac{1}{7} + \ldots;$$

cette série, que nous avons déjà rencontrée, converge très-lentement, et elle ne peut servir au calcul de π; on peut obtenir, pour cet objet, des séries extrêmement convergentes.

Posons, par exemple, avec Euler,

$$\frac{\pi}{4} = a + b$$

et

$$\operatorname{tang} a = \frac{1}{2},$$

on aura

$$\operatorname{tang} b = \frac{\operatorname{tang}\frac{\pi}{4} - \operatorname{tang} a}{1 + \operatorname{tang}\frac{\pi}{4}\operatorname{tang} a} = \frac{1}{3};$$

et si l'on remplace a et b par leurs valeurs en séries tirées de la formule (17) du n° 204, il viendra

$$\frac{\pi}{4} = \left(\frac{1}{2} - \frac{1}{3.2^3} + \frac{1}{5.2^5} - \ldots\right) + \left(\frac{1}{3} - \frac{1}{3.3^3} + \frac{1}{5.3^5} - \ldots\right).$$

On obtient des séries plus convergentes en partant de l'arc a, dont la tangente est $\frac{1}{5}$, et en opérant comme il suit. Soit

$$\operatorname{tang} a = \frac{1}{5},$$

on aura

$$\operatorname{tang} 2a = \frac{2\operatorname{tang} a}{1 - \operatorname{tang}^2 a} = \frac{5}{12},$$

$$\operatorname{tang} 4a = \frac{2\operatorname{tang} 2a}{1 - \operatorname{tang}^2 2a} = \frac{120}{119}.$$

On voit que $4a$ diffère peu de $\frac{\pi}{4}$; si l'on pose

$$\frac{\pi}{4} = 4a - b,$$

il viendra

$$\operatorname{tang} b = \frac{\operatorname{tang} 4a - 1}{1 + \operatorname{tang} 4a} = \frac{1}{239};$$

on a donc, en remplaçant a et b par leurs valeurs en séries,

$$\frac{\pi}{4} = 4\left(\frac{1}{5} - \frac{1}{3.5^3} + \frac{1}{5.5^5} - \ldots\right) - \left(\frac{1}{239} - \frac{1}{3.239^3} + \ldots\right).$$

Au moyen de cette formule on trouve sans difficulté cette valeur de π avec vingt-cinq décimales exactes :

$$\pi = 3,14159\,26535\,89793\,23846\,26433\,8\ldots.$$

Euler a donné dans les *Mémoires de l'Académie des Sciences de Saint-Pétersbourg* un grand nombre de séries du même genre que la précédente; mais ce que nous avons dit est suffisant, et nous renverrons les lecteurs curieux de connaître ces développements aux ouvrages que nous venons de citer.

Formules relatives au calcul des logarithmes. Module des logarithmes vulgaires.

206. Les formules (7) du n° **202**, savoir

$$l(1 + x) = \frac{x}{1} - \frac{x^2}{2} + \frac{x^3}{3} - \ldots,$$

$$l(1 - x) = -\frac{x}{1} - \frac{x^2}{2} - \frac{x^3}{3} - \ldots,$$

subsistent pour toutes les valeurs positives de x inférieures à 1, et en les retranchant l'une de l'autre on obtient

$$l\frac{1 + x}{1 - x} = 2\left(\frac{x}{1} + \frac{x^3}{3} + \frac{x^5}{5} + \ldots\right).$$

Si l'on remplace x par $\frac{h}{N}$ dans la première formule, et par $\frac{h}{2N+h}$ dans la troisième, il viendra

$$(1)\quad \begin{cases} l(N+h) = lN + \left(\frac{h}{N} - \frac{h^2}{2N^2} + \frac{h^3}{3N^3} - \ldots\right), \\ l(N+h) = lN + 2\left[\frac{h}{2N+h} + \frac{h^3}{3(2N+h)^3} + \frac{h^5}{5(2N+h)^5} + \ldots\right], \end{cases}$$

et, en faisant $h = 1$,

$$(2)\quad \begin{cases} l(N+1) = lN + \left(\frac{1}{N} - \frac{1}{2N^2} + \frac{1}{3N^3} - \ldots\right), \\ l(N+1) = lN + 2\left[\frac{1}{2N+1} + \frac{1}{3(2N+1)^3} + \frac{1}{5(2N+1)^5} + \ldots\right]. \end{cases}$$

Ces formules sont employées pour le calcul des logarithmes népériens; les séries qu'elles renferment sont très-convergentes lorsque les rapports $\frac{h}{N}$, $\frac{1}{N}$ sont de petites fractions.

Si l'on multiplie les formules (1) par le module M des logarithmes vulgaires, on aura

$$(3)\quad \begin{cases} \log(N+h) = \log N + M\left(\frac{h}{N} - \frac{h^2}{2N^2} + \frac{h^3}{3N^3} - \ldots\right), \\ \log(N+h) = \log N + 2M\left[\frac{h}{2N+h} + \frac{h^3}{3(2N+h)^3} \right. \\ \qquad\qquad \left. + \frac{h^5}{5(2N+h)^5} + \ldots\right]. \end{cases}$$

Pour que l'on puisse faire usage de ces formules (3), il est nécessaire de connaître le module M dont l'expression est

$$M = \frac{1}{l\,10},$$

et l'on déterminera facilement sa valeur par le moyen des formules (1) ou (2).

Effectivement la deuxième des formules (2) donne, en faisant $N = 1$,

$$(4)\qquad l2 = 2\left(\frac{1}{3} + \frac{1}{3.3^3} + \frac{1}{5.3^5} + \ldots\right);$$

la deuxième des formules (1) donne ensuite, en faisant $N = 8 = 2^3$ et $h = 2$,

$$(5) \qquad l\,10 = 3\,l\,2 + 2\left(\frac{1}{9} + \frac{1}{3.9^3} + \frac{1}{5.9^5} + \ldots\right),$$

et l'on aura, en conséquence,

$$(6) \quad \frac{1}{M} = 6\left(\frac{1}{3} + \frac{1}{3.3^3} + \frac{1}{5.3^5} + \ldots\right) + 2\left(\frac{1}{9} + \frac{1}{3.9^3} + \frac{1}{5.9^5} + \ldots\right).$$

Les séries qui figurent dans cette formule sont suffisamment convergentes; mais on peut en obtenir une infinité d'autres plus rapidement décroissantes. Par exemple, si l'on fait, dans la deuxième formule (1), $N = 4096 = 2^{12}$, $h = 4$, $N + h = 4100$, et, dans la deuxième formule (2), $N = 40 = 2^2 \times 10$, il viendra

$$l\,41 + 2\,l\,10 = 12\,l\,2 + 2\left(\frac{1}{2049} + \frac{1}{3.2049^3} + \ldots\right),$$

$$l\,41 = l\,10 + 2\,l\,2 + 2\left(\frac{1}{81} + \frac{1}{3.81^3} + \frac{1}{5.81^5} + \ldots\right);$$

en éliminant $l\,2$ et $l\,41$ entre ces deux équations et l'équation (5), on trouve

$$(7) \quad \left\{ \begin{aligned} \frac{1}{M} = 20 & \left(\frac{1}{9} + \frac{1}{3.9^3} + \frac{1}{5.9^5} + \ldots\right) \\ & + 6\left(\frac{1}{81} + \frac{1}{3.81^3} + \frac{1}{5.81^5} + \ldots\right) \\ & - 6\left(\frac{1}{2049} + \frac{1}{3.2049^3} + \ldots\right). \end{aligned} \right.$$

Si l'on calcule chaque terme de la formule (6) ou de la formule (7) avec vingt-huit décimales, de manière à pouvoir en conserver vingt-cinq dans les valeurs de $\frac{1}{M}$ et de M, on trouvera

$$(8) \quad \left\{ \begin{aligned} \frac{1}{M} &= 2,30258\,50929\,94045\,68401\,79914\ldots, \\ M &= 0,43429\,44819\,03251\,82765\,11289\ldots. \end{aligned} \right.$$

Le module étant déterminé, les formules (3) pourront être

employées pour le calcul des logarithmes vulgaires; mais nous renverrons pour les détails à l'instruction placée en tête des Tables de logarithmes de Callet.

Développements des fonctions $\cos mx$ *et* $\sin mx$ *en séries ordonnées suivant les puissances croissantes de* $\sin x$.

207. Les formules (1) et (2) du n° 181, où m désigne un nombre entier, donnent les valeurs de $\cos ma$ et de $\sin ma$ exprimées par un polynôme ordonné suivant les puissances entières et ascendantes de $\sin a$, ou par le produit de la multiplication d'un tel polynôme et de $\cos a$; les formules (1) se rapportent au cas de m pair et les formules (2) au cas de m impair. Les seconds membres des formules (1) deviennent des séries illimitées si m cesse de représenter un nombre pair; la même chose a lieu à l'égard des seconds membres des formules (2), lorsque m n'y désigne plus un nombre impair, mais il est facile de s'assurer que ces séries sont toujours convergentes. En outre, les calculs que nous avons exécutés pour établir les formules dont il s'agit, dans l'hypothèse de m pair ou dans celle de m impair, s'appliquent également à l'hypothèse contraire, pourvu que $\cos a$ soit positif, condition qui sera remplie si l'arc a est compris entre les limites $-\frac{\pi}{2}$ et $+\frac{\pi}{2}$; la seule différence consiste effectivement en ce que, dans le cas où nous nous sommes placés au n° 181, nous n'avions à développer que des puissances entières du binôme $1-\sin^2 a$, tandis qu'ici les exposants de ces puissances auront le dénominateur 2. Mais chacune de ces puissances est, comme on l'a vu, développable en une série convergente dont les termes se succèdent suivant la même loi que ceux du développement des puissances entières; d'ailleurs le nombre des séries de cette espèce qu'on doit ajouter est essentiellement limité, et la formule de réduction du n° 180 est générale; on arrivera donc nécessairement aux mêmes résultats en opérant de la même manière dans le cas de m pair et dans celui de m impair. Par conséquent les deux systèmes de formules (1) et (2) du n° 181 peuvent être employés indifféremment, quel que soit l'entier m, pourvu que l'arc a reste compris entre les limites $-\frac{\pi}{2}$ et $+\frac{\pi}{2}$. On a donc, en réunissant la première formule (1) à la deuxième formule (2), et en écrivant x au lieu de a,

$$(1)\quad \begin{cases} \cos mx = 1 - \dfrac{m.m}{1.2}\sin^2 x + \dfrac{(m+2)m.m(m-2)}{1.2.3.4}\sin^4 x - \ldots, \\ \sin mx = \dfrac{m}{1}\sin x - \dfrac{(m+1)m(m-1)}{1.2.3}\sin^3 x \\ \qquad + \dfrac{(m+3)(m+1)m(m-1)(m-3)}{1.2.3.4.5}\sin^5 x - \ldots, \end{cases}$$

pourvu, nous le répétons, que m soit un nombre entier et que x soit compris entre $-\frac{\pi}{2}$ et $+\frac{\pi}{2}$.

Cela posé, je dis que les formules (1) subsistent pour toutes les valeurs réelles de m, si l'arc x reste compris entre les limites $-\frac{\pi}{2}$ et $+\frac{\pi}{2}$.

En effet, désignons par $\varphi(m)$ la somme des seconds membres des formules (1) multipliés respectivement par 1 et $\sqrt{-1}$ ou i; représentons aussi par $\varphi(m_1)$ et $\varphi(m+m_1)$ les résultats que l'on obtient en remplaçant, dans $\varphi(m)$, m par m_1 et par $m+m_1$. Les quantités $\varphi(m)$, $\varphi(m_1)$, $\varphi(m+m_1)$ étant ordonnées par rapport aux puissances croissantes de $\sin x$ seront des séries toujours convergentes, et cette convergence ne sera pas altérée si l'on remplace chaque terme par son module; il s'ensuit que, si l'on multiplie entre elles les séries représentées par $\varphi(m)$ et $\varphi(m_1)$, et que l'on ordonne le produit suivant les puissances croissantes de $\sin x$, on obtiendra une nouvelle série convergente dont la somme sera $\varphi(m)\varphi(m_1)$. Mais, lorsque m et m_1 se réduisent à des nombres entiers, on a

$$(2)\qquad \varphi(m)\varphi(m_1) = \varphi(m+m_1),$$

car, dans ce cas, les équations (1) ont lieu, et l'on a

$$\varphi(m) = e^{imx},\quad \varphi(m_1) = e^{im_1 x};$$

donc les coefficients des mêmes puissances de $\sin x$ sont identiquement égaux de part et d'autre. Ces coefficients sont des fonctions entières de m et de m_1, et de ce que leur égalité existe pour toutes les valeurs entières de m et de m_1, on peut conclure que la même égalité subsiste, quels que soient m et m_1; il suffit effectivement de répéter ici le raisonnement que nous avons fait au n° 180 à l'occasion d'un cas semblable. L'égalité (2) ayant lieu identiquement, on en conclut

$$\varphi(m)\varphi(m_1)\ldots\varphi(m_{\nu-1}) = \varphi(m + m_1 + \ldots + m_{\nu-1}),$$

quelles que soient les ν quantités $m, m_1, \ldots, m_{\nu-1}$, et, dans le cas où ces quantités sont égales entre elles, on a

$$[\varphi(m)]^\nu = \varphi(m\nu).$$

Si l'on fait $m = \frac{\mu}{\nu}$, μ étant un nouvel entier, cette égalité devient

$$\left[\varphi\left(\frac{\mu}{\nu}\right)\right]^\nu = \varphi(\mu) = e^{i\mu x};$$

donc

$$\varphi\left(\frac{\mu}{\nu}\right) = e^{\frac{i(\mu x + 2k\pi)}{\nu}} = \cos\left(\frac{\mu}{\nu}x + \frac{2k\pi}{\nu}\right) + i\sin\left(\frac{\mu}{\nu}x + \frac{2k\pi}{\nu}\right),$$

k désignant un certain nombre entier, qu'on peut supposer inférieur à ν. Or $\varphi\left(\frac{\mu}{\nu}\right)$ se réduit à 1 pour $x = 0$: donc alors l'entier k est nul; il s'ensuit que l'on a constamment $k = 0$, car les seconds membres des formules (1) varient d'une manière continue quand x croît de $-\frac{\pi}{2}$ à $+\frac{\pi}{2}$. Ainsi l'on a

$$\varphi(m) = \cos mx + i\sin mx,$$

lorsque m est égal à une fraction rationnelle $\frac{\mu}{\nu}$, et il s'ensuit évidemment que la même formule a lieu encore si m est un nombre incommensurable.

On voit d'après cela que les formules (1) subsistent quel que soit m, pour toutes les valeurs de x comprises entre $-\frac{\pi}{2}$ et $+\frac{\pi}{2}$.

Développement de la fonction arc sin z *en série ordonnée suivant les puissances entières de* z.

208. Les formules (1) du numéro précédent peuvent s'écrire comme il suit :

$$2\,\frac{1-\cos mx}{m^2}$$
$$=\sin^2 x+\frac{2}{3}\left(1-\frac{m^2}{4}\right)\frac{\sin^4 x}{2}+\frac{2.4}{3.5}\left(1-\frac{m^2}{4}\right)\left(1-\frac{m^2}{16}\right)\frac{\sin^6 x}{3}+\ldots$$
$$+\frac{2.4\ldots(2n-2)}{3.5\ldots(2n-1)}\left(1-\frac{m^2}{4}\right)\cdots\left[1-\frac{m^2}{(2n-2)^2}\right]\frac{\sin^{2n}x}{n}+\ldots,$$

$$x\,\frac{\sin mx}{mx}$$
$$=\sin x+\frac{1}{2}(1-m^2)\frac{\sin^3 x}{3}+\frac{1.3}{2.4}(1-m^2)\left(1-\frac{m^2}{9}\right)\frac{\sin^5 x}{5}+\ldots$$
$$+\frac{1.3\ldots(2n-1)}{2.4\ldots 2n}(1-m^2)\ldots\left[1-\frac{m^2}{(2n-1)^2}\right]\frac{\sin^{2n+1}x}{2n+1}+\ldots.$$

Les seconds membres de ces formules sont des séries convergentes quel que soit m; en outre, dans chacun des termes de ces séries, le produit des facteurs qui dépendent de m se réduit à 1 pour $m=0$, lors même que le nombre de ces facteurs devient infini, ainsi qu'on le reconnaît immédiatement en se reportant aux formules (1) du n° **187**. On a donc pour $m=0$

$$(1)\quad\left\{\begin{aligned}x^2&=\sin^2 x+\frac{2}{3}\,\frac{\sin^4 x}{2}+\ldots+\frac{2.4\ldots(2n-2)}{3.5\ldots(2n-1)}\,\frac{\sin^{2n}x}{n}+\ldots,\\ x&=\sin x+\frac{1}{2}\,\frac{\sin^3 x}{3}+\ldots+\frac{1.3\ldots(2n-1)}{2.4\ldots 2n}\,\frac{\sin^{2n+1}x}{2n+1}+\ldots.\end{aligned}\right.$$

Ces formules, qui subsistent pour toutes les valeurs de x comprises entre $-\frac{\pi}{2}$ et $+\frac{\pi}{2}$, font connaître les développements de l'arc x et de son carré en séries ordonnées suivant les puissances entières de $\sin x$.

On parvient encore aux résultats précédents par les considérations suivantes. Les premiers membres des formules (1) du n° 207 peuvent être développés en séries ordonnées suivant les puissances entières de m : donc les seconds membres peuvent l'être aussi de la même manière. Les formules dont il s'agit étant ainsi préparées, si l'on égale de part et d'autre les coefficients de m et ceux de m^2, on retrouvera les équations (1) que nous venons d'obtenir.

Si l'on remplace x par $\frac{\pi}{2} - x$ dans la deuxième formule (1), il vient

$$(2)\quad x = \frac{\pi}{2} - \cos x - \frac{1}{2}\frac{\cos^3 x}{3} - \ldots - \frac{1.3\ldots(2n-1)}{2.4\ldots2n}\frac{\cos^{2n+1}x}{2n+1} + \ldots;$$

cette formule (2), qui donne le développement d'un arc en série ordonnée par rapport aux puissances de son cosinus, exige que x soit compris entre zéro et π.

Enfin si l'on remplace x par arc sin z, dans la deuxième formule (1), et par arc cos z, dans la formule (2), il viendra

$$(3)\quad \begin{cases} \text{arc}\sin z = z + \frac{1}{2}\frac{z^3}{3} + \ldots + \frac{1.3\ldots(2n-1)}{2.4\ldots2n}\frac{z^{2n+1}}{2n+1} + \ldots, \\ \text{arc}\cos z = \frac{\pi}{2} - z - \frac{1}{2}\frac{z^3}{3} - \ldots - \frac{1.3\ldots(2n-1)}{2.4\ldots2n}\frac{z^{2n+1}}{2n+1} + \ldots. \end{cases}$$

On obtient des résultats numériques qui offrent quelque intérêt en faisant $x = \frac{\pi}{4}, = \frac{\pi}{3}, = \frac{\pi}{6}$ dans les formules (1).

Développement des fonctions log sin x *et* log cos x *en séries ordonnées suivant les puissances ascendantes de* x.

209. D'après les formules (1) du n° 187, si l'on désigne les logarithmes népériens par la caractéristique l, comme nous l'avons fait jusqu'ici, et que l'on pose

$$(1)\quad \begin{cases} \mathrm{l}\cos x - \mathrm{R}_n = \mathrm{l}\left(1 - \frac{4x^2}{\pi^2}\right) + \ldots + \mathrm{l}\left[1 - \frac{4x^2}{(2n-1)^2\pi^2}\right], \\ \mathrm{l}\sin x - \mathrm{R}'_n = \mathrm{l}x + \mathrm{l}\left(1 - \frac{x^2}{\pi^2}\right) + \ldots + \mathrm{l}\left[1 - \frac{x^2}{(n-1)^2\pi^2}\right], \end{cases}$$

les quantités R_n et R'_n tendront vers zéro quand n tendra vers l'infini. Or, pour toutes les valeurs de z comprises entre -1 et $+1$, on a

$$l(1-z) = \frac{z}{1} - \frac{z^2}{2} + \frac{z^3}{3} - \ldots;$$

donc les logarithmes, en nombre limité, qui figurent dans la première équation (1) seront développables en séries ordonnées suivant les puissances croissantes de x pour toutes les valeurs de cette variable comprises entre $-\frac{\pi}{2}$ et $+\frac{\pi}{2}$; pareillement les logarithmes qui figurent dans le second membre de la deuxième formule seront développables de la même manière pour toutes les valeurs de x comprises entre $-\pi$ et $+\pi$.

Si l'on forme ces développements et que l'on fasse tendre ensuite n vers l'infini, on obtiendra les valeurs de $\log\cos x$ et de $\log\sin x$ en séries infinies. Or il est aisé de voir que le calcul qu'il faudra exécuter est de tout point semblable à celui que nous avons développé au n° 192 pour obtenir les séries qui représentent les valeurs des fonctions $\tang x$ et $\cot x$. Le calcul relatif à $-\log\cos x$ ou à $\log\sin x - \log x$ diffère seulement de celui qui se rapporte à $\tang x$ ou à $\cot x - \frac{1}{x}$ en ce que les exposants de x sont augmentés d'une unité, et que les coefficients sont divisés par l'exposant de x, circonstance dont le Calcul différentiel donne la raison. D'après cela, on peut écrire immédiatement les deux formules

$$(2)\quad \left\{\begin{aligned} l\cos x &= -2(2^2-1)\frac{B_1}{1}\frac{x^2}{1.2} - \ldots - 2^{2n-1}(2^{2n}-1)\frac{B_n}{n}\frac{x^{2n}}{1.2\ldots 2n} - \ldots,\\ l\sin x &= lx - 2\frac{B_1}{1}\frac{x^2}{1.2} - \ldots - 2^{2n-1}\frac{B_n}{n}\frac{x^{2n}}{1.2\ldots 2n} - \ldots,\end{aligned}\right.$$

$B_1, B_2, \ldots, B_n, \ldots$ désignant ici, comme au n° 192, les nombres de Bernoulli. En retranchant la première formule de la deuxième, on obtient

$$(3)\quad \left\{\begin{aligned} l\tang x = lx &+ 2^2(2-1)\frac{B_1}{1}\frac{x^2}{1.2} + \ldots\\ &+ 2^{2n}(2^{2n-1}-1)\frac{B_n}{n}\frac{x^{2n}}{1.2\ldots 2n} + \ldots.\end{aligned}\right.$$

La première formule (2) et la formule (3) subsistent pour toutes les valeurs de x comprises entre $-\frac{\pi}{2}$ et $+\frac{\pi}{2}$, la deuxième formule (2) peut s'étendre aux valeurs de x comprises entre $-\pi$ et $+\pi$. Le cas de x négatif n'introduit point d'imaginaires, car nos formules ne renferment en réalité que les seuls logarithmes $\mathrm{l}\cos x$, $\mathrm{l}\frac{\sin x}{x}$, $\mathrm{l}\frac{\tang x}{x}$, qui restent réels quand x est négatif.

Si l'on remplace les nombres B_1, B_2,... par les valeurs que nous avons obtenues au n° **193**, il viendra

$$\mathrm{l}\cos x = -\frac{x^2}{2} - \frac{x^4}{12} - \frac{x^6}{45} - \ldots,$$

$$\mathrm{l}\sin x = \mathrm{l}x - \frac{x^2}{6} - \frac{x^4}{180} - \frac{x^6}{2835} - \ldots,$$

$$\mathrm{l}\,\mathrm{tang}\,x = \mathrm{l}x + \frac{x^2}{3} + \frac{7x^4}{30} + \frac{62x^6}{2835} + \ldots.$$

210. Les formules (2) peuvent être employées pour la construction des Tables des logarithmes des sinus et des cosinus. Si l'on y fait $x = \frac{m}{n}\frac{\pi}{2}$, qu'on les multiplie par le module M des logarithmes vulgaires et qu'on y introduise, au lieu des nombres de Bernoulli, les sommes S ou S' liées à ces nombres par les formules (8) du n° **192**, il viendra

$$\log\cos\left(\frac{m}{n}90^\circ\right) = -\mathrm{M}\left(\mathrm{S}_2\frac{m^2}{n^2} + \frac{1}{2}\mathrm{S}_4\frac{m^4}{n^4} + \frac{1}{3}\mathrm{S}_6\frac{m^6}{n^6} + \ldots\right),$$

$$\log\sin\left(\frac{m}{n}90^\circ\right) = \log\frac{\pi}{2} + \log m - \log n$$
$$- \mathrm{M}\left(\frac{1}{2^2}\mathrm{S}'_2\frac{m^2}{n^2} + \frac{1}{2.2^4}\mathrm{S}'_4\frac{m^4}{n^4} + \frac{1}{3.2^6}\mathrm{S}'_6\frac{m^6}{n^6} + \ldots\right),$$

la caractéristique log exprimant des logarithmes vulgaires. On aurait obtenu des séries plus convergentes si l'on avait conservé dans les formules (1), sans les réduire en séries, les logarithmes de $1 - \frac{4x^2}{\pi^2}$ et de $1 - \frac{x^2}{\pi^2}$, quantités qui se réduisent ici à $1 - \frac{m^2}{n^2}$ et $1 - \frac{m^2}{4n^2}$; les développements de ces logarithmes sont

$$\log\left(1 - \frac{m^2}{n^2}\right) = -M\left(\frac{m^2}{n^2} + \frac{1}{2}\frac{m^4}{n^4} + \frac{1}{3}\frac{m^6}{n^6} + \ldots\right),$$

$$\log\left(1 - \frac{m^2}{4n^2}\right) = -M\left(\frac{m^2}{2^2 n^2} + \frac{1}{2}\frac{m^4}{2^4 . n^4} + \frac{1}{3}\frac{m^6}{2^6 . n^6} + \ldots\right),$$

et, si l'on retranche ces équations respectivement des deux précédentes, il viendra

$$\log\cos\left(\frac{m}{n}90^\circ\right)$$

$$= \log(n+m) + \log(n-m) - 2\log n$$

$$- M\left[(S_2 - 1)\frac{m^2}{n^2} + \frac{1}{2}(S_4 - 1)\frac{m^4}{n^4} + \frac{1}{3}(S_6 - 1)\frac{m^6}{n^6} + \ldots\right],$$

$$\log\sin\left(\frac{m}{n}90^\circ\right)$$

$$= \log\frac{\pi}{8} + \log m + \log(2n+m) + \log(2n-m) - 3\log n$$

$$- M\left[\frac{1}{2^2}(S'_2 - 1)\frac{m^2}{n^2} + \frac{1}{2.2^4}(S'_4 - 1)\frac{m^4}{n^4} + \frac{1}{3.2^6}(S'_6 - 1)\frac{m^6}{n^6} + \ldots\right].$$

Ces deux formules sont très-commodes pour l'objet que nous avons en vue; en les retranchant l'une de l'autre, on aurait la valeur de $\log \text{tang}\left(\frac{m}{n}90^\circ\right)$, que nous nous dispensons d'écrire.

Si l'on calcule les coefficients numériques des formules précédentes avec vingt décimales, on obtiendra les résultats suivants :

$$\log\cos\left(\frac{m}{n}90^\circ\right) = \log(n-m) + \log(n+m) - 2\log n$$

$-0,10149\ 48593\ 41892\ 80353\ \frac{m^2}{n^2}$	$-0,00001\ 68483\ 48598\ 30743\ \frac{m^8}{n^8}$
$-0,00318\ 72940\ 65451\ 07231\ \frac{m^4}{n^4}$	$-0,00000\ 14801\ 93986\ 89554\ \frac{m^{10}}{n^{10}}$
$-0,00020\ 94858\ 00017\ 41893\ \frac{m^6}{n^6}$	$-0,00000\ 01365\ 02272\ 22565\ \frac{m^{12}}{n^{12}}$

$$-\ 0{,}00000\ 00129\ 81714\ 73773\ \frac{m^{14}}{n^{14}}$$

$$-\ 0{,}00000\ 00012\ 61471\ 15311\ \frac{m^{16}}{n^{16}}$$

$$-\ 0{,}00000\ 00001\ 24567\ 12069\ \frac{m^{18}}{n^{18}}$$

$$-\ 0{,}00000\ 00000\ 12455\ 90006\ \frac{m^{20}}{n^{20}}$$

$$-\ 0{,}00000\ 00000\ 01258\ 14224\ \frac{m^{22}}{n^{22}}$$

$$-\ 0{,}00000\ 00000\ 00128\ 14304\ \frac{m^{24}}{n^{24}}$$

$$-\ 0{,}00000\ 00000\ 00013\ 14283\ \frac{m^{26}}{n^{26}}$$

$$-\ 0{,}00000\ 00000\ 00001\ 35726\ \frac{m^{28}}{n^{28}}$$

$$-\ 0{,}00000\ 00000\ 00000\ 14062\ \frac{m^{30}}{n^{30}}$$

$$-\ 0{,}00000\ 00000\ 00000\ 01465\ \frac{m^{32}}{n^{32}}$$

$$-\ 0{,}00000\ 00000\ 00000\ 00153\ \frac{m^{34}}{n^{34}}$$

$$-\ 0{,}00000\ 00000\ 00000\ 00016\ \frac{m^{36}}{n^{36}}$$

$$-\ \ldots\ldots\ldots\ldots\ldots\ldots$$

$$\log\sin\left(\frac{m}{n}\,90^{\circ}\right) = \log m + \log(2n - m) + \log(2n + m) - 3\log n$$
$$+\ \bar{1},59405\ 98857\ 02190\ 26861$$

$$-\ 0{,}07002\ 28266\ 05901\ 92014\ \frac{m^{2}}{n^{2}}$$

$$-\ 0{,}00111\ 72664\ 41661\ 84613\ \frac{m^{4}}{n^{4}}$$

$$-\ 0{,}00003\ 92291\ 46453\ 91834\ \frac{m^{6}}{n^{6}}$$

$$-\ 0{,}00000\ 17292\ 70798\ 36059\ \frac{m^{8}}{n^{8}}$$

$$-\ 0{,}00000\ 00843\ 62986\ 29875\ \frac{m^{10}}{n^{10}}$$

$$-\ 0{,}00000\ 00043\ 48715\ 50180\ \frac{m^{12}}{n^{12}}$$

$$-\ 0{,}00000\ 00002\ 31931\ 21410\ \frac{m^{14}}{n^{14}}$$

$$-\ 0{,}00000\ 00000\ 12659\ 07465\ \frac{m^{16}}{n^{16}}$$

$$-\ 0{,}00000\ 00000\ 00702\ 67969\ \frac{m^{18}}{n^{18}}$$

$$-\ 0{,}00000\ 00000\ 00039\ 51077\ \frac{m^{20}}{n^{20}}$$

$$-\ 0{,}00000\ 00000\ 00002\ 24455\ \frac{m^{22}}{n^{22}}$$

$$-\ 0{,}00000\ 00000\ 00000\ 12858\ \frac{m^{24}}{n^{24}}$$

$$-\ 0{,}00000\ 00000\ 00000\ 00738\ \frac{m^{26}}{n^{26}}$$

$$-\ 0{,}00000\ 00000\ 00000\ 00043\ \frac{m^{28}}{n^{28}}$$

$$-\ 0{,}00000\ 000000\ 0000\ 00002\ \frac{m^{30}}{n^{30}}$$

$$-\ \ldots\ldots\ldots\ldots\ldots\ldots$$

Développements en séries ou en produits infinis des fonctions circulaires de variables imaginaires.

211. Les formules qui expriment les fonctions $\cos x$ et $\sin x$ par des produits infinis de facteurs linéaires ne sont pas bornées au seul cas où l'arc x est réel; ces formules subsistent, au contraire, quel que soit x. Il en est de même des formules qui expriment les valeurs des fonctions $\operatorname{tang} x$, $\cot x$, $\operatorname{séc} x$, $\operatorname{coséc} x$, décomposées en une infinité de fractions simples. Enfin les séries ordonnées par rapport aux puissances entières et ascendantes de x, qui représentent les fonctions $\operatorname{tang} x$, $\cot x$, $\operatorname{séc} x$, $\operatorname{coséc} x$, dans le cas où x a une valeur réelle comprise entre des limites convenables, ne cessent pas de représenter les mêmes fonctions quand x devient imaginaire, pourvu que le module de cette variable reste inférieur à la limite qu'elle ne doit pas dépasser lorsqu'elle est réelle et positive.

Nous allons établir ici ces diverses formules par des démonstrations nouvelles, qui s'appliquent indifféremment au cas où la variable est réelle et au cas où elle est imaginaire; ces démonstrations reposent sur le lemme suivant :

Lemme. — *Si l'on désigne par α un arc réel compris entre zéro et $\frac{\pi}{2}$, et par z une variable réelle ou imaginaire dont le module soit inférieur à α, le module du rapport $\frac{\operatorname{tang} z}{\operatorname{tang} \alpha}$ sera inférieur au module de $\frac{z}{\alpha}$.*

En effet, si l'on pose

$$z = x + iy,$$

on aura

$$\operatorname{mod} \frac{\operatorname{tang}^2 z}{\operatorname{tang}^2 \alpha} = \frac{\operatorname{tang}(x+iy)\operatorname{tang}(x-iy)}{\operatorname{tang}^2 \alpha}$$

$$= \frac{\frac{1}{\operatorname{tang}^2 \alpha}\left(\frac{e^y - e^{-y}}{e^y + e^{-y}}\right)^2 + \frac{\operatorname{tang}^2 x}{\operatorname{tang}^2 \alpha}}{1 + \left(\frac{e^y - e^{-y}}{e^y + e^{-y}}\right)^2 \operatorname{tang}^2 x};$$

or, le module de z étant, par hypothèse, inférieur à α, on a $x^2 < \alpha^2$, et, d'après le lemme du n° 186, $\frac{\tang^2 x}{\tang^2 \alpha} < \frac{x^2}{\alpha^2}$; on a d'ailleurs

$$\frac{1}{\tang^2\alpha} < \frac{1}{\alpha^2} \quad \text{et} \quad \left(\frac{e^y - e^{-y}}{e^y + e^{-y}}\right)^2 = y^2 \left(\frac{1 + \frac{y^2}{1.2.3} + \ldots}{1 + \frac{y^2}{1.2} + \ldots}\right)^2 < y^2;$$

donc

$$\operatorname{mod} \frac{\tang^2 z}{\tang^2 \alpha} < \frac{x^2 + y^2}{\alpha^2} \quad \text{ou} \quad \operatorname{mod} \frac{\tang z}{\tang \alpha} < \operatorname{mod} \frac{z}{\alpha}.$$

Corollaire. — *Les mêmes choses étant posées, si le module ρ de z est inférieur à $\frac{\alpha}{\sqrt{2}}$, on pourra écrire*

$$1 - \frac{\tang^2 z}{\tang^2 \alpha} = e^{2\theta \frac{\rho^2}{\alpha^2}}, \qquad \frac{\tang^2 z}{\tang^2 z - \tang^2 \alpha} = 2\vartheta \frac{\rho^2}{\alpha^2},$$

en représentant par e la base des logarithmes népériens, par θ et ϑ des expressions imaginaires dont les modules sont inférieurs à l'unité.

En effet, d'après la formule (16) du n° 203, on a

$$\operatorname{mod} 1 \left(1 - \frac{\tang^2 z}{\tang^2 \alpha}\right) < \frac{\operatorname{mod} \frac{\tang^2 z}{\tang^2 \alpha}}{1 - \operatorname{mod} \frac{\tang^2 z}{\tang^2 \alpha}},$$

pourvu que le logarithme népérien qui figure dans le premier membre soit pris de manière que la valeur absolue du coefficient de i soit au-dessous de $\frac{\pi}{2}$. Or, d'après notre lemme, le second membre de l'inégalité précédente est inférieur à la fraction $\frac{\frac{\rho^2}{\alpha^2}}{1 - \frac{\rho^2}{\alpha^2}}$; d'ailleurs, comme nous supposons $\frac{\rho^2}{\alpha^2} < \frac{1}{2}$, cette fraction est plus petite que 1, et elle augmentera si l'on ajoute $\frac{\rho^2}{\alpha^2}$ à chacun de ses termes; elle est donc inférieure à $\frac{2\rho^2}{\alpha^2}$.

Le module du logarithme népérien de $1-\frac{\tang^2 z}{\tang^2 \alpha}$ étant inférieur à $\frac{2\rho^2}{\alpha^2}$, ce logarithme est égal au produit de $\frac{2\rho^2}{\alpha^2}$ par une expression imaginaire θ dont le module est inférieur à 1; on a, en conséquence,

$$1-\frac{\tang^2 z}{\tang^2 \alpha}=e^{2\theta\frac{\rho^2}{\alpha^2}}.$$

En second lieu, comme le module d'une somme de deux parties est au moins égal à la différence des modules des parties (162), on a

$$\operatorname{mod}\frac{\tang^2 z}{\tang^2\alpha-\tang^2 z}<\frac{\operatorname{mod}\dfrac{\tang^2 z}{\tang^2\alpha}}{1-\operatorname{mod}\dfrac{\tang^2 z}{\tang^2\alpha}},$$

et, d'après notre lemme, le premier membre de cette inégalité sera, à plus forte raison, moindre que $\frac{\frac{\rho^2}{\alpha^2}}{1-\frac{\rho^2}{\alpha^2}}$ et que $\frac{2\rho^2}{\alpha^2}$. Si donc on désigne par ϑ une expression imaginaire dont le module est inférieur à 1, on aura

$$\frac{\tang^2 z}{\tang^2\alpha-\tang^2 z}=2\vartheta\frac{\rho^2}{\alpha^2}.$$

212. Les formules relatives à l'addition des arcs s'appliquant aux arcs imaginaires comme aux arcs réels, toutes les formules qui se déduisent de celles-ci acquièrent la même généralité, ainsi que nous en avons déjà fait la remarque. Il s'ensuit que les formules (1), (2), (3), (4) du n° 185 subsisteront si l'on y remplace l'arc réel x par une expression imaginaire z d'un module quelconque ρ. Cela posé, considérons les formules (3), où m désigne un nombre pair; désignons par n un nombre pair quelconque, assez grand cependant pour que $\frac{n\pi}{2}$ soit supérieur à $\rho\sqrt{2}$, et prenons $m > n$; on pourra écrire

$$(1)\quad \left\{\begin{aligned} \cos z &= \cos^m \frac{z}{m}\left(1 - \frac{\tang^2 \frac{z}{m}}{\tang^2 \frac{\pi}{2m}}\right)\left(1 - \frac{\tang^2 \frac{z}{m}}{\tang^2 \frac{3\pi}{2m}}\right)\cdots \\ &\quad\times\left(1 - \frac{\tang^2 \frac{z}{m}}{\tang^2 \frac{(n-1)\pi}{2m}}\right)(1-\varepsilon_{m,n}), \\ \sin z &= \cos^m \frac{z}{m}\cdot m \tang \frac{z}{m}\left(1 - \frac{\tang^2 \frac{z}{m}}{\tang^2 \frac{2\pi}{2m}}\right)\cdots \\ &\quad\times\left(1 - \frac{\tang^2 \frac{z}{m}}{\tang^2 \frac{(n-2)\pi}{2m}}\right)(1-\eta_{m,n}), \end{aligned}\right.$$

en posant

$$1 - \varepsilon_{m,n} = \left(1 - \frac{\tang^2 \frac{z}{m}}{\tang^2 \frac{(n+1)\pi}{2m}}\right)\cdots\left(1 - \frac{\tang^2 \frac{z}{m}}{\tang^2 \frac{(m-1)\pi}{2m}}\right),$$

$$1 - \eta_{m,n} = \left(1 - \frac{\tang^2 \frac{z}{m}}{\tang^2 \frac{n\pi}{2m}}\right)\cdots\left(1 - \frac{\tang^2 \frac{z}{m}}{\tang^2 \frac{(m-2)\pi}{2m}}\right).$$

D'après le corollaire du lemme établi plus haut, les logarithmes népériens des expressions $1-\varepsilon_{m,n}$ et $1-\eta_{m,n}$ ont pour valeurs

$$l(1-\varepsilon_{m,n}) = \frac{8\rho^2}{\pi^2}\left[\frac{\theta_{n+1}}{(n+1)^2} + \frac{\theta_{n+3}}{(n+3)^2} + \ldots + \frac{\theta_{m-1}}{(m-1)^2}\right],$$

$$l(1-\eta_{m,n}) = \frac{8\rho^2}{\pi^2}\left[\frac{\theta_n}{n^2} + \frac{\theta_{n+2}}{(n+2)^2} + \ldots + \frac{\theta_{m-2}}{(m-2)^2}\right],$$

en désignant par θ_n, θ_{n+1}, ... des expressions imaginaires dont les modules sont inférieurs à 1. Or les modules des sommes entre crochets sont inférieurs aux sommes des modules de leurs parties; ils seront donc respectivement inférieurs aux sommes S_{n+1} et S_n des séries infinies

$$S_{n+1} = \frac{1}{(n+1)^2} + \frac{1}{(n+3)^2} + \ldots, \quad S_n = \frac{1}{n^2} + \frac{1}{(n+2)^2} + \ldots,$$

dont la convergence a été établie précédemment. On aura, par suite, en désignant par λ_n et λ_{n+1} des expressions imaginaires dont les modules sont inférieurs à 1,

$$(2) \quad \begin{cases} 1 - \varepsilon_{m,n} = e^{\frac{8\rho^2}{\pi^2}\lambda_{n+1} S_{n+1}}, \\ 1 - \eta_{m,n} = e^{\frac{8\rho^2}{\pi^2}\lambda_n S_n}. \end{cases}$$

Supposons maintenant que, l'entier n restant constant, on fasse tendre m vers l'infini; le produit $m \tang \frac{z}{m}$ ou $z \dfrac{\tang \frac{z}{m}}{\frac{z}{m}}$ se réduira à z pour $m = \infty$; pareillement les rapports de deux tangentes qui figurent dans les formules (1) auront les mêmes limites que les rapports des arcs correspondants; enfin le facteur $\cos^m \frac{z}{m} = \left(1 - \dfrac{2\sin^2 \frac{z}{2m}}{m}\right)^m$ se réduira à l'unité, comme dans le cas de z réel, d'après la proposition démontrée au n° 198 (*Remarque*). Si donc on désigne par ε_n et η_n les limites de $\varepsilon_{m,n}$ et de $\eta_{m,n}$, les formules (1) deviendront, pour $m = \infty$,

$$(3) \quad \begin{cases} \cos z = \left(1 - \frac{4z^2}{\pi^2}\right)\left(1 - \frac{4z^2}{9\pi^2}\right)\cdots\left[1 - \frac{4z^2}{(n-1)^2\pi^2}\right](1 - \varepsilon_n), \\ \sin z = z\left(1 - \frac{z^2}{\pi^2}\right)\left(1 - \frac{z^2}{4\pi^2}\right)\cdots\left[1 - \frac{z^2}{\left(\frac{n-2}{2}\right)^2\pi^2}\right](1 - \eta_n), \end{cases}$$

et l'on aura ensuite, par les formules (2),

$$(4)\qquad \begin{cases} 1 - \varepsilon_n = e^{\frac{8\rho^2}{\pi^2}\lambda_{n+1} S_{n+1}}, \\ 1 - \eta_n = e^{\frac{8\rho^2}{\pi^2}\lambda_n S_n}, \end{cases}$$

λ_{n+1} et λ_n désignant toujours des expressions imaginaires dont les modules sont inférieurs à 1.

Mais les sommes S_n et S_{n+1} ne sont autre chose que les restes des séries convergentes

$$\frac{1}{1^2} + \frac{1}{3^2} + \frac{1}{5^2} + \ldots, \quad \frac{1}{2^2} + \frac{1}{4^2} + \frac{1}{6^2} + \ldots;$$

ces restes tendent vers zéro quand n augmente indéfiniment; on a donc

$$\varepsilon_n = 0, \quad \eta_n = 0, \quad \text{pour} \quad n = \infty.$$

Par conséquent, si l'on fait tendre n vers l'infini, les formules (3) deviendront à la limite

$$(5)\qquad \begin{cases} \cos z = \left(1 - \frac{4z^2}{\pi^2}\right)\left(1 - \frac{4z^2}{9\pi^2}\right)\left(1 - \frac{4z^2}{25\pi^2}\right)\ldots, \\ \sin z = z\left(1 - \frac{z^2}{\pi^2}\right)\left(1 - \frac{z^2}{4\pi^2}\right)\left(1 - \frac{z^2}{9\pi^2}\right)\ldots; \end{cases}$$

et, en remplaçant z par iz, dans ces formules (5), on aura

$$(6)\qquad \begin{cases} \frac{e^z + e^{-z}}{2} = \left(1 + \frac{4z^2}{\pi^2}\right)\left(1 + \frac{4z^2}{9\pi^2}\right)\left(1 + \frac{4z^2}{25\pi^2}\right)\ldots, \\ \frac{e^z - e^{-z}}{2} = z\left(1 + \frac{z^2}{\pi^2}\right)\left(1 + \frac{z^2}{4\pi^2}\right)\left(1 + \frac{z^2}{9\pi^2}\right)\ldots. \end{cases}$$

Si l'on pose $z = x + iy$, les premiers membres des formules (6) se réduiront respectivement à

$$\frac{e^x + e^{-x}}{2}\cos y + i\frac{e^x - e^{-x}}{2}\sin y, \quad \frac{e^x - e^{-x}}{2}\cos y + i\frac{e^x + e^{-x}}{2}\sin y,$$

d'où il suit que ces expressions sont décomposables en un

produit d'une infinité de facteurs linéaires, et la même chose a lieu en conséquence à l'égard des carrés de leurs modules, carrés qui ont respectivement pour valeurs

$$\frac{1}{2}\left(\frac{e^{2x}+e^{-2x}}{2}+\cos 2y\right),\quad \frac{1}{2}\left(\frac{e^{2x}+e^{-2x}}{2}-\cos 2y\right).$$

Les formules (6) prennent une forme plus simple quand on écrit $\frac{\pi z}{2}$ au lieu de z; on trouve ainsi

$$(7)\quad \begin{cases} \dfrac{e^{\frac{\pi z}{2}}+e^{-\frac{\pi z}{2}}}{2}=(1+z^2)\left(1+\dfrac{z^2}{9}\right)\left(1+\dfrac{z^2}{25}\right)\cdots, \\ \dfrac{e^{\frac{\pi z}{2}}-e^{-\frac{\pi z}{2}}}{\pi z}=\left(1+\dfrac{z^2}{4}\right)\left(1+\dfrac{z^2}{16}\right)\left(1+\dfrac{z^2}{36}\right)\cdots. \end{cases}$$

213. Les formules (3), (4), (5) et (6) du n° 189 subsistent quand on remplace l'arc réel x par une variable imaginaire z d'un module ρ quelconque. Si donc on choisit, comme précédemment, un nombre pair n tel que $\frac{n\pi}{2}$ soit supérieur à $\rho\sqrt{2}$, et que l'on prenne ensuite pour m un nombre pair supérieur à n, les formules (5) du numéro cité donneront

$$(1)\quad \begin{cases} \tan z=\tan\dfrac{z}{m}+\dfrac{2}{m}\left(\cot\dfrac{z}{m}+\tan\dfrac{z}{m}\right) \\ \quad\times\left[\dfrac{\tan^2\dfrac{z}{m}}{\tan^2\dfrac{\pi}{2m}-\tan^2\dfrac{z}{m}}+\ldots+\dfrac{\tan^2\dfrac{z}{m}}{\tan^2\dfrac{(n-1)\pi}{2m}-\tan^2\dfrac{z}{m}}+\varepsilon_{m,n}\right], \\ \cot z=\left(\dfrac{2}{m}\cot\dfrac{2z}{m}-\tan\dfrac{z}{m}\right)-\dfrac{2}{m}\left(\cot\dfrac{z}{m}+\tan\dfrac{z}{m}\right) \\ \quad\times\left[\dfrac{\tan^2\dfrac{z}{m}}{\tan^2\dfrac{2\pi}{2m}-\tan^2\dfrac{z}{m}}+\ldots+\dfrac{\tan^2\dfrac{z}{m}}{\tan^2\dfrac{(n-2)\pi}{2m}-\tan^2\dfrac{z}{m}}+\eta_{m,n}\right], \end{cases}$$

en posant

$$\varepsilon_{m,n} = \frac{\operatorname{tang}^2 \frac{z}{m}}{\operatorname{tang}^2 \frac{(n+1)\pi}{2m} - \operatorname{tang}^2 \frac{z}{m}} + \ldots + \frac{\operatorname{tang}^2 \frac{z}{m}}{\operatorname{tang}^2 \frac{(m-1)\pi}{2m} - \operatorname{tang}^2 \frac{z}{m}},$$

$$\eta_{m,n} = \frac{\operatorname{tang}^2 \frac{z}{m}}{\operatorname{tang}^2 \frac{n\pi}{2m} - \operatorname{tang}^2 \frac{z}{m}} + \ldots + \frac{\operatorname{tang}^2 \frac{z}{m}}{\operatorname{tang}^2 \frac{(m-2)\pi}{2m} - \operatorname{tang}^2 \frac{z}{m}}.$$

D'après le corollaire du n° **211**, on peut écrire

$$\varepsilon_{m,n} = \frac{8\rho^2}{\pi^2}\left[\frac{\theta_{n+1}}{(n+1)^2} + \frac{\theta_{n+3}}{(n+3)^2} + \ldots + \frac{\theta_{m-1}}{(m-1)^2}\right],$$

$$\eta_{m,n} = \frac{8\rho^2}{\pi^2}\left[\frac{\theta_n}{n^2} + \frac{\theta_{n+2}}{(n+2)^2} + \ldots + \frac{\theta_{m-2}}{(m-2)^2}\right],$$

$\theta_n, \theta_{n+1}, \ldots$ étant des expressions imaginaires dont les modules sont inférieurs à 1. En reproduisant ici sans modification le raisonnement dont nous avons fait usage au n° **212**, on parvient à mettre ces valeurs de $\varepsilon_{m,n}$ et de $\eta_{m,n}$ sous la forme suivante :

$$(2) \qquad \varepsilon_{m,n} = \frac{8\rho^2}{\pi^2}\lambda_{n+1} S_{n+1}, \quad \eta_{m,n} = \frac{8\rho^2}{\pi^2}\lambda_n S_n,$$

S_n et S_{n+1} ayant la même signification qu'au numéro précédent, et λ_n, λ_{n+1} désignant encore des expressions imaginaires dont les modules sont inférieurs à 1.

Le nombre n restant constant, si l'on fait tendre m vers l'infini, les formules (1) donneront, en désignant par ε_n et η_n les limites de $\varepsilon_{m,n}$ et $\eta_{m,n}$,

$$(3) \quad \begin{cases} \operatorname{tang} z = \dfrac{2z}{\left(\dfrac{\pi}{2}\right)^2 - z^2} + \ldots + \dfrac{2z}{\left[(n-1)\dfrac{\pi}{2}\right]^2 - z^2} + \dfrac{2}{z}\varepsilon_n, \\ \cot z = \dfrac{1}{z} - \dfrac{2z}{\pi^2 - z^2} - \ldots - \dfrac{2z}{\left[\dfrac{(n-2)\pi}{2}\right]^2 - z^2} - \dfrac{2}{z}\eta_n, \end{cases}$$

et l'on aura toujours par les formules (2)

$$(4) \qquad \varepsilon_n = \frac{8\rho^2}{\pi^2}\lambda_{n+1} S_{n+1}, \qquad \eta_n = \frac{8\rho^2}{\pi}\lambda_n S_n.$$

Si maintenant on fait tendre le nombre n vers l'infini, les quantités ε_n et η_n tendront vers zéro, et l'on aura, à la limite,

$$(5) \quad \begin{cases} \operatorname{tang} z = \dfrac{2z}{\left(\dfrac{\pi}{2}\right)^2 - z^2} + \dfrac{2z}{\left(\dfrac{3\pi}{2}\right)^2 - z^2} + \ldots, \\ \cot z = \dfrac{1}{z} - \dfrac{2z}{\pi^2 - z^2} - \dfrac{2z}{(2\pi)^2 - z^2} + \ldots. \end{cases}$$

De ces formules on peut déduire, comme nous l'avons fait au n° **191**, dans le cas de z réelle, les deux autres formules

$$(6) \quad \begin{cases} \operatorname{coséc} z = \dfrac{1}{z} + \dfrac{2z}{\pi^2 - z^2} - \dfrac{2z}{(2\pi)^2 - z^2} + \dfrac{2z}{(3\pi)^2 - z^2} - \ldots, \\ \operatorname{séc} z = \dfrac{\pi}{\left(\dfrac{\pi}{2}\right)^2 - z^2} - \dfrac{3\pi}{\left(\dfrac{3\pi}{2}\right)^2 - z^2} + \dfrac{5\pi}{\left(\dfrac{5\pi}{2}\right)^2 - z^2} - \ldots, \end{cases}$$

qui ont lieu en conséquence, ainsi que les formules (5), pour toutes les valeurs réelles ou imaginaires de z.

Si l'on remplace z par iz, les formules (5) et (6) prennent la forme suivante :

$$(7) \quad \begin{cases} \dfrac{e^z - e^{-z}}{e^z + e^{-z}} = \dfrac{2z}{\left(\dfrac{\pi}{2}\right)^2 + z^2} + \dfrac{2z}{\left(\dfrac{3\pi}{2}\right)^2 + z^2} + \ldots, \\ \dfrac{e^z + e^{-z}}{e^z - e^{-z}} = \dfrac{1}{z} + \dfrac{2z}{\pi^2 + z^2} + \dfrac{2z}{(2\pi)^2 + z^2} + \ldots, \\ \dfrac{2}{e^z - e^{-z}} = \dfrac{1}{z} - \dfrac{2z}{\pi^2 + z^2} + \dfrac{2z}{(2\pi)^2 + z^2} - \dfrac{2z}{(3\pi)^2 + z^2} + \ldots, \\ \dfrac{2}{e^z + e^{-z}} = \dfrac{\pi}{\left(\dfrac{\pi}{2}\right)^2 + z^2} - \dfrac{3\pi}{\left(\dfrac{3\pi}{2}\right)^2 + z^2} + \dfrac{5\pi}{\left(\dfrac{5\pi}{2}\right)^2 + z^2} - \ldots. \end{cases}$$

214. La méthode dont nous avons fait usage au n° **192** pour obtenir les développements des fonctions $\operatorname{tang} x$ et $\cot x$ en séries ordonnées suivant les puissances entières et ascendantes de x consiste dans une simple transformation des formules (5); celles-ci ayant lieu quelle que soit la variable x, les raisonnements du nº 192 s'appliquent sans modification au cas d'une variable imaginaire. Ainsi l'on a les deux formules

$$(8)\quad \begin{cases} \tang z = 2^2(2^2-1)B_1\dfrac{z}{1.2} + 2^4(2^4-1)B_2\dfrac{z^3}{1.2.3.4} + \ldots \\ \qquad + 2^{2n}(2^{2n}-1)B_n\dfrac{z^{2n-1}}{1.2\ldots 2n} + \ldots, \\ \cot z = \dfrac{1}{z} - 2^2B_1\dfrac{z}{1.2} - \ldots - 2^{2n}B_n\dfrac{z^{2n+1}}{1.2\ldots 2n} + \ldots, \end{cases}$$

qui subsistent, la première pour les valeurs de z dont le module est inférieur à $\frac{\pi}{2}$ et la seconde pour les valeurs de z dont le module est inférieur à π. En changeant z en $\frac{z}{2}$ dans la deuxième formule, on obtient, comme au nº 192,

$$(9)\quad 1 - \frac{z}{2}\cot\frac{z}{2} = B_1\frac{z^2}{1.2} + B_2\frac{z^4}{1.2.3.4} + \ldots + B_n\frac{z^{2n}}{1.2\ldots 2n} + \ldots.$$

Dans ces formules (8) et (9), B_1, B_2, ... désignent, comme précédemment, les nombres de Bernoulli. Par le changement de z en iz, les formules (8) deviennent

$$(10)\quad \begin{cases} \dfrac{e^z - e^{-z}}{e^z + e^{-z}} = 2^2(2^2-1)B_1\dfrac{z}{1.2} - 2^4(2^4-1)B_2\dfrac{z^3}{1.2.3.4} + \ldots \\ \qquad + (-1)^n.2^{2n}(2^{2n}-1)B_n\dfrac{z^{2n-1}}{1.2\ldots 2n} + \ldots, \\ \dfrac{e^z + e^{-z}}{e^z - e^{-z}} = \dfrac{1}{z} + 2^2B_1\dfrac{z}{1.2} - 2^4B_2\dfrac{z^3}{1.2.3.4} + \ldots, \\ \qquad + (-1)^{n-1}2^{2n}B_n\dfrac{z^{2n-1}}{1.2\ldots 2n} + \ldots; \end{cases}$$

la formule (9) devient, par le même changement,

$$(11)\quad \frac{z}{2}\,\frac{e^{\frac{z}{2}} + e^{-\frac{z}{2}}}{e^{\frac{z}{2}} - e^{-\frac{z}{2}}} = 1 + B_1\frac{z^2}{1.2} - B_2\frac{z^4}{1.2.3.4} + \ldots;$$

mais le premier membre de cette formule (11) est égal à $\frac{z}{e^z-1}+\frac{z}{2}$; on peut donc écrire

$$(12)\quad \frac{1}{e^z-1}-\frac{1}{z}+\frac{1}{2}=\frac{B_1 z}{1.2}-\frac{B_2 z^3}{1.2.3.4}+\ldots+(-1)^{n-1}\frac{B_n z^{2n-1}}{1.2\ldots 2n}+\ldots,$$

formule dont on fait un fréquent usage en Analyse et qui subsiste pour toutes les valeurs de z dont le module est inférieur à 2π.

Enfin l'analyse développée au n° 195 s'applique aussi, sans modification, au cas d'un arc imaginaire, et l'on a

$$(13)\quad \left\{\begin{aligned} \operatorname{coséc} z &= \frac{1}{z}+(2^2-2)B_1\frac{z}{1.2}+\ldots+(2^{2n}-2)B_n\frac{z^{2n-1}}{1.2\ldots 2n}+\ldots,\\ \operatorname{séc} z &= 1+C_1\frac{z^2}{1.2}+C_2\frac{z^4}{1.2.3.4}+\ldots+C_n\frac{z^{2n}}{1.2\ldots 2n}+\ldots,\end{aligned}\right.$$

C_1, C_2, ... désignant ici les mêmes nombres qu'au n° 195. La première des formules (13) exige que le module de z soit inférieur à π, et la seconde que ce module soit inférieur à $\frac{\pi}{2}$. En changeant z en iz, ces formules deviennent

$$(14)\quad \left\{\begin{aligned} \frac{2}{e^z-e^{-z}} &= \frac{1}{z}-(2^2-2)B_1\frac{z}{1.2}+\ldots\\ &\quad +(-1)^n(2^{2n}-2)B_n\frac{z^{2n-1}}{1.2\ldots 2n}+\ldots,\\ \frac{2}{e^z+e^{-z}} &= 1-C_1\frac{z^2}{1.2}+C_2\frac{z^4}{1.2.3.4}-\ldots\\ &\quad +(-1)^n C_n\frac{z^{2n}}{1.2\ldots 2n}+\ldots.\end{aligned}\right.$$

CHAPITRE VI.

DE LA RÉSOLUTION DES TRIANGLES PAR LA VOIE DES SÉRIES ET DES FORMULES TRIGONOMÉTRIQUES DIFFÉRENTIELLES.

Sur la manière d'exprimer les angles dans le calcul.

215. Les méthodes que nous avons exposées dans les Chapitres III et IV, pour la solution des divers problèmes de la Trigonométrie rectiligne ou sphérique, ne laissent rien à désirer sous le rapport de la rigueur; mais il est des cas où il peut être plus simple et plus avantageux de substituer des procédés particuliers aux méthodes générales, soit pour abréger les calculs, soit pour obtenir des résultats plus précis et plus indépendants de l'erreur des Tables. Nous nous proposons, dans ce Chapitre, d'examiner les cas les plus importants; les solutions que nous présenterons reposent toutes sur l'emploi des séries.

216. Les angles sont exprimés dans le calcul, soit par les degrés, minutes et secondes qu'ils contiennent, soit par les longueurs absolues des arcs qui les mesurent, ces arcs étant pris dans le cercle dont le rayon est 1. On a souvent besoin, dans les applications de la Trigonométrie, de passer de l'une de ces expressions à l'autre; nous allons indiquer ici la manière dont on effectue habituellement cette transformation.

Soient x la longueur d'un arc qui mesure un certain angle, et x' le nombre entier ou fractionnaire de secondes contenues dans cet angle; il est clair que x est égal à x' fois l'arc de $1''$, et l'on a

$$x = x' \times \text{arc}\, 1'';$$

mais, comme l'arc de $1''$ diffère de son sinus d'une quantité plus petite qu'une unité du quatorzième ordre décimal, il est permis dans les applications de substituer ce sinus à l'arc, et l'on écrit

$$x = x' \sin 1'' \quad \text{ou} \quad x' = \frac{x}{\sin 1''}.$$

Supposons, d'après cela, que dans une formule figure un angle x évalué en parties du rayon ; si l'on veut faire que cet angle soit évalué en secondes, il faudra remplacer x par $x' \sin 1''$, ou simplement par $x \sin 1''$ en supprimant l'accent. Au contraire, si l'angle x se trouve évalué en secondes et qu'on veuille faire qu'il soit évalué en parties du rayon, il faudra remplacer x par $\frac{x}{\sin 1''}$.

Tableau des formules qui expriment les développements des fonctions circulaires en séries.

217. Nous rassemblons ici celles des formules établies dans le Chapitre précédent, dont l'usage est le plus fréquent dans les solutions trigonométriques. On a en premier lieu les six formules suivantes :

$$(1)\quad \left\{ \begin{aligned} \sin x &= x - \frac{x^3}{6} + \frac{x^5}{120} - \ldots, \\ \cos x &= 1 - \frac{x^2}{2} + \frac{x^4}{24} - \frac{x^6}{720} + \ldots, \\ \operatorname{tang} x &= x + \frac{x^3}{3} + \frac{2x^5}{15} + \ldots, \\ \cot x &= \frac{1}{x} - \frac{x}{3} - \frac{x^3}{45} - \frac{2x^5}{945} - \ldots, \\ \operatorname{séc} x &= 1 + \frac{x^2}{2} + \frac{5x^4}{24} + \frac{61x^6}{720} + \ldots, \\ \operatorname{cosec} x &= \frac{1}{x} + \frac{x}{6} + \frac{7x^3}{360} + \frac{31x^5}{15120} + \ldots, \end{aligned} \right.$$

qui donnent les lignes trigonométriques de x en fonction de cet arc, et en deuxième lieu les deux formules

$$(2)\quad \begin{cases} x = \sin x + \dfrac{\sin^3 x}{6} + \dfrac{3\sin^5 x}{40} + \ldots, \\ x = \operatorname{tang} x - \dfrac{\operatorname{tang}^3 x}{3} + \dfrac{\operatorname{tang}^5 x}{5} - \ldots, \end{cases}$$

qui font connaître l'arc x en fonction de son sinus ou de sa tangente.

Dans les formules (1) et (2), l'arc x est évalué en parties du rayon; si l'on veut qu'il soit exprimé en secondes, il faut écrire $x \sin 1''$ au lieu de x.

218. Nous avons vu au n° **203** que, si les quantités θ et r sont définies par deux équations de la forme

$$(3)\qquad \operatorname{tang}\theta = \frac{\rho\sin\omega}{1+\rho\cos\omega},\qquad r = \sqrt{1+2\rho\cos\omega+\rho^2},$$

on peut calculer l'angle θ et le logarithme népérien de r par les formules

$$\theta = \frac{\rho\sin\omega}{1} - \frac{\rho^2\sin 2\omega}{2} + \frac{\rho^3\sin 3\omega}{3} - \ldots,$$

$$1r = \frac{\rho\cos\omega}{1} - \frac{\rho^2\cos 2\omega}{2} + \frac{\rho^3\cos 3\omega}{3} - \ldots,$$

qui seront d'autant plus convergentes que ρ sera plus petit, et qui subsistent tant que ρ est inférieur à 1. Pour le calcul il faut multiplier la seconde formule par le module M des logarithmes vulgaires; il faut en outre remplacer θ par $\theta \sin 1''$, dans la première formule, ce qui revient à diviser le second membre par $\sin 1''$; alors, tant qu'on doit se borner à un petit nombre de termes, il est permis d'écrire $\sin 2''$, $\sin 3''$, ..., au lieu de $2 \sin 1''$, $3 \sin 1''$, ..., et l'on a ainsi

$$(4)\quad \begin{cases} \theta = \dfrac{\rho\sin\omega}{\sin 1''} - \dfrac{\rho^2\sin 2\omega}{\sin 2''} + \dfrac{\rho^3\sin 3\omega}{\sin 3''} - \ldots, \\ \log\rho = \mathrm{M}\left(\dfrac{\rho\cos\omega}{1} - \dfrac{\rho^2\cos 2\omega}{2} + \dfrac{\rho^3\cos 3\omega}{3} - \ldots\right). \end{cases}$$

Si l'on change ω en $180° - \omega$, les formules (3) deviennent

$$(5) \qquad \tang\theta = \frac{\rho \sin\omega}{1 - \rho\cos\omega}, \quad r = \sqrt{1 - 2\rho\cos\omega + \rho^2},$$

et, en faisant le même changement dans les formules (4), on aura, pour calculer les valeurs de θ et de $\log r$,

$$(6) \quad \left\{ \begin{aligned} \theta &= \frac{\rho \sin\omega}{\sin 1''} + \frac{\rho^2 \sin 2\omega}{\sin 2''} + \frac{\rho^3 \sin 3\omega}{\sin 3''} + \ldots, \\ \log r &= -\mathrm{M}\left(\frac{\rho\cos\omega}{1} + \frac{\rho^2\cos 2\omega}{2} + \frac{\rho^3 \cos 3\omega}{3} + \ldots\right). \end{aligned} \right.$$

Enfin on a très-fréquemment l'occasion de calculer un angle x déterminé par une équation de la forme

$$(7) \qquad \tang x = \frac{1+m}{1-m}\tang\alpha,$$

où la quantité donnée m est supposée comprise entre -1 et $+1$. On a

$$\tang(x-\alpha) = \frac{\tang x - \tang\alpha}{1 + \tang x \tang\alpha},$$

et, en remplaçant $\tang x$ par sa valeur tirée de l'équation proposée, il vient

$$\tang(x-\alpha) = \frac{m \sin 2\alpha}{1 - m\cos 2\alpha},$$

équation semblable à la première équation (5); on aura donc, en appliquant la première formule (6),

$$(8) \qquad x = \alpha + m\frac{\sin 2\alpha}{\sin 1''} + m^2\frac{\sin 4\alpha}{\sin 2''} + m^3\frac{\sin 6\alpha}{\sin 3''} + \ldots.$$

Cette dernière formule a été établie directement par Lagrange dans les *Mémoires de l'Académie de Berlin* pour 1776.

Des triangles rectilignes dans lesquels deux angles sont très-petits.

219. PROBLÈME I. — *Résoudre un triangle rectiligne, connaissant le côté* c *et les angles* A *et* B *supposés très-aigus.*

Les angles A et B étant très-aigus, on peut prendre

$$\sin A = A - \frac{1}{6} A^3, \quad \sin B = B - \frac{1}{6} B^3,$$

$$\sin C = \sin(A + B) = A + B - \frac{1}{6}(A + B)^3;$$

les formules $a = \frac{c \sin A}{\sin C}$, $b = \frac{c \sin B}{\sin C}$ deviennent alors

$$a = \frac{cA}{A + B} \frac{1 - \frac{1}{6}A^2}{1 - \frac{1}{6}(A + B)^2}$$
$$= \frac{cA}{A + B}\left(1 - \frac{1}{6}A^2\right)\left[1 + \frac{1}{6}(A + B)^2 + \ldots\right],$$

$$b = \frac{cB}{A + B} \frac{1 - \frac{1}{6}A^2}{1 - \frac{1}{6}(A + B)^2}$$
$$= \frac{cA}{A + B}\left(1 - \frac{1}{6}B^2\right)\left[1 + \frac{1}{6}(A + B)^2 + \ldots\right];$$

effectuant les calculs indiqués et négligeant partout les termes du quatrième degré en A et B, il vient

$$a = \frac{cA}{A + B}\left(1 + \frac{2AB + B^2}{6}\right), \quad b = \frac{cB}{A + B}\left(1 + \frac{A^2 + 2AB}{6}\right),$$

d'où

$$a + b - c = \frac{1}{2} c . AB;$$

ces valeurs sont exactes aux termes près du quatrième ordre en A et B. Les angles A et B étant donnés en secondes, il faut écrire pour le calcul

$$a = \frac{cA}{A + B}\left(1 + \frac{2AB + B^2}{6} \sin^2 1''\right),$$

$$b = \frac{cB}{A + B}\left(1 + \frac{A^2 + 2AB}{6} \sin^2 1''\right);$$

chacune des parties de a et de b devra se calculer séparément par logarithmes.

220. Problème II. — *Résoudre un triangle rectiligne, connaissant deux côtés a et b avec l'angle compris C supposé très-obtus.*

Posons $C = 180^\circ - \theta$, l'angle θ sera très-petit. On a

$$c^2 = a^2 + b^2 + 2ab\cos\theta;$$

mettant $1 - \frac{\theta^2}{2}$ au lieu de $\cos\theta$, il vient

$$c^2 = (a+b)^2 - ab\theta^2 \quad \text{et} \quad c = (a+b)\left[1 - \frac{ab}{(a+b)^2}\theta^2\right]^{\frac{1}{2}};$$

développant par la formule du binôme et négligeant les termes en θ d'ordres supérieurs au troisième, il vient

$$(1) \qquad c = a + b - \frac{1}{2}\frac{ab}{a+b}\theta^2.$$

Calculons maintenant A; on a

$$\sin A = \frac{a}{c}\sin C = \frac{a}{c}\sin\theta;$$

remplaçant c par la valeur (1) et $\sin\theta$ par $\theta - \frac{\theta^3}{6}$, il vient

$$\sin A = \frac{a}{a+b}\left(\theta - \frac{\theta^3}{6}\right)\left[1 - \frac{1}{2}\frac{ab}{(a+b)^2}\theta^2\right]^{-1};$$

développant par la formule du binôme et négligeant les termes du quatrième degré en θ, il vient

$$\sin A = \frac{a\theta}{a+b}\left[1 - \frac{a^2+b^2-ab}{(a+b)^2}\frac{\theta^2}{6}\right];$$

mais, l'angle C étant très-obtus, A est très-petit, et l'on peut prendre

$$A = \sin A + \frac{\sin^3 A}{6}.$$

Substituant, dans cette formule, la valeur précédente de sin A, il vient

$$(2) \qquad A = \frac{a\theta}{a+b}\left[1 + \frac{b(a-b)}{(a+b)^2}\frac{\theta^2}{6}\right],$$

valeur exacte aux termes près du quatrième ordre en θ; on trouverait de même

$$(3)\qquad B = \frac{b\theta}{a+b}\left[1 - \frac{a(a-b)}{(a+b)^2}\frac{\theta^2}{6}\right].$$

Pour le calcul, il faut, dans les formules (1), (2), (3), mettre $\theta \sin 1''$, $A \sin 1''$, $B \sin 1''$ au lieu de θ, A, B; il vient alors

$$c = a + b - \frac{1}{2}\frac{ab}{a+b}\theta^2 \sin^2 1'',$$

$$A = \frac{a\theta}{a+b}\left[1 + \frac{b(a-b)}{(a+b)^2}\frac{\theta^2 \sin^2 1''}{6}\right],$$

$$B = \frac{b\theta}{a+b}\left[1 - \frac{a(a-b)}{(a+b)^2}\frac{\theta^2 \sin^2 1''}{6}\right].$$

Résolution d'un triangle rectiligne dans lequel on connaît deux côtés et l'angle compris.

221. Soient a et b les côtés donnés, C l'angle compris, et supposons $a < b$. La solution qui va suivre se rapporte au cas où $\frac{a}{b}$ est très-petit, cas qui se présente fréquemment dans l'Astronomie.

Pour déterminer c et A, on a les deux formules

$$c \sin A = a \sin C, \quad c \cos A = b - a \cos C,$$

d'où l'on tire

$$\operatorname{tang} A = \frac{\frac{a}{b}\sin C}{1 - \frac{a}{b}\cos C}, \quad \frac{c}{b} = \sqrt{1 - 2\frac{a}{b}\cos C + \frac{a^2}{b^2}};$$

appliquant ici les formules (6) du n° 218, on obtient

$$A = \frac{a}{b}\frac{\sin C}{\sin 1''} + \frac{a^2}{b^2}\frac{\sin 2C}{\sin 2''} + \frac{a^3}{b^3}\frac{\sin 3C}{\sin 3''} + \ldots,$$

$$\log c = \log b - M\left(\frac{a}{b}\cos C + \frac{a^2}{b^2}\frac{\cos 2C}{2} + \frac{a^3}{b^3}\frac{\cos 3C}{3} + \ldots\right);$$

quant à l'angle B, on le calculera par la formule

$$B = 180^\circ - A - C.$$

Cas d'un triangle sphérique rectangle dans lequel l'un des angles obliques est très-petit.

222. *On donne l'hypoténuse a d'un triangle sphérique rectangle, avec l'angle oblique B supposé très-aigu, et l'on demande de calculer le côté c.*

On a

$$\tan c = \cos B \tan a, \tag{1}$$

d'où

$$\tan c = \frac{1 - \tan^2 \frac{1}{2} B}{1 + \tan^2 \frac{1}{2} B} \tan a;$$

appliquant la formule (8) du n° **218**, on obtient

$$c = a - \tan^2 \frac{1}{2} B \frac{\sin 2a}{\sin 1''} + \tan^4 \frac{1}{2} B \frac{\sin 4a}{\sin 2''} - \ldots. \tag{2}$$

L'équation (1) ne change pas quand on change a en $90° - c$ et c en $90° - a$; donc la formule (2) ne cessera pas d'être exacte si l'on y fait le même changement; elle devient alors

$$a = c + \tan^2 \frac{1}{2} B \frac{\sin 2c}{\sin 1''} + \tan^4 \frac{1}{2} B \frac{\sin 4c}{\sin 2''} + \ldots;$$

cette nouvelle formule donne l'hypoténuse a, quand on connaît le côté c et l'angle B.

Cas d'un triangle sphérique dans lequel deux côtés diffèrent peu d'un quadrant.

223. *Étant donnés les trois côtés d'un triangle sphérique, calculer l'un des angles dans l'hypothèse où les côtés qui comprennent cet angle diffèrent peu d'un quadrant.*

Soient b et c les côtés qui diffèrent peu du quadrant; l'angle A qu'il s'agit de calculer diffère peu de a : si donc on pose

$$b + c = 180° + 2p, \quad b - c = 2q, \quad A = a + x,$$

les quantités p, q et x seront très-petites. La formule

$$\cos a = \cos b \cos c + \sin b \sin c \cos A$$

donne

$$\cos(a+x) = \frac{2\cos a + \cos 2p - \cos 2q}{\cos 2p + \cos 2q}$$

et

$$(1) \quad \begin{cases} \cos a - \cos(a+x) \\ \quad = \dfrac{(1-\cos a)(1-\cos 2p) - (1+\cos a)(1-\cos 2q)}{\cos 2p + \cos 2q}. \end{cases}$$

On voit que, si l'on considère p et q comme des quantités du premier ordre, x sera du second ordre; et, si l'on veut négliger les quantités du quatrième ordre, il faudra remplacer $\cos 2p$ par $1 - 2p^2$, $\cos 2q$ par $1 - 2q^2$ dans le numérateur du second membre de la formule (1), et réduire ces cosinus à l'unité dans le dénominateur du même second membre; en outre, le premier membre sera $x \sin a$, au même degré d'approximation. La formule (1) devient, d'après cela,

$$(2) \qquad x = p^2 \tang \frac{1}{2} a - q^2 \cot \frac{1}{2} a;$$

mais il faut écrire, pour le calcul,

$$(3) \qquad x = p^2 \tang \frac{1}{2} a \sin 1'' - q^2 \cot \frac{1}{2} a \sin 1''.$$

Cette formule (3) peut être employée avec avantage dans les calculs géodésiques pour effectuer la réduction des angles à l'horizon; elle est plus expéditive et elle exige des Tables moins étendues que la formule du premier cas des triangles sphériques; cependant, lorsque les angles p et q surpassent 1 ou 2 degrés, il est plus sûr d'employer la méthode générale. Il est facile d'estimer l'erreur que l'on commet en faisant usage de la formule (3). Reprenons à cet effet la formule (1), qui est rigoureuse, et poussons l'approximation jusqu'aux termes du sixième ordre exclusivement; le premier membre devra être réduit à $x \sin a + \frac{x^2}{2} \cos a$; à l'égard du second membre, on remplacera $\cos 2p$ et $\cos 2q$ par $1-2p^2+\frac{2p^4}{3}$ et $1-2q^2+\frac{2q^4}{3}$ dans le numérateur, mais on réduira ces cosinus à $1-2p^2$ et $1-2q^2$ dans le dénominateur. On aura donc

$$x=\frac{\tang\frac{1}{2}a\left(p^2-\frac{p^4}{3}\right)-\cot\frac{1}{2}a\left(q^2-\frac{q^4}{3}\right)}{1-(p^2+q^2)}-\frac{x^2}{2}\frac{\cos a}{\sin a}.$$

Remplaçant $\frac{1}{1-(p^2+q^2)}$ par $1+p^2+q^2$, ce qui est permis, et x^2 par la valeur tirée de la formule (2), il viendra

$$x=p^2\tang\frac{1}{2}a-q^2\cot\frac{1}{2}a+p^4\left(\frac{5}{12}\tang\frac{1}{2}a+\frac{1}{4}\tang^3\frac{1}{2}a\right)$$
$$-q^4\left(\frac{5}{12}\cot\frac{1}{2}a+\frac{1}{4}\cot^3\frac{1}{2}a\right)-\frac{1}{2}p^2q^2\left(\cot\frac{1}{2}a-\tang\frac{1}{2}a\right).$$

L'erreur que l'on commet en employant la formule (3) est donc égale à

$$p^4\sin^3 1''\left(\frac{5}{12}\tang\frac{1}{2}a+\frac{1}{4}\tang^3\frac{1}{2}a\right)$$
$$-q^4\sin^3 1''\left(\frac{5}{12}\cot\frac{1}{2}a+\frac{1}{4}\cot^3\frac{1}{2}a\right)$$
$$-\frac{1}{2}p^2q^2\sin^3 1''\left(\cot\frac{1}{2}a-\tang\frac{1}{2}a\right),$$

et il est facile de l'estimer par la considération du plus grand des termes contenus dans l'expression précédente.

Résolution d'un triangle sphérique dans lequel on connaît deux côtés et l'angle compris.

224. Première solution. — Soient a et b les côtés donnés, C l'angle donné. On a, par les formules de Néper,

$$\tang\left(90^\circ+\frac{A-B}{2}\right)=\frac{1+\tang\frac{1}{2}a\cot\frac{1}{2}b}{1-\tang\frac{1}{2}a\cot\frac{1}{2}b}\tang\frac{1}{2}C,$$
$$\tang\left(90^\circ-\frac{A+B}{2}\right)=\frac{1-\tang\frac{1}{2}a\tang\frac{1}{2}b}{1+\tang\frac{1}{2}a\tang\frac{1}{2}b}\tang\frac{1}{2}C,$$

et, en appliquant la formule (8) du n° **218**, il vient

$$(1)\quad \left\{\begin{aligned}\frac{A-B}{2} &= -90^\circ + \frac{1}{2}C + \frac{\operatorname{tang}\frac{1}{2}a}{\operatorname{tang}\frac{1}{2}b}\,\frac{\sin C}{\sin 1''}\\ &\quad + \frac{\operatorname{tang}^2\frac{1}{2}a}{\operatorname{tang}^2\frac{1}{2}b}\,\frac{\sin 2C}{\sin 2''} + \ldots,\\ \frac{A+B}{2} &= 90^\circ - \frac{1}{2}C + \operatorname{tang}\frac{1}{2}a\operatorname{tang}\frac{1}{2}b\,\frac{\sin C}{\sin 1''}\\ &\quad - \operatorname{tang}^2\frac{1}{2}a\operatorname{tang}^2\frac{1}{2}b\,\frac{\sin 2C}{\sin 2''} + \ldots.\end{aligned}\right.$$

La première série est convergente si a est $< b$; mais, pour que la seconde le soit, il faut que l'on ait $\operatorname{tang}\frac{1}{2}a \operatorname{tang}\frac{1}{2}b < 1$ ou $a + b < 180^\circ$.

Pour calculer c, on a $\cos c = \cos a \cos b + \sin a \sin b \cos C$, d'où l'on déduit aisément

$$\begin{aligned}\sin^2\frac{1}{2}c &= \sin^2\frac{1}{2}a\cos^2\frac{1}{2}b + \cos^2\frac{1}{2}a\sin^2\frac{1}{2}b\\ &\quad - 2\sin\frac{1}{2}a\cos\frac{1}{2}b \times \cos\frac{1}{2}a\sin\frac{1}{2}b\cos C,\end{aligned}$$

$$\begin{aligned}\cos^2\frac{1}{2}c &= \cos^2\frac{1}{2}a\cos^2\frac{1}{2}b + \sin^2\frac{1}{2}a\sin^2\frac{1}{2}b\\ &\quad + 2\cos\frac{1}{2}a\cos\frac{1}{2}b \times \sin\frac{1}{2}a\sin\frac{1}{2}b\cos C.\end{aligned}$$

On voit par ces équations que $\sin\frac{1}{2}c$ est le troisième côté d'un triangle rectiligne dont les autres côtés seraient $\sin\frac{1}{2}a\cos\frac{1}{2}b$, $\cos\frac{1}{2}a\sin\frac{1}{2}b$ et l'angle compris C. Pareillement, $\cos\frac{1}{2}c$ est le troisième côté d'un triangle rectiligne dont les autres côtés seraient $\cos\frac{1}{2}a\cos\frac{1}{2}b$, $\sin\frac{1}{2}a\sin\frac{1}{2}b$ et l'angle compris $180^\circ - C$. Appliquant donc ici le résultat trouvé au n° **221**, on aura

$$(2)\quad \begin{cases} \log\sin\frac{1}{2}c = \log\left(\cos\frac{1}{2}a\sin\frac{1}{2}b\right) \\ \quad -M\left(\tang\frac{1}{2}a\cot\frac{1}{2}b\cos C + \frac{1}{2}\tang^2\frac{1}{2}a\cot^2\frac{1}{2}b\cos 2C + \ldots\right), \\ \log\cos\frac{1}{2}c = \log\left(\cos\frac{1}{2}a\cos\frac{1}{2}b\right) \\ \quad + M\left(\tang\frac{1}{2}a\tang\frac{1}{2}b\cos C - \frac{1}{2}\tang^2\frac{1}{2}a\tang^2\frac{1}{2}b\cos 2C + \ldots\right), \end{cases}$$

et, en retranchant ces formules l'une de l'autre, on obtiendrait la valeur de $\log\tang\frac{1}{2}c$.

225. Deuxième solution. — La solution très-élégante que nous venons de présenter est due à Lagrange; les formules auxquelles elle conduit ne sont pas sous une forme qui permette d'évaluer facilement les éléments inconnus, lorsque l'un des côtés donnés est très-petit par rapport à l'autre. Il est nécessaire d'en obtenir d'autres qui procèdent suivant les puissances de ce côté, et c'est à quoi l'on parvient très-aisément de la manière suivante.

D'abord, si l'on ajoute les équations (1) et qu'on les retranche ensuite l'une de l'autre, il viendra

$$A = \frac{2\sin C}{\sin b\sin 1''}\tang\frac{1}{2}a + \frac{2\sin 2C\cot b}{\sin b\sin 1''}\tang^2\frac{1}{2}a + \frac{2\sin 3C(1+4\cot^2 b)}{3\sin b\sin 1''}\tang^3\frac{1}{2}a + \ldots,$$

$$B = 180° - C - \frac{2\sin C\cot b}{\sin 1''}\tang\frac{1}{2}a - \frac{\sin 2C(1+2\cot^2 b)}{\sin 1''}\tang^2\frac{1}{2}a - \frac{2\sin 3C\cot b(3+4\cot^2 b)}{3\sin 1''}\tang^3\frac{1}{2}a + \ldots.$$

Si l'on suppose que le côté a soit très-petit, et que l'on puisse négliger les puissances de a supérieures à la troisième, on aura

$$\tang\frac{1}{2}a = \frac{1}{2}a\sin 1'' + \frac{1}{24}a^3\sin^3 1'';$$

en portant cette valeur de $\operatorname{tang}\frac{1}{2}a$ dans les équations précédentes, et en négligeant partout la quatrième puissance de a, on trouve

$$(3)\left\{\begin{aligned}
A &= a\frac{\sin C}{\sin b} + a^2 \sin 1'' \sin C \cos C \frac{\cot b}{\sin b}\\
&\quad + a^3 \sin^2 1'' \left(\frac{1}{3}\sin C \cos^2 C \frac{1+4\cot^2 b}{\sin b} - \frac{1}{3}\sin C \frac{\cot^2 b}{\sin b}\right),\\
B &= 180^\circ - C - a\sin C \cot b - \frac{1}{2}a^2 \sin 1'' \sin C \cos C (1+2\cot^2 b)\\
&\quad - a^3 \sin^2 1'' \left[\frac{1}{3}\sin C \cos^2 C \cot b (3+4\cot^2 b)\right.\\
&\qquad \left. - \frac{1}{6}\sin C \cot b (1+2\cot^2 b)\right].
\end{aligned}\right.$$

Pour calculer c, nous emploierons l'une des formules de Delambre, savoir :

$$\sin\frac{1}{2}(c-b) = \sin\frac{1}{2}a\,\frac{\sin\frac{1}{2}(C-B)}{\cos\frac{1}{2}A},$$

ou

$$\sin\frac{1}{2}(c-b) = \sin\frac{1}{2}a \operatorname{séc}\frac{1}{2}A\left(\sin C \sin\frac{180^\circ - B - C}{2} - \cos C \cos\frac{180^\circ - B - C}{2}\right).$$

On voit que, pour calculer le second membre au même degré d'approximation que A et B, il suffira de conserver les termes en a^2 dans les deux derniers facteurs. On a

$$\sin\frac{1}{2}a = \frac{1}{2}a\sin 1'' - \frac{1}{48}a^3 \sin^3 1'',$$

et les équations (3) donnent ensuite, en négligeant a^3,

$$\operatorname{séc}\frac{1}{2}A = 1 + \frac{1}{8}A^2 \sin^2 1'' = 1 + \frac{1}{8}a^2 \sin^2 1'' \frac{\sin^2 C}{\sin^2 b},$$

$$\frac{180^\circ - B - C}{2} = \frac{1}{2}a \sin C \cot b + \frac{1}{4}a^2 \sin 1'' \sin C \cos C (1+2\cot^2 b),$$

$$\sin\frac{180^\circ - B - C}{2} = \frac{1}{2} a \sin 1'' \sin C \cot b$$
$$+ \frac{1}{4} a^2 \sin^2 1'' \sin C \cos C (1 + 2\cot^2 b),$$

$$\cos\frac{180^\circ - B - C}{2} = 1 - \frac{1}{8} a^2 \sin^2 1'' \sin^2 C \cot^2 b.$$

Au moyen de ces formules, la valeur précédente de $\sin\frac{1}{2}(c - b)$ devient

$$\sin\frac{1}{2}(c-b) = -\frac{1}{2} a \sin 1'' \cos C + \frac{1}{4} a^2 \sin^2 1'' \sin^2 C \cot b$$
$$+ \frac{1}{16} a^3 \sin^3 1'' \left[\cos C \sin^2 C (1 + 4\cot^2 b) + \frac{1}{3}\cos C\right];$$

enfin l'on a

$$\frac{1}{2}(c-b)\sin 1'' = \sin\frac{1}{2}(c-b) + \frac{1}{6}\sin^3\frac{1}{2}(c-b),$$

et l'on trouve de cette manière, en négligeant toujours la quatrième puissance de a,

$$(4)\quad \left\{\begin{aligned} c = b - a\cos C + \frac{1}{2} a^2 \sin 1'' \sin^2 C \cot b \\ + a^3 \sin^2 1'' \cos C \sin^2 C\left(\frac{1}{6} + \frac{1}{2}\cot^2 b\right). \end{aligned}\right.$$

Les formules (3) et (4) sont surtout avantageuses dans le cas où l'on peut négliger la troisième puissance de a.

Résolution d'un triangle sphérique dont les côtés sont très-petits.

226. Legendre a fait connaître un beau théorème par lequel on ramène à la résolution d'un triangle rectiligne celle d'un triangle sphérique dont les côtés sont très-petits par rapport au rayon de la sphère. Ce théorème, très-intéressant en lui-même et fort utile dans les opérations géodésiques, peut être énoncé de la manière suivante :

Étant donné un triangle sphérique dont les côtés sont très-petits par rapport au rayon R *de la sphère, si l'on construit un triangle rectiligne qui ait les mêmes côtés que ceux du triangle sphérique, les surfaces des deux triangles seront égales, aux termes près du deuxième ordre par rapport à* $\frac{1}{R}$, *et les angles du triangle sphérique seront égaux à ceux du triangle rectiligne, augmentés du tiers de l'excès sphérique, aux termes près du quatrième ordre.*

Pour démontrer ce théorème, désignons par R le rayon de la sphère, et par a, b, c les côtés du triangle sphérique rapportés à une unité de longueur arbitraire; par A, B, C, comme à l'ordinaire, les angles opposés. Le triangle sphérique semblable au proposé, et qui serait construit sur la sphère de rayon 1, a pour côtés $\frac{a}{R}$, $\frac{b}{R}$, $\frac{c}{R}$, et l'on a, par suite, en posant $a+b+c=2p$,

$$\sin\frac{1}{2}A=\sqrt{\frac{\sin\frac{p-b}{R}\sin\frac{p-c}{R}}{\sin\frac{b}{R}\sin\frac{c}{R}}},\quad \cos\frac{1}{2}A=\sqrt{\frac{\sin\frac{p}{R}\sin\frac{p-a}{R}}{\sin\frac{b}{R}\sin\frac{c}{R}}},$$

on a d'ailleurs

$$\sin\frac{p}{R}=\frac{p}{R}-\frac{p^3}{6R^3}+\ldots,\quad \sin\frac{p-a}{R}=\frac{p-a}{R}-\frac{(p-a)^3}{6R^3}+\ldots,$$

$$\sin\frac{p-b}{R}=\frac{p-b}{R}-\frac{(p-b)^3}{6R^3}+\ldots,\quad \sin\frac{p-c}{R}=\frac{p-c}{R}=\frac{(p-c)^3}{6R^3}+\ldots,$$

$$\sin\frac{b}{R}=\frac{b}{R}-\frac{b^3}{6R^3}+\ldots,\quad \sin\frac{c}{R}=\frac{c}{R}-\frac{c^3}{6R^3}+\ldots.$$

Si l'on porte ces valeurs dans les expressions de $\sin\frac{1}{2}A$ et de $\cos\frac{1}{2}A$, que l'on néglige les termes du quatrième ordre par rapport à $\frac{1}{R}$, que l'on remarque enfin qu'à ce degré d'approximation on a

$$\frac{1}{1-\frac{b^2+c^2}{6R^2}}=1+\frac{b^2+c^2}{6R^2},$$

il viendra

$$\sin\frac{1}{2}A=\sqrt{\frac{(p-b)(p-c)}{bc}}\sqrt{1+\frac{p(p-a)}{3R^2}},$$

$$\cos\frac{1}{2}A=\sqrt{\frac{p(p-a)}{bc}}\sqrt{1-\frac{(p-b)(p-c)}{3R^2}},$$

ou, en extrayant la racine carrée du deuxième facteur, par la formule du binôme,

$$(1)\quad\left\{\begin{aligned}\sin\frac{1}{2}A&=\sqrt{\frac{(p-b)(p-c)}{bc}}\left[1+\frac{p(p-a)}{6R^2}\right],\\ \cos\frac{1}{2}A&=\sqrt{\frac{p(p-a)}{bc}}\left[1-\frac{(p-b)(p-c)}{6R^2}\right]\ (*).\end{aligned}\right.$$

Considérons maintenant le triangle rectiligne qui a pour côtés a, b, c; soient A′, B′, C′ les angles respectivement opposés à ces côtés et S′ la surface du même triangle. On aura

$$(2)\quad\left\{\begin{aligned}\sin\frac{1}{2}A'&=\sqrt{\frac{(p-b)(p-c)}{bc}},\\ \cos\frac{1}{2}A'&=\sqrt{\frac{p(p-a)}{bc}},\end{aligned}\right.$$

et si l'on forme les produits

$$\sin\frac{1}{2}A\cos\frac{1}{2}A',\quad \cos\frac{1}{2}A\sin\frac{1}{2}A',$$

puis qu'on les retranche l'un de l'autre, il viendra, après réductions,

$$\sin\frac{1}{2}(A-A')=\frac{\sqrt{p(p-a)(p-b)(p-c)}}{6R^2}=\frac{1}{6}\frac{S'}{R^2};$$

(*) La méthode que nous suivons ici permet de passer immédiatement des formules de la Trigonométrie sphérique à celles de la Trigonométrie rectiligne. Par exemple, les formules (1), qui ne sont exactes qu'aux termes près du 4ᵉ ordre en $\frac{1}{R}$, deviendront rigoureuses à la limite pour $R=\infty$, et elles se réduiront alors aux formules correspondantes de la Trigonométrie rectiligne.

enfin on a, au même degré d'approximation,

$$\frac{1}{2}(A - A') = \sin\frac{1}{2}(A - A') = \frac{1}{6}\frac{S'}{R^2},$$

ou

$$A = A' + \frac{1}{3}\frac{S'}{R^2}.$$

On a, par conséquent, les trois formules

$$(3)\qquad \begin{cases} A = A' + \dfrac{S'}{3R^2}, \\ B = B' + \dfrac{S'}{3R^2}, \\ C = C' + \dfrac{S'}{3R^2}, \end{cases}$$

où les angles A, B,... sont exprimés par les longueurs des arcs qui les mesurent dans la circonférence de rayon 1. En ajoutant ces équations et en remarquant que $A' + B' + C' = \pi$, on obtient

$$A + B + C = \pi + \frac{S'}{R^2}.$$

Or, si l'on désigne par S la surface du triangle sphérique, par ε l'excès sphérique évalué de la même manière que les angles A, B, C, on a

$$A + B + C - \pi = \varepsilon = \frac{S}{R^2};$$

donc

$$(4)\qquad S = S',$$

aux termes près du deuxième ordre en $\frac{1}{R}$, et les équations (3) deviennent alors

$$(5)\qquad \begin{cases} A = A' + \dfrac{\varepsilon}{3}, \\ B = B' + \dfrac{\varepsilon}{3}, \\ C = C' + \dfrac{\varepsilon}{3}, \end{cases}$$

ce qui achève la démonstration du théorème.

227. On peut, en suivant la même marche, pousser les approximations aussi loin que l'on veut; par exemple, si l'on tient compte des termes du quatrième ordre par rapport à $\frac{1}{R}$, mais qu'on néglige les termes du sixième ordre, on obtiendra sans difficulté

$$A = A' + \frac{\varepsilon}{3} + \left(\frac{\varepsilon}{3}\right)^2 \sin 1'' \frac{\sin^2 B' + \sin^2 C' - 2\sin^2 A'}{10 \sin A' \sin B' \sin C'},$$

$$B = B' + \frac{\varepsilon}{3} + \left(\frac{\varepsilon}{3}\right)^2 \sin 1'' \frac{\sin^2 C' + \sin^2 A' - 2\sin^2 B'}{10 \sin A' \sin B' \sin C'},$$

$$C = C' + \frac{\varepsilon}{3} + \left(\frac{\varepsilon}{3}\right)^2 \sin 1'' \frac{\sin^2 A' + \sin^2 B' - 2\sin^2 C'}{10 \sin A' \sin B' \sin C'};$$

en même temps on trouvera, aux termes près du quatrième ordre,

$$S = S'\left[1 + \frac{S'}{R^2} \frac{\sin^2 A' + \sin^2 B' + \sin^2 C'}{12 \sin A' \sin B' \sin C'}\right].$$

228. Voici maintenant comment on peut faire usage du théorème de Legendre.

1° *On donne les trois côtés a, b, c du triangle sphérique.* On calculera les angles A', B', C' et la surface S' du triangle rectiligne qui a pour côtés a, b, c; on en conclura $\varepsilon = \frac{S'}{R^2 \sin 1''}$, et les formules (5) donneront ensuite A, B, C.

2° *On donne les deux côtés a, b et l'angle compris* C.

On a $S' = \frac{1}{2} ab \sin C'$; mais, à cause de $C' = C - \frac{S}{3R^2}$, $\sin C'$ ne diffère de $\sin C$ que par des termes de l'ordre de $\frac{1}{R^2}$, et, par suite, on peut prendre

$$S' = \frac{1}{2} ab \sin C \quad \text{et} \quad \varepsilon = \frac{1}{2} \frac{ab}{R^2} \frac{\sin C}{\sin 1''}.$$

On calculera ε par cette formule, et alors la troisième équation (5) fera connaître C'; on résoudra le triangle rectiligne dans lequel on connaît les éléments a, b et C' : on aura ainsi c, A' et B'; les équations (5) feront connaître ensuite A et B.

3° *On donne les deux angles* A, B *et le côté compris* c.

On a

$$S' = \frac{c^2}{2} \frac{\sin A' \sin B'}{\sin(A' + B')};$$

mais on peut prendre

$$S' = \frac{c^2}{2} \frac{\sin A \sin B}{\sin(A + B)} \quad \text{et} \quad \varepsilon = \frac{c^2}{2R^2} \frac{\sin A \sin B}{\sin(A + B) \sin 1''};$$

ε étant connu, on aura A′ et B′ par les formules (5) ; la question sera ramenée alors à résoudre un triangle rectiligne avec les données A′, B′ et c.

4° *On donne les deux côtés* a, b *et l'angle* A.

On a

$$S' = \frac{1}{2} ab \sin(A' + B');$$

mais on peut prendre

$$S' = \frac{1}{2} ab \sin(A + B), \quad \text{d'où} \quad \varepsilon = \frac{ab}{2R^2} \frac{\sin(A + B)}{\sin 1''};$$

l'angle B n'est pas donné, mais, n'ayant en vue que la détermination de ε, on peut le calculer par la formule approchée $\sin B = \frac{b}{a} \sin A$. ε étant connu, on aura A′ par la première formule (5), et la question sera ramenée à résoudre un triangle rectiligne avec les données a, b et A′; les formules (5) donneront ensuite B et C.

5° *On donne les deux angles* A *et* B *et le côté* a.

On peut calculer ε par la formule

$$\varepsilon = \frac{a^2}{2R^2} \frac{\sin B \sin(A + B)}{\sin A \sin 1''};$$

on aura ensuite A′ et B′ par les formules (5), et la question sera ramenée à résoudre un triangle rectiligne avec les données A′, B′ et a.

229. Le théorème de Legendre peut encore être appliqué à la résolution d'un triangle sphérique dans lequel deux côtés diffèrent peu de 180 degrés, car en prolongeant ces côtés jusqu'à leur nouvelle rencontre on forme un second triangle sphérique dont les côtés sont très-petits. On résoudra ce second triangle où l'on connaîtra toujours trois éléments, et l'on obtiendra ensuite aisément les éléments du premier triangle.

Enfin le même théorème peut aussi être employé pour la résolution d'un triangle sphérique dans lequel deux angles sont très-aigus; car, dans ce cas, le triangle supplémentaire a deux côtés qui diffèrent peu de 180 degrés.

Formules trigonométriques différentielles.

230. La résolution d'un triangle rectiligne ou sphérique ayant été effectuée, on a souvent besoin de connaître les variations que subissent les éléments calculés, lorsque les données éprouvent elles-mêmes certaines variations. Nous supposerons que ces variations des données soient assez petites pour qu'on puisse les traiter comme des différentielles infiniment petites, c'est-à-dire pour qu'on puisse négliger dans le calcul leurs produits et leurs puissances; on peut alors, en faisant usage des règles du Calcul différentiel, calculer les variations correspondantes des autres éléments par des formules très-simples, et se dispenser ainsi de reprendre la résolution du triangle avec les données nouvelles.

Triangles rectilignes. — Les formules fondamentales de la Trigonométrie rectiligne sont

$$\log a - \log \sin A = \log b - \log \sin B = \log c - \log \sin C,$$

$$A + B + C = 180^\circ.$$

Supposons que trois des éléments, parmi lesquels se trouve au moins un côté, reçoivent des accroissements très-petits, les autres éléments prendront des accroissements correspondants; nous désignerons tous ces accroissements par la caractéristique δ, et alors les équations précédentes donneront

$$\frac{\delta a}{a} - \cot A\,\delta A = \frac{\delta b}{b} - \cot B\,\delta B = \frac{\delta c}{c} - \cot C\,\delta C,$$

$$\delta A + \delta B + \delta C = 0.$$

Au moyen de ces équations on pourra calculer trois des variations $\delta a, \ldots$, en supposant les trois autres connues, pourvu cependant que parmi celles-ci se trouve la variation d'un côté; il ne faut pas oublier que, pour le calcul, il faut écrire $\delta A \sin 1''$, $\delta B \sin 1''$, $\delta C \sin 1''$, au lieu de δA, δB, δC.

Si l'on donne δa et les variations des angles, on aura pour calculer δb et δc,

$$(1)\quad \begin{cases} \delta b = \dfrac{b}{a}\,\delta a + b \sin 1''(\cot B\,\delta B - \cot A\,\delta A), \\ \delta c = \dfrac{c}{a}\,\delta a + c \sin 1''(\cot C\,\delta C - \cot A\,\delta A). \end{cases}$$

Si l'on donne δa, δb et δA, on aura

$$(2)\quad \begin{cases} \delta B = -\dfrac{\operatorname{tang} B}{a \sin 1''}\,\delta a + \dfrac{\operatorname{tang} B}{b \sin 1''}\,\delta b + \dfrac{\operatorname{tang} B}{\operatorname{tang} A}\,\delta A \\ \delta C = -\delta A - \delta B, \\ \delta c = \dfrac{1}{\cos B}\,\delta a - \dfrac{\cos C}{\cos B}\,\delta b - c \operatorname{tang} B \sin 1''\,\delta A. \end{cases}$$

Si l'on donne δa, δb, δC, on aura

$$(3)\quad \begin{cases} \delta c = \cos B\,\delta a + \cos A\,\delta b + a \sin B \sin 1''\,\delta C, \\ \delta A = \dfrac{\sin B}{c \sin 1''}\,\delta a - \dfrac{\sin A}{c \sin 1''}\,\delta b - \dfrac{a \cos B}{c}\,\delta C, \\ \delta B = -\delta A - \delta C. \end{cases}$$

Enfin, si l'on donne δa, δb et δc, on aura pour calculer δA

$$(4)\quad \delta A = \frac{1}{c \sin B \sin 1''}\,\delta a - \frac{\cos C}{c \sin B \sin 1''}\,\delta b - \frac{\cos B}{c \sin B \sin 1''}\,\delta c,$$

et l'on obtiendrait, par des changements de lettres, deux autres formules semblables pour calculer δB et δC.

231. Triangles sphériques. — Nous emploierons, comme dans ce qui précède, la caractéristique δ pour désigner les variations des éléments. La formule

$$\cos a = \cos b \cos c + \sin b \sin c \cos A$$

donne

$$\sin a\,\delta a = (\cos c \sin b - \sin c \cos b \cos A)\,\delta b + (\cos b \sin c - \sin b \cos c \cos A)\,\delta c + \sin b \sin c \sin A\,\delta A,$$

ou, en faisant usage des formules (3) du n° 111,

$$(5) \qquad \delta a = \cos C\,\delta b + \cos B\,\delta c + \sin c \sin B\,\delta A.$$

Au moyen de cette formule, on obtient, par la considération du triangle supplémentaire,

$$(6) \qquad \delta A = -\cos c\,\delta B - \cos b\,\delta C + \sin c \sin B\,\delta a.$$

La formule

$$\log \sin A - \log \sin a = \log \sin B - \log \sin b$$

donne ensuite

$$(7) \qquad \cot A\,\delta A - \cot a\,\delta a = \cot B\,\delta B - \cot b\,\delta b.$$

Enfin la formule

$$\cot a \sin b - \cot A \sin C = \cos b \cos C$$

donne

$$\frac{\sin C}{\sin^2 A}\,\delta A - (\cot A \cos C - \cos b \sin C)\,\delta C - \frac{\sin b}{\sin^2 a}\,\delta a + (\cot a \cos b + \sin b \cos C)\,\delta b = 0,$$

et, en multipliant par $\sin A$,

$$(8) \qquad \frac{\sin C}{\sin A}\,\delta A + \cos B\,\delta C - \frac{\sin B}{\sin a}\,\delta a + \cot c \sin C\,\delta b = 0.$$

Au moyen des formules (5), (6), (7), (8) et de celles qu'on en déduit par les permutations des lettres, on pourra exprimer la variation de l'un quelconque des six éléments d'un triangle sphérique en fonction des variations de trois quelconques des cinq autres.

Considérons, par exemple, le cas où l'on donne les deux côtés a, b et l'angle C qu'ils comprennent, cas qui est celui qui se présente le plus fréquemment dans l'Astronomie. On aura les valeurs suivantes des variations δc, δA, δB des éléments inconnus :

$$\delta c = \cos B\,\delta a + \cos A\,\delta b + \sin b \sin A\,\delta C,$$

$$\delta A = \frac{\sin B}{\sin c}\,\delta a - \cot c \sin A\,\delta b - \frac{\cos B \sin A}{\sin C}\,\delta C,$$

$$\delta B = -\cot c \sin B\,\delta a + \frac{\sin A}{\sin c}\,\delta b - \frac{\cos A \sin B}{\sin C}\,\delta C.$$

Il importe le plus souvent, dans le cas que nous considérons, que les variations δc et δA soient exprimées en fonction des éléments b, c et A; on peut cependant laisser $\sin a$ en facteur dans les coefficients de δa; il faut alors employer les formules suivantes, qui se déduisent facilement de celles que nous venons d'écrire :

$$\delta c = \frac{1}{\sin a}(\cos b \sin c - \sin b \cos c \cos A)\,\delta a$$
$$+ \cos A\,\delta b + \sin b \sin A\,\delta C,$$

$$\delta A = \frac{1}{\sin a}\,\frac{\sin b \sin A}{\sin c}\,\delta a - \sin A \cot C\,\delta b$$
$$- (\cos b - \sin b \cot c \cos A)\,\delta C.$$

232. Si l'on suppose que les variations des données soient précisément les erreurs dont ces données sont affectées, les formules précédentes feront connaître les erreurs correspondantes des éléments calculés; aussi ces formules peuvent-elles être employées pour apprécier le degré de précision qu'il est possible d'atteindre dans les résultats des calculs trigonométriques exécutés d'après des données inexactes.

Les calculs d'une triangulation consistent, comme on a vu (Chapitre III), dans la résolution d'une série de triangles où l'on connaît un côté et les angles; appliquons les formules (1) à l'un de ces triangles supposés rectilignes. L'erreur relative $\frac{\delta a}{a}$ du côté donné se porte tout entière sur chacun des côtés calculés b et c, et ceux-ci sont en outre affectés de l'erreur des angles. On voit par les formules (1) qu'une erreur donnée commise sur l'un des angles aura d'autant moins d'influence que cet angle différera de moins de 90 degrés et que l'erreur dont il s'agit n'aura aucun effet si l'angle correspondant est précisément égal à 90 degrés. Mais, comme les angles d'un triangle rectiligne ne peuvent être tous trois égaux à 90 degrés, on voit que le cas le plus favorable sera celui où les trois angles seront égaux à 60 degrés; aussi, dans la pratique du levé des plans, considère-t-on les triangles équilatéraux comme les plus avantageux, et l'on n'admet jamais de triangles où l'un des angles soit au-dessous de 30 degrés.

Les formules différentielles relatives aux triangles sphériques sont fréquemment employées en Astronomie. Elles sont surtout utiles dans les questions qui se rapportent aux effets de la précession, de la nutation et de l'aberration sur les positions apparentes des astres.

FIN.

Paris. — Imprimerie de GAUTHIER-VILLARS, quai des Augustins, 55.

www.ingramcontent.com/pod-product-compliance
Lightning Source LLC
LaVergne TN
LVHW102105300926
849161LV00014B/3053